ゲオーポニカ―古代ギリシアの農業事情

ゲオーポニカ

古代ギリシアの農業事情

伊藤　正

刀水書房

ゲオーポニカ
古代ギリシアの農業事情

目　　次

序　文 …………………………………………………………………………… 3

第1部　『ゲーオポニカ』とその著作家たち ……………………………… 9

第1章　鹿児島大学中央図書館所蔵の
　　　　　　　Geoponika (Geoponica) ……………………………… 10

第2章　On Anatolios in the *Geoponika*:
　　　　　　　one author or three? ……………………………………… 16

第2部　農事と暦 ……………………………………………………………… 25

第3章　ヘシオドスにおける農事暦 ……………………………………… 26

第4章　ホメーロスに見る農業 …………………………………………… 32

第5章　ホメーロスに見る牧畜 …………………………………………… 86

第6章　古典期ギリシアの農業 …………………………………………… 119

第7章　アッティカにおける穀物生産高 ………………………………… 148

第8章　古代ギリシアの農業
　　　　　──段々畑は存在したか？ …………………………………… 168

第9章　Irrigation Holes in Ancient Greek Agriculture ……………… 184

第3部　土地と耕作者 ………………………………………………………… 195

第10章　初期ギリシアにおける山林藪沢（山林原野）
　　　　　──共有地（共同利用地）としてのエスカティア
　　　　　………………………………………………………………… 196

第11章　Did the *hektemoroi* exist? ……………………………………… 226

第12章　ホロイ，ヘクテーモロイおよびセイサクテイア
　　　　　──ヘクテーモロイは隷属農民だったか？ ………………… 232

第13章　古典期アテナイの家内農業奴隷 ………………………………… 261

あとがき ……………………………………………… 275
略号表 ………………………………………………… 282
引用文献一覧 ………………………………………… 283
史料索引 ……………………………………………… 295

装丁　的井　圭

ゲオーポニカ

古代ギリシアの農業事情

序　文

　　2006年夏，鹿児島大学附属図書館の司書の方から電話があった。話によると農学部伝来の多数の書籍が段ボール箱に入った状態で図書館に所蔵されているという。そのうちの一書籍の価値が，その内容を含めて不明なので鑑定してほしいとのことであった。聞くところによれば，その書籍はギリシア語やラテン語で書かれているらしく，タイトルはジオポニカらしいとおっしゃった。ジオポニカ，もしゲオーポニカのことであるとすれば，それは我が国にあるはずはないと思った。数日後その本の鑑定をした。タイトルページは次の通り，

　　ΓΕΩΠΟΝΙΚΑ: Geoponicorvm sive de re rvstica libri XX / Cassiano Basso Scholastico Collectore; antea [C]onstantino Porphyrogenneto a qvibvsdam adscripti Graece et Latine; post Petri Needhami cvras [a]d mss. fidem denvo recensi et illvstrati ab Io. Nicolao Niclas / Lipsiae: Svmtv Caspari Fritsch, CIƆIƆCCLXXXI.

　　この本は正真正銘『ゲオーポニカ』だった。しかも奥付からCIƆIƆCCLXXXI（1781）年にLipsiae（ライプチヒ）で刊行されたNiclas版であることが分かった。色あせているが，表紙はおそらく青色のペーパーカバーである。全4冊で20書からなる。言うまでもなく，世界的に見ても大変稀少な本で，まさに稀覯本中の稀覯本である。話によれば，農学部前身の旧制鹿児島高等農林学校（高農）の蔵書だったとのこと。つまり，高農から本学農学部を経て本学図書館に伝来したものであった。高農の図書カードには1913（大正2）年の記載があるが，入手経路は不明。本書を実見してわかったことであるが，タイトルページに高農の蔵書印が押してある。Geoponikaはギリシア語であり，その意味は「農業に関すること」換言すれば「農事」ということになる。高農にこの本を伝えた人はこの本が農業に関する本であるということを知っていたわけで，したがってこの本がほかでもない高農に伝わったのである。誰がいつどのようにしてこの本を高農に伝えたのかを知りたいものではあるが，この謎を解くことは本書の目的ではない。

　　『ゲオーポニカ』について調べてみた[1]。本書は950年頃ビザンツ（東ローマ）

皇帝コンスタンティノス7世ポルピュロゲネトス（在位913—959年）の命で編纂され全20書からなり，各書に古代ギリシア・ローマの農書の抜粋がその著者名とともに収録されている。著者は32名[2]。32名の農書作家（農家）の内，今日その名が知られるのは，古代ローマの農家[3]の1人ウァッロのみで，そのほとんどは今日あまり知られていない農家で，かれらの農書は今日伝存しない。したがって，30名を超える農家とその著作の抜粋が収録されている本書は，古代ギリシア・ローマの農業を知る上で極めて貴重な史料であると言わざるを得ない。

　農書発見以来，『ゲオーポニカ』の調査研究に従事することになった。2007年には「古代の農書『ゲオーポニカ』の総合的研究とその保存」という研究課題で科学研究費補助金（基盤研究C）を申請し採択され，2008年—2010年にかけて同課題で研究を行なうことができた。ちょうどその頃，清水宏祐『イスラーム農書の世界』が出版された[4]。同書においてイスラーム世界のさまざまな農書が論じられているが，ゲオーポニカの研究を進めて行くうちに，実はギリシアの農書とイスラームの農書が非常に深い関係を有していることがわかったのである。『ゲオーポニカ』は6世紀のCassianus Bassusの農書を基にして編纂されているが，Cassianusの農書のギリシア語原本は現存しない。しかしこの農書は，まずギリシア語からパフラヴィー語に，次にギリシア語からアラビア語に翻訳され，後者はal-filāḥa ar-rūmīyaあるいはQusṭūs fīl-filāḥaの名で今日現存する[5]。さらに，注目すべきは，Cassianus Bassus自身が自分の農書を編纂するにあたって用いたとされる農書の一つ，Anatoliusのσυναγωγὴ γεωργικῶν ἐπιτηδευμάτωνが8・9世紀にアラビア語やシリア語に翻訳されていて，その写本[6]が現存するという事実である。もしわれわれが『ゲオーポニカ』を史料として用いる場合は，当然のことながら，これらのアラビア語版やシリア語版も同時に参照しなければならないであろう。

　古代ギリシア農業に関する研究は，欧米において1990年代に盛んに行なわれたが，ここ四半世紀の間，欧米において古代ギリシア農業に関する専門書は出版されていない。我が国においても同様の傾向がみられ，農業に関する専門書が出版されていないばかりではなく，近年，社会経済史的な研究が極めて少ない状況にある。社会経済史研究が歴史学研究の基本であることを考えると，多少残念な気がする。ただ，『ゲオーポニカ』に関する研究は欧米において2000

年頃からにわかに復活しだし，2010―12年にかけて，『ゲオーポニカ』のテクストやその復刻版が刊行され，さらにはその翻訳書・注釈書の類が出版されるようになった[7]。中でも R. Rodgers の『ゲオーポニカ』を用いた造園の研究は注目すべきである[8]。彼は『ゲオーポニカ』を用いてビザンツにおける造園と園芸について考察している。筆者は『ゲオーポニカ』の調査を進めて行くうちに，一つの奇妙な事実に気づいた。それは『ゲオーポニカ』に現われる農家の1人，Anatolius についてである。彼の著作 συναγωγὴ γεωργικῶν ἐπιτηδευμάτων は，Cassianus Bassus が農書を編纂するにあたって用いた底本の一つである。ポティオスによれば[9]，συναγωγὴ γεωργικῶν ἐπιτηδευμάτων の著者は Vindanios Anatolios Berytos である。ところがこのフルネームが『ゲオーポニカ』からは著者名として確認できないのである。それどころか，吟味の結果，この名は実は3人の異なる個人の名前の誤った合成であることが判明した[10]。

　これまでの古代ギリシア農業に関する研究はおおむねヘシオドスの『仕事と日々』を史料として進められてきた。もちろんそれ以外にも，文献史料としてはクセノポンの『オイコノミコス』や農業にかかわる碑文史料ならびに農作業を描いた壺絵などの考古資料が用いられたほか，考古学の成果なども取り入れられたが，『ゲオーポニカ』は史料としてあまり用いられてこなかった。『ゲオーポニカ』を用いた研究の有効性については，筆者の研究が古代中世史に関する国際的な専門誌 *GRBS*（Greek, Roman, and Byzantine Studies）に掲載されたことからも明瞭である[11]。"Irrigation Holes in Ancient Greek Agriculture" と題される筆者の研究論文は，古代ギリシアにおいて農耕用テラス（段々畑）は存在しなかったこと，それに代わる手段として傾斜地においては water-retaining holes が用いられたことを，『ゲオーポニカ』を用いて明らかにしている。このように『ゲオーポニカ』を用いて古代ギリシア農業の実態を明らかにすることは，古代ギリシア経済史研究の観点から見ても，きわめて有効な手段であり，その成果は古代ギリシア経済研究に重要な貢献をなすものと言えよう。

　本書は『ゲオーポニカ』に関する論考と『ゲオーポニカ』を史料として古代ギリシアの農業の実態を明らかにした論考を中心とし，3部で構成され，全13章からなる。第1部は「『ゲオーポニカ』とその著作家たち」と題し，二つの章からなる。第1章では『ゲオーポニカ』についてその書誌学的考察が行なわれ，第2章では同書に現われる農家の1人，アナトリウスについて論じる。第

2部は「農事と暦」と題し，七つの章からなる。3章ではヘシオドスの『仕事と日々』を用いて，農事と暦について論じ，4章と5章ではホメーロスの『イリアス』『オデュッセイア』を中心に，特に，詩篇に現われる農作業に関する比喩の解釈，「アキレウスの楯」に描かれる農作業に関する部分の分析を中心に，ホメーロスの時代の農業と牧畜の実態について考察する。6章以降は古典期の農業について論じる。各章の考察では『ゲオーポニカ』が史料として用いられるほか，6章ではクセノポン『オイコノミコス』，テオプラストス『植物誌』『植物原因論』および公有地賃貸借に関わる碑文史料を用いて古典期ギリシアの農業の実態を明らかにする。7章では，前4世紀のアッティカにおける穀物（オオムギとコムギ）生産高を碑文および文献史料を基に考察し，オオムギとコムギの生産高の比率が10：1であったこと，また当時オオムギが主食であったことなどを明らかにする。8章では，古代ギリシアにおいてテラス（棚田あるいは段々畑）農法は行なわれていなかったこと，9章ではそれに代わる農法として傾斜地では「穴掘り法」と呼ばれる農法が行なわれたことを立証する。第4部は「土地と耕作者」と題し，四つの章からなる。10章では，初期ギリシアにおける山林藪沢について考察する。ホメーロスの時代に共有耕地制は存在しなかったこと，山林藪沢としてのエスカティアは「共有地」として共同利用されたこと，そしてポリス成立以降それは「公有地」として認識されるに至ったことなどを明らかにする。11章ではアルカイック期アテナイに存在したとされるヘクテーモロイについてその史実性が疑わしいことを論じ，12章ではホロイとセイサクテイアについて考察し，ヘクテーモロイと呼ばれた人々が実態としてラトリス（テース）であったことを明らかにする。13章では，悲喜劇，法廷弁論およびクセノポンの著作を吟味することによって，古典期アテナイの各農家における農業奴隷の数とその実態について明らかにしている。

　以上が本書の内容である。

注

1) 詳細は本書第1章「鹿児島大学中央図書館所蔵の *Geoponika* (*Geoponica*)」参照。
2) 本書第2章17-18頁の Table 1 を見よ。
3) 特に，大カトー，ウァッロ，コルメッラなどが有名。

4) 清水宏祐 2007。
5) Sezgin 1971, 301-29; Ullmann 1972, 434-5 を見よ。
6) アラビア語写本としては，Sbath 1930-31, 47-54 を，シリア語写本としては，Lagardius 1860を参照。
7) 『ゲオーポニカ』のテクストとして 4 つのギリシア語版がある。すなわち，Brassicanus 版 (Basileae 1539)，Needham 版 (Cantabrigiae 1704)，Niclas 版 (Lipsiae 1781) および Beckh 版 (Leipzig 1895)。このうち，Needham 版と Niclas 版が復刻された。翻訳書として古くは Owen 1805; Μαλαίνου 1930があった。翻訳書・注釈書として最近 Lelli 2010が，翻訳書として，Dalby 2011; Grélois and Lefort 2012が出版された。いずれも，テクストは Beckh 版を用いている。
8) Rodgers 2002.
9) Photios (c. 810-c. 893), *Bibliotheca*, cod. 163.
10) Ito 2017, 61-68. 本書第 2 章。
11) Ito 2016, 18-33. 本書第 9 章。

第 1 部　『ゲーポニカ』とその著作家たち

第1章　鹿児島大学中央図書館所蔵の *Geoponika(Geoponica)*

1．本の構成

とびら（写真参照）

本　体

4冊（cviii＋1274頁），22cm×13cm

1冊目のとびらに現われるタイトルはΓΕΩΠΟΝΙΚΑ：Geoponicorvm sive de re rvstica libri xx であるが，2－4冊には単に Geoponicorvm と当該冊所収の書数，たとえば2冊目の場合は Geoponicorvm / Tomvs Ⅱ / Libros Ⅳ－Ⅷ / continens といった具合に記され，左下に Tom. Ⅱ の表記がある。4冊目最後のページの奥付は Lipsiae: Ex officina Breitkopfia, 1781（ローマ数字）

1冊目：序言（1－6頁），Ⅰ－Ⅲ書（7－262頁）

2冊目：Ⅳ－Ⅷ書（265－562頁）

3冊目：Ⅸ－ⅩⅡ書（565－928頁）

4冊目：XIII－XX書（931－1274頁）

各書における章・節の数およびそのページ数を示せば次の通り。

書	章の数	節の数	頁数
I	16	175	7－66
II	49	298	67－215
III	15	96	215－262
IV	15	98	265－309
V	53	249	310－424
VI	19	81	425－464
VII	37	152	465－529
VIII	42	65	530－562
IX	33	155	565－633
X	90	328	634－785
XI	30	100	786－837
XII	41	223	838－928
XIII	18	114	931－972
XIV	26	143	973－1034
XV	10	114	1035－1098
XVI	22	94	1099－1138
XVII	29	76	1139－1167
XVIII	21	85	1168－1206
XIX	9	62	1207－1232
XX	46	68	1233－1274

　書に当たる言葉はギリシア語の BIBΛION が用いられ，たとえば第1書の場合，BIBΛION A′の如く，BIBΛION のあとにギリシア語数詞が用いられる。章に当たる言葉は KEΦAΛAION が用いられているが，表記は最初の3文字のみで，KEΦ. と略記されている。たとえば，KEΦ. A′の如く。KEΦ. のあとにはやはりギリシア語数詞が続く。各章は一つ以上の節からなり，ギリシア語本文右側にアラビア数字1，2，3…で示されている。本文はギリシア語で左欄にラテン語の対訳を有す（各頁の右欄にギリシア語，左欄にラテン語）。

　IX書冒頭に乱丁が1箇所確認されるほか，頁数，節数に誤植，重複および脱

字が数例見られる。

文字の特徴

στ σθ ου σχ は特殊組み文字，λλ は λ を重ねた特殊文字，ττ τπ はあとの τ を 7 のように記す。

2．Geoponika の意味

Geoponika（ゲオーポニカ，以下 G. と略記）はギリシア語であり，γεωπονικά と綴る。この言葉はギリシア語の動詞 γεωπονέω（「土地を耕す」の意）の派生語，形容詞 γεωπονικός（「農業に関する」の意，中性複数形）の名詞的用法と考えられる。したがって，その意味は「農業に関すること」換言すれば「農事」ということになろう。この言葉が 6 世紀に Cassianus Bassus Scholasticus によって編纂された農業書のタイトルとして用いられた。

3．Geoponika の由来

この本のタイトルは本来 περὶ γεωργίας ἐκλογαί『農業に関する選集』（以下『選集』と略記）であったとされる。おそらくそれは950年頃ビザンツ（東ローマ）皇帝コンスタンティノス 7 世ポルピュロゲネトス（在位913―959）の命で編纂され，現行の形を取るようになった。10世紀の編纂者は 6 世紀の Cassianus Bassus Scholasticus の『選集』を基にしてこれを編纂した。Cassianus Bassus はおもに 4 世紀の二つの農書を彼の『選集』の底本にしたとされる[1]。すなわち，Anatolius の12書からなる συναγωγὴ γεωργικῶν ἐπιτηδευμάτων と Alexandreia 出身の小 Didymus の15書からなる γεωργικά の二つ（次頁の図参照）。

16世紀から19世紀にかけて G. の四つの再版本が確認されている。初版の Brassicanus 版（Basileae 1539），Needham 版（Cantabrigiae 1704），本学図書館所蔵の Niclas 版（Lipsiae 1781）および Beckh 版（Leipzig 1895）。今日一般に流布しているものは Beckh 版で，1994年に Teubner から reprint が出ている。

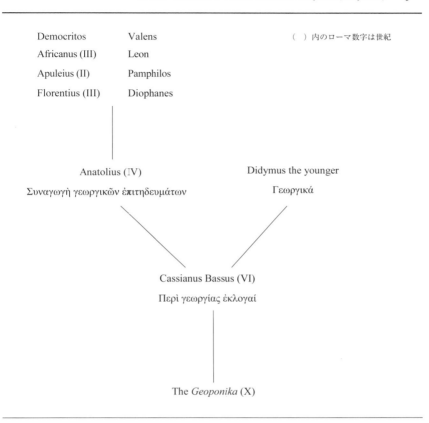

4. Geoponika の内容

　この編纂書は20書からなる。書数表示のあとにその書の要旨 ΥΠΟΘΕΣΙΣ がくる。たとえば，第3書の場合は，ΒΙΒΛΙΟΝ Γ´／ΥΠΟΘΕΣΙΣ ΒΙΒΛΙΟΥ Γ´「3書／3書の要旨」といった具合。ΥΠΟΘΕΣΙΣ では当該書が『選集』の何書に当たるか，またその書に含まれる内容が手短に紹介される[2]。20書は主に次の内容を有している。
　　Ⅰ．気象天文
　　Ⅱ．農業一般（穀物栽培）
　　Ⅲ．農事暦

Ⅳ―Ⅴ．ブドウ栽培

Ⅵ―Ⅷ．ブドウ酒製造

Ⅸ．オリーブ栽培とオリーブ油製造

Ⅹ―Ⅺ．造園

Ⅻ．菜園

ⅩⅢ．害虫などの対策

ⅩⅣ．家禽（ハトなど）の飼育

ⅩⅤ．養蜂，蜂蜜の製造，蜂に刺されない方法と雄ミツバチの駆除

ⅩⅥ：馬の飼育，ロバ，ラクダ

ⅩⅦ．牛の繁殖および飼育

ⅩⅧ．家畜の繁殖および飼育

ⅩⅨ．犬の飼育，野うさぎ，シカ，豚，肉の塩漬け

ⅩⅩ．養魚と漁獲，魚醬（ガロス）製造

　G.というタイトルにもかかわらず，その内容は多岐にわたる。ⅩⅣ―ⅩⅨは農業というよりも牧畜に，ⅩⅩは漁業に，またⅩ―Ⅻは造園に関わり，狭義の農業に関わる記述はⅡ―Ⅸに収まる。このように内容が多岐にわたることから，G.は古代農業に関する百科全書的な性格を帯びたものということができる。

　全20書の章の総数は621。621のうちの494の章に，章の見出しとして当該の章で引用（抜粋）される著作名とともに属格形の著者名が併記されている。たとえば，ΚΕΦ. Αʹ / Περι ακρίδων. Δημοκρίτου. （1章　／　デモクリトスの『イナゴについて』）といった具合。そして，以下その抜粋が続く。同じ著者が複数の章にまたがる場合は2度目からは「同著者の」（Τοῦ αὐτοῦ）と記される。属格形の著者名が記されていない残りの各章も，当該の章で引用される著作名や当該章で扱われる内容の短い解説が見出しとして記される。章には長短があるが，見出しのない章はない。見出し中に確認される著者は32名。前5・4世紀から5世紀頃までの古代ギリシア・ローマの著者の著作抜粋がG.の各書に収録されていることが分かる。

注

1) Oder 1910, 1223.
2) 第1書の要旨は第2書以降の要旨とその書式において異なっている。第1書の要旨はCassianus によって書かれ，第2-20書の要旨はおそらく10世紀の編纂者によって挿入されたものと思われる。

第 2 章　On Anatolios in the *Geoponika**: one author or three ?

To date, most scholars believe that the "Anatolios" appearing in the *Geoponika* is Vindanius Anatolius of Berytus (Beirut).[1] R. Rodgers asserts that 'Unequivocally central to the legacy of content and form in the *Geoponika* is the work of a fourth-century writer, Vindonius Anatolius of Beirut. Very probably, although not certainly, Anatolius can be identified with the prefect of Illyricum of that name mentioned by Ammianus Marcellinus.'[2] A. Dalby also says that '*Vindanionius Anatolius Berytius* (apparently one person, variously cited under three names: Berytius means "from Beirut") was the author of a farming manual directly ancestral to the *Geoponika*. He wrote in the 4th century AD and apparently had a Roman political career.'[3] And O. K. Seeck also argues that 'Falls er (*viz*. Anatolius no.1) mit dem Geoponiker Vindanius A. (*viz*. Anatolius no.14) identisch ist, wofür die gleiche Vaterstadt spricht, war er auch selbst litterarisch thätig.'[4] The first argument concerning one author or three authors is by I. N. Niclas. He once wrote:

'Forsitan scripsit Cassianus, Ἐκ τοῦ Φλωρεντίνου, καὶ Ταραντίνου, καὶ Οὐϊνδανιωνίου Ἀνατολίου Βηρυτίου: vnde factum est, καὶ Οὐϊνδανιωνίου, καὶ Ταραντίνου, καὶ Ἀνατολίου, καὶ Βηρυτίου. Sed, vtut sit, errore quocunque multiplicatus videtur vir vnus. Omnes quidem erroris insimulant Photium, quasi homines tres confuderit in vnum. …. Contra vero multo est pronius, Geoponicorum collectorem, breuitatis causa ex tribus eiusdem hominis nominibus vnum modo, nunc hoc, nunc illud, posuisse; vnde, plures esse scriptores, nata sit opinio.'[5]

T. Owen interpreted Ἀνατόλιος, Βηρύτιος and Οὐϊνδανιώνιος as three different authors. He also noted that 'Some have supposed that the epithet (i.e. Berytius) belongs to Anatolius.'[6]

　In this paper we shall examine the hypothesis that Cassianus probably identified Οὐϊνδανιώνιος, Ἀνατόλιος and Βηρύτιος as three authors, and that Photios by mistake interpreted Οὐϊνδανιώνιος, Ἀνατόλιος and Βηρύτιος as one author. And we also shall examine whether the Anatolius appearing in the *Geoponika* can be identified with the prefect of Illyricum of that name from Berytus (ἐκ Βηρυτοῦ πόλεως) mentioned in Amm. 19. 11. 2 and Eun. *vit. soph.* 85 or not. This paper attempts to refute the prevailing view.

　The *Geoponika* consists of 20 books and 621 chapters. Each chapter has a chapter heading and 494 of the chapter headings also give the names of the work and the author (in the genitive case). To give one example, the chapter heading for *Gp*. 13. 1 reads as follows: Περὶ ἀκρίδων. Δημοκρίτου. If the same author is responsible for consecutive chapters, subsequent citations are as "the same" (Τοῦ αὐτοῦ). 32 authors who are Greco-Roman agricul-

Table 1

Authors\Books	1	2	3	4	5	6	7	8	9	10	11	12	13	14	15	16	17	18	19	20	Total
Africanus		2		1	4		5		2	13		2	3	2			2	3			39
Anatolius		1			4	3	1			4	1	2	1	1				1			19
Apsyrtus																9					9
Apuleius		1				1	1	2	1	1		1	1								9
Aratus	3																				3
Aristoteles														1							1
Berytius		1		1	2		1	1		4		1	1	2				3			17
Cassianus					2																2
Damogeron		2			3		2			2		4		2							15
Democritus		2		2	5	1	4	2	2	17		1	2	2	1		2	1	2	1	47
Didymus	1	8		4	3	4	2	1	7	10	3	5	2	6	3	1	2	5	2	1	70
Dionysius	1																				1
Diophanes	2	2			4	1	2		1	4		1	1		1			1			20
Florentinus	1	11	3		9	7	2	1	7	12	4	10	1	3	1		3	4	1	1	81
Fronto						2						1							1		4
Hierocles																3					3

18　第1部　『ゲオーポニカ』とその著作家たち

Authors\Books	1	2	3	4	5	6	7	8	9	10	11	12	13	14	15	16	17	18	19	20	Total
Hippocrates																1					1
Leontinus		2			1		1	1	1	4	1	1		3	1			1			17
Oppianus																			1		1
Pamphilus		1			1		1			3			1	1							8
Paxamus		2		1	1		2		1	4		3	3	3	2		2	1			25
Pelagonius															3						3
Ptolemaeus	1																				1
Pythagoras								1													1
Quintilii	1	2	1		1		2		1	2	1	1			2		1	1			16
Sotion		3				7	1	3	3	2	2	1	2	1			3				28
Tarantinus		2		3			1			4	1	1	1							2	15
Theomnestus															5			1			6
Varro		3	1		2	1	1	2	1	1		2		1			1		1		17
Vindanionius		1			1		1			2		1									6
Xenophon																			1		1
Zoroastres	2	1			1		3			1			1		1						10

tural writers appear in 496 chapter headings. Table 1 gives the frequency of each of the 32 authors in each book.

Let us now turn our attention to *Gp.* 1. ΥΠΟΘΕΣΙΣ (Argvmentvm):[7]

'...τουτὶ τὸ βιβλίον συντέθεικα. συνείλεκται δὲ ἐκ τῶν Φλωρεντίνου, καὶ Οὐϊνδανιωνίου, καὶ Ταραντίνου, καὶ Ἀνατολίου, καὶ Βηρυτίου, καὶ Διοφάνους, καὶ Λεοντίου, καὶ Δημοκρίτου, καὶ Ἀφρικανοῦ παραδόξων, καὶ Παμφίλου, καὶ Ἀπουληΐου, καὶ Βάρωνος, καὶ Ζωροάστρου, καὶ Φρόντωνος, καὶ Παξάμου, καὶ *Δαμογέροντος*, καὶ Διδύμου, καὶ Σωτίωνος, καὶ τῶν Κυντιλίων.'[8]

On the contrary, the edition of Beckh reads as follows:

'...τουτὶ τὸ βιβλίον συντέθεικα. συνείλεκται δὲ ἐκ τῶν Φλωρεντίνου *καὶ Οὐϊνδανιωνίου καὶ Ἀνατολίου καὶ Βηρυτίου*[9] καὶ Διοφάνους καὶ Λεοντίου *καὶ Ταραντίνου* καὶ Δημοκρίτου καὶ Ἀφρικανοῦ παραδόξων καὶ Παμφίλου καὶ Ἀπουληΐου καὶ Βάρωνος καὶ Ζωροάστρου καὶ Φρόντωνος καὶ Παξάμου καὶ *Δαμηγέροντος*[10] καὶ Διδύμου καὶ Σωτίωνος καὶ τῶν Κυντιλίων.'

Nineteen of the 32 authors appear in this section. We must examine "καὶ Οὐϊνδανιωνίου, καὶ Ἀνατολίου, καὶ Βηρυτίου." Oder interpreted these three names as one man's name, Vindanius Anatolius from Berytus, and he calculated the frequency of occurrence of this name as 42 times.[11] This figure obviously refers to the sum of Anatolius (19 times)[12] +Berytius (17 times)+Vindanionius (6 times) (see Table 1).

The reason for interpreting three names as one man's name is given by Photios (c. 810-c.893), *Bibliotheca*, cod. 163:

'Ἀνεγνώσθη Οὐϊνδανίου Ἀνατολίου Βηρύτου συναγωγὴ γεωργικῶν ἐπιτηδευμάτων· Συνήθροισται δὲ [107 a] αὐτῷ τὸ βιβλίον ἔκ τε τῶν Δημοκρίτου, Ἀφρικανοῦ τε καὶ Ταραντίνου καὶ Ἀπουληΐου καὶ Φλωρεντίου καὶ Οὐάλεντος καὶ Λέοντος καὶ Παμφίλου, καὶ δὴ καὶ ἐκ τῶν Διοφάνους παραδόξων· τόμοι δέ εἰσι τὸ βιβλίον ιβ΄.'[13]

Vindanionios is called Vindanios by Photios. Photios also refers to Anatolios as Vindanios Anatolios Berytos who compiled *the Collection of Instructions on Agriculture* (συναγωγὴ γεωργικῶν ἐπιτηδευμάτων).[14] The reason for identifying Anatolius as Anatolios *Berytos* here seems to be given by Eun. *vit. soph.* 85: ἦν μὲν γὰρ ἐκ Βηρυτοῦ πόλεως, καὶ Ἀνατόλιος ἐκαλεῖτο. The work of Anatolios is in twelve books. He excerpted and compiled the collection from ancient agricultual writers, Democritos, Africanos, Tarantinos, Apuleios, Florentios, Valens, Leon, Pamphilos, and Diophanes. Eight writers of 19 appearing in *Gp.* 1. Arg. appear here. Florentios and Leon are called Florentinos and Leontios there. On the one hand

N. G. Wilson interpreted Ταραντῖνος (Tarantinus) as of Tarentum, namely τὸ ἐθνικόν and supposed that the epithet (i.e. Ταραντῖνος) belongs to Africanus; Africanus of Tarentum.[15] But it seems to me that his interpretation is not correct. Ταραντίνου is best regarded as the author's name (in the genitive case).[16] On the other Βηρύτου used in Phot. *Bibl.*106b, 41-42 is τὸ ἔθνος, not τὸ ἐθνικόν; τὸ ἐθνικόν of Βηρυτός is Βηρύτιος. Probably Photios interpreted Βηρύτιος appearing in *Gp.* I. Arg. as τὸ ἐθνικόν and supposed that the epithet (i.e. Βηρύτιος) belongs to Ἀνατόλιος. Thus he by mistake identified Βηρυτός with Βηρύτιος and interpreted Βηρυτός as of Beirut, namely τὸ ἐθνικόν. His misunderstanding is similar to Wilson's.

It seems that συναγωγὴ γεωργικῶν ἐπιτηδευμάτων of Anatolios was translated into Arabic twice.[17] First, in 179/795 Yaḥyā ibn-Ḵālid ibn-Barmak commissioned the Patriarch of Alexandria, the bishop of Damascus and the monk Eustathios (Ūsṭāt) to translate it directly from the Greek into Arabic. One manuscript of this translation entitled *kitāb filaḥat al-arḍ by Abṭroliūs* was found by P. Sbath.[18] He regards Abṭroliūs appearing in the title as Anaṭūliyūs (i.e. Anatolios).[19] The introduction of this book reads as follows: "this is the book of Anaṭūliyūs," and he excerpted and compiled the collection from ancient writers, "Hippocrates, Aristotle, Erasistratos, Herodotus, Democritus, Galen, Africanus, Plutarch, Apuleius, Serapion and Asclepius" (Text 1).[20] The author of this book is Anaṭūliyūs, not Yūniyūs. 3 writers of 9 appearing in Photios appear here. The work probably is in twelve books.[21] Quotations from this version are in ibn Wāfid and ibn Ḥaǧǧāǧ. According to ibn al-ʿAwwām, Anatolios is written as Anaṭūliyūs *al-Ifrīqī*,[22] not *al-Bairūtī* in ibn Ḥaǧǧāǧ, just as Marcus Terentius Varro is written as Bārūn al-Rūmī. Συναγωγή of Anatolios also was translated into Syriac in the 9th C.[23] This version carries the title *ktābā d-akkārūtā d-Yūniyūs* (*Buch der Landwirtschaft von Junius*).[24] Now Yūniyūs is generally interpreted as Vindanios (i.e. Vindan-*ionios*),[25] though he was identified with Lucius *Junius* Moderatus Columella before.[26] There is the manuscript of this version in London.[27] It is anonymous, imperfect and of the 8th or 9th C. It is unclear whether it is Vindanios' text, but it is a treatise on agriculture[28] and consists of fourteen books. This Syriac version again was translated into Arabic.[29] Thus in the second Arabic version the name of Yūniyūs also appears.[30] We have now Arabic/Syriac versions of συναγωγὴ γεωργικῶν ἐπιτηδευμάτων; one version circulates under the name of Anaṭūliyūs,[31] another under the name of Yūniyūs. None of these wrote Anatolios' name in full. It generally seems that the family name (cognomen), not first name (praenomen) was used for the author's name. Thus we ought to see Anaṭūliyūs and Yūniyūs as a separate person in these cases. Probably, although not certainly, Yūniyūs was identified with Anaṭūliyūs by the Syriac translator through a deduction based on Photios' notice: Ἀνεγνώσθη Οὐϊνδανίου Ἀνατολίου Βηρύτου συναγωγὴ γεωργικῶν ἐπιτηδευμάτων, because Vindanios is written as *Yūniyūs al-Bairūtī* in Ibn Abī Uṣaibiʿa (1194-1270).[32] It appears that the oriental doubling of Anaṭūliyūs/Yūniyūs took place in this way. If this hypothesis is correct, we can say that συναγωγή of Anatolios was translated into Syriac after Photios' *Bibliotheca*, and that the manuscript of London is from the 9th C.

第 2 章　On Anatolios in the *Geoponika*

Once more we'll return to the *Gp*. The conjunction used in *Gp*. 1. Arg. is καί, not ἤ, and καὶ Ταραντίνου is inserted between καὶ Οὐϊνδανιωνίου and καὶ Ἀνατολίου. These names are spelled Οὐϊνδανιωνίου, Βηρυτίου, not Οὐϊνδανίου, Βηρύτου. Let us postulate that Cassianus wrote καὶ Οὐϊνδανιωνίου Ἀνατολίου Βηρυτίου. Why did Cassianus write only Anatolios' name in full? Even if Cassianus wrote καὶ Οὐϊνδανιωνίου Ἀνατολίου Βηρυτίου, the author's name ought to be Ἀνατολίου, just as Cassius Dionysius Utiensis is written as Διονυσίου. It is unlikely that three different names would be used in chapter headings.

Let us look at how Οὐϊνδανιώνιος, Ἀνατόλιος and Βηρύτιος appear in the various chapter headings. Of the 42 cases 24 are as follows:

1. 2. 9. Βηρυτίου, 10. Ἀνατολίου
2. 5. 10. Ἀνατολίου, 11. Βηρυτίου
3. 5. 25. Ἀνατολίου, 26. Τοῦ αὐτοῦ
4. 5. 33. Βηρυτίου, 34. Οὐϊνδανιωνίου
5. 6. 3. Ἀνατολίου, 4. Τοῦ αὐτοῦ
6. 10. 18. Ἀνατολίου, 19 Βηρυτίου
7. 10. 43. Οὐϊνδανιωνίου, 44. Τοῦ αὐτοῦ
8. 10. 69. Βηρυτίου, 70. Τοῦ αὐτοῦ
9. 12. 36. Ἀνατολίου, 37. Βηρυτίου
10. 14. 20. Βηρυτίου, 21. Ἀνατολίου[33]
11. 18. 17. Ἀνατολίου, 18. Βηρυτίου, 19. Τοῦ αὐτοῦ, 20. Τοῦ αὐτοῦ

Thus in cases where there are different names (Nos. 1-2, 4, 6, 9-11), these names cannot refer to the same author. Moreover as mentioned above, where the same author appears in following chapters (Nos. 3, 5, 7-8, 11), the author is cited as "the same". Finally among the 496 chapter headings there are no cases where the same author is called by different names. Therefore, we can conclude from the above cases that Οὐϊνδανιώνιος, Ἀνατόλιος and Βηρύτιος were different authors.

To sum up: Cassianus probably identified Οὐϊνδανιώνιος, Ἀνατόλιος and Βηρύτιος as three authors.[34] Therefore, it is probable that Photios mistakenly interpreted Οὐϊνδανιώνιος, Ἀνατόλιος and Βηρύτιος as one author through a deduction based on *Gp*. 1. Arg.[35] It also appears that the Anatolios in the *Geoponika* cannot be identified with the man mentioned in Amm. 19, 11, 2 and Eun. *vit. soph*. 85, because Βηρύτιος appearing in *Gp*. 1. Arg. is a personal name, not τὸ ἐθνικόν and Anaṭūliyūs is al-Ifrīqī, not al-Bairūtī. Finally, we can conclude from the above considerations that Vindanios Anatolios Berytos is actually an erroneous composite for the names of three different individuals.

NOTES

* *Selections on Agriculture* (περὶ γεωργίας ἐκλογαί) compiled by one Cassianus Bassus in the sixth century are generally named *Geoponika* and three Greek editions are: by Brassicanus 1539, by Needham 1704, and by Niclas 1781. The last was found in the Library of Kagoshima University on 20 July 2006. The most recent edition is Beckh, 1895. The latest edition is Lelli 2010. Lelli's Greek Text is Beckh's one. This paper uses those of Niclas and Beckh. On the high quality of Niclas' edition in Textkritik, see Oder 1910, 1225. Beckh was able to take into account the Syriac version that Niclas could not know. On Greek agricultural works translated into Arabic/Syriac, see Sezgin 1971, 301-29; Ullmann 1972, 427-39.
1 Lelli 2010, 399 argues that 'Vindanione, Anatolio e (il) Berizio sono in realtà la medesima persona: Vindanione Anatolio di Beirut. Tuttavia sembra che il fraintendimento di vederli come tre fonti distinte risalga a Cassinao, e non alla tradizione manoscritta.' See also Grélois and Lefort 2012, 13.
2 Rodgers 2002, 161.
3 Dalby 2011, 48. He used the edition of the Greek by Beckh.
4 Seeck 1894, 2071-2; cf. *PLRE* I, s. v. Anatolius 3. On Vindanius Anatolius aus Berytus, see Wellmann 1894, 2073.
5 Niclas 1781, XLIX.
6 Owen 1805, Ⅲ-Ⅳ and Ⅹ.
7 See the editions of Brassicanus, Needham and Niclas.
8 "... I (i.e. Cassianus) composed this work. It is taken from (the writings) of Florentinus, and of Vindanionius, and of Tarantinus, and of Anatolius, and of Berytius, and of Diophanes, and of Leontius, and of Democritus, and the Paradoxes of Africanus, and from(the writings) of Pamphilus, and of Apuleius, and of Varro, and of Zoroastres, and of Fronto, and of Paxamus, and of Damegeron, and of Didymus, and of Sotion, and of the Quintilii." It seems that *Gp.* 1. Arg. was written by Cassianus, and that *Gp.* 2-20, Args. with the formula: τάδε ἔνεστιν ἐν τῇδε τῇ βίβλῳ, (δευτέρα-εἰκοστῇ) μὲν οὔσῃ τῶν περὶ γεωργίας ἐκλογῶν, περιεχούσῃ δὲ (κτλ.) were inserted by the tenth century compiler. In this paper I will treat the Quintilii (two brothers) as one author for the sake of convenience.
9 Probably, this reading is based on manuscripts: συνείλεκται δὲ, ἔκ τε φλωρεντίνου φιλοσόφου καὶ δημοκρίτου· ἔτι δὲ, ἰουινδανίου· ἀνατ.· βηρ.· διοφ.· λεοντίου· ἀπουηλίου·.... See Beckh 1895, XXIX.
10 The difference of both readings is attributed to Greek mss. Cf. Niclas 1781, 7.
11 Oder 1910, 1221.
12 Dalby 2011, 48f. calculated the frequency of occurrence of Anatolius as 21 times.
13 Henry 1960, cod. 163.
14 Sezgin 1971, 314; Ullmann 1972, 429; Lelli 2010, LXVIII-LXXI take the same position as did Photios
15 Wilson 1994, 147.
16 See chapter headings of *Gp.* 2. 12, 27; 4. 4-6; 9. 21-24, and *Gp.* 5. 11. 5; 13. 4. 5;13. 8. 7; 13. 9. 12. On Tarantinos, see Owen 1805, Ⅸ; Lelli 2010, LXV-LXVI; Dalby 2011, 47; Grélois and Lefort 2012, 13 note 7.
17 Cf. Ullmann 1972, 430.
18 Sbath, 1930-31, 47-54 (with Arabic texts).
19 Ibid. 48. On the contrary Sezgin 1971, 308, 315 says that this is not Anatolius, but Ps.-Apollonius (Balīnās al-Ḥakīm). It seems to me that Abtrolius is Anatolius, not Apollonius, because the Arabic letters ب and ن in Abṭrolius seem to be a slip of the pen for ت and ل. See Sbath 1930-31, 50.
20 See Sbath, ibid, 50-51.
21 Ibid. 50.
22 Ullmann 1972, 444.
23 Cf. Ullmann, ibid. 431. On the date of the translation into Syriac of the Greek scientific works, see Gutas 1998, 22.
24 Löw 1881, 18-9. Cf. Ullmann 1972, 431.

25 This interpretation is based on Valentin Rose. Cf. Löw 1881, 19 note 2; Ullmann 1972, 431 note 3. However, it is not certain whether Yūniyūs is Vindanios.
26 Ullmann 1972, 433.
27 See Lagardius 1860. Cf. Lagarde 1866, 120-46.
28 Sbath 1930-31, 48 regarded the manuscript of London as the text of Vindanios.
29 Gutas 1998, 114-115.
30 b. -'Awwām Filāḥa Ⅰ, 98, 10ff.: *Qāla Yūniyūsu* (Vindanios said). See Ullmann 1972, 432.
31 Nuwairī Nihāya Ⅰ, 352, 8. On an-Nuwairī, see Ullmann 1972, 35.
32 See ibid.432.
33 Ἀνατόλιος also is cited in *Gp*. 13. 12 with the chapter heading of "Πρὸς μυίας. Βηρυτίου."(see *Gp*. 13. 12. 3: Ἀνατόλιος δέ φησιν …). In this case where both names are different, these names cannot refer to the same author. On the other hand, in cases where both names are same (for example, see *Gp*. 13. 5; 14. 26; 16. 22), these names can refer to the same author.
34 All editors but Lelli also have interpreted Οὐϊνδανιώνιος, Ἀνατόλιος and Βηρύτιος as three different authors. See Needham 1704, ⅲ. Cf. Grélois and Lefort 2012, 13 note 4.
35 See note 9 above.

第 2 部　農事と暦

第3章　ヘシオドスにおける農事暦

1．暦

　ヘシオドスにおける暦とはいったいどのようなものなのか。ヘシオドスの『仕事と日々』には春夏秋冬を表わす季語が存在する。春と夏はそれぞれ名詞形 ἔαρ（462,493,569），θέρος（462,502,503）で現われる。また，冬は名詞形 χεῖμα（450）と形容詞形 χειμέριος（494,524,558,565）が用いられ，秋は形容詞形 μετοπωρινός（415）のみが用いられている。これらの用例のうち最後のものは形容詞の中性単数対格形が副詞として用いられている。「ゼウスが秋に雨を降らせる（415）」となる。秋の雨が最初に降りだすのは9月に入ってからである。

　「太陽の折り返し」という表現が2度現われるが，これは「至」を意味する。最初の例は本来10月末から11月中旬にかけて行なわれるべき耕作をその時期に行なわず，「太陽の折り返しの頃に」，つまり「冬至の頃に ἠελίοιο τροπῆς（479）」行なう人のことを言っている箇所である。冬至の頃とは12月21日頃ということになる。また次の表現も冬至を指している。つまり，「太陽の折り返しののち60日間の冬の日々をゼウスが終わらせるとき」。この文章より，「太陽の折り返し」が「冬至」を示していることは明らかである。さらに，この表現より，冬至の60日後，つまり2月17・18日が冬の終わりと見なされていたことが分かる。

　ヘシオドスは月名を1度だけ挙げている。それは「レーナイオーンの月（504）」であるが，この月は「冬の描写（504—63）」の冒頭に出てくるので冬の月名であることは確かである。この月名はイオニア地方で広く用いられたもので，1月から2月に相当する。

　ヘシオドスは一年の廻りを恒星の運行によって表わしている。星の出没に関しては，いくつかの天文用語を知っておく必要がある。すなわち，

　　Heliacal rising: 日の出直前に昇ること

Cosmical setting: 日の出直前に沈むこと
Acronychal rising: 日没時に昇ること

　ヘシオドスが季節を示すために用いた恒星は，Ἀρκτοῦρος アルクトゥーロス，プレーイアデス Πληϊάδες，オーリーオーン Ὠρίων，ヒュアデス Ὑάδες およびセイリオス Σείριος（シリウス）である。アルクトゥーロスは牛飼座のα星で，「熊の番人」の意である。大熊座のあとを付いて回っているように見えるので，こう呼ばれる。プレーイアデスはアトラースとプレーイオネーとの間に生まれた7人の娘たちで，スバルの名で知られる星団である。オーリーオーン座のα星はベテルギウスで狩人オーリーオーンの右肩に当たり，三つ星はオーリーオーンがつけているベルトである。ヒュアデスはアトラースとアイトラとの間に生まれた7人の娘たちで，プレーイアデスとは異母姉妹にあたる星団である。シリウスは大犬座のα星で，ドッグ・スター（犬星）と呼ばれ，恒星のうちで全天第一の明るさ（光度 -1.5）を誇る。また夏には太陽の近くにこの星があるので，古来より夏の酷暑をもたらすと信じられていた。

　ヘシオドスは農事暦の冒頭で次のように言っている，「アトラース生まれのプレーイアデスが日の出前にはじめて昇るとき，刈り入れをはじめよ，また日の出前に沈むようになれば，播種のときだ，それらが日夜40日間ずっと身を隠し，再び時が流れて現われると，鎌を研ぐときだ，このこと自体平野の掟である，海の近くに住んでいる人々にとっても，また木々多き山間に，波立つ海から遠く離れた肥沃な土地に住む人々にとっても（383－391）」。ヘシオドスの時代（ca.700B.C.）にアスクラでプレーイアデスの Heliacal rising は5月11日に当たる。刈り入れの時期の到来であり，いわば夏の始まりである。夏の経過とともにプレーイアデスはますます早く昇るようになる，Cosmical setting が見られるようになるそのときまで。プレーイアデスの Cosmical setting は，ヘシオドスの時代のアスクラで，10月末に当たる。この時期はまさに耕耘期である。冬の到来とともに，プレーイアデスは早く昇り早く沈むようになる。4月はじめ，プレーイアデスは非常に早く昇るので，夜の前に沈む。その後，「40日」の時期になる。この間プレーイアデスは日の出後に昇り，日没前に沈むので，まったく見ることができない。そして，5月11日，「プレーイアデスが日の出前にはじめて昇る」ことになる。これが恒星の運行に基づいてヘシオドスが示している一年のサイクルである。

ヘシオドスは季節感を自然のしるしで示そうとしている。俳句・連歌などで春夏秋冬の季節感を表現するためにその季節を示す語として詠み込むように定められた語を季語と呼ぶ。例えば，「ぼたん」が初夏を表わす類がそれである。ヘシオドスにもそのような季語の類が用いられている。すなわち，ツバメ，カッコウ，カタツムリ，アザミ，セミおよび鶴がそれである。冬の日々をゼウスが終わらせるまさにそのとき，アルクトゥーロスが日没時に始めて昇る。「さらにそのあとに，暁に鳴くパンディーオーンの娘であるツバメが光の中に立ち昇る，人間どもに新たに春がはじまるとき (568－9)」。まず，ゼウスが 2 月 17・18 日に冬を終わらせる。アルクトゥーロスが夕暮れに東の地平線上に見えるのが 2 月末から 3 月上旬の数日間であり，それに続いてツバメが飛来する。「ツバメ」は春の先触れであり，まさに春の季語といえる。「カッコウがはじめて樫の木の葉の中で鳴く (486－7)」のは，樫に葉が生え揃う頃，すなわち晩春である。「さて，カタツムリが，プレーイアデスを逃れて，大地からブドウの樹の上に這い上るまさにそのとき」。プレーイアデスが日の出直前に昇るのが 5 月 11 日であり，いわば夏の始まりを示すことから，カタツムリは夏の暑さを避けるために樹に這い上るのであろう。したがって，カタツムリは初夏の季語である。「アザミが咲き乱れ，セミが樹にとまって甲高い歌を浴びせかけるとき，羽の下で摺り合わせて，骨の折れる夏の季節に」。この文よりアザミとセミが夏の季語であることが分かる。最後に鶴について。「心に留めよ，鶴の声を聞いたときには，雲の彼方から，鶴は耕耘のしるしをもたらし，冬の雨の季節を示す」。耕耘の時期はまさに 10 月末に当たる。ここで鶴は越冬のために 11 月中旬頃南方に渡る。雨季は冬が終わるまで続く。鶴は初冬の季語と言えよう。

　大雑把に言って，ヘシオドスは春夏秋冬の四季を認識している。春はツバメの飛来によって始まり，カッコウの鳴き声で終わる。カタツムリが夏の始まりを知らせ，アザミとセミが盛夏を告げ，ゼウスが降らせる秋の雨が夏の終わりを予感させる。秋の意識がどの程度であったかはわからない。しかし，鶴の鳴き声が確かに冬の到来を告げた。冬至の 60 日後，つまり 2 月 17・18 日までが冬であり，レーナイオーン月は，おそらく，1 月から 2 月に当たった。アルクトゥーロスが日没時にはじめて昇ると春が，プレーイアデスが日の出直前にはじめて昇ると夏が始まる。日の出時にオーリーオーンとシリウスが中天（真

南）に達し，アルクトゥーロスが日の出直前に昇るようになる（609f.）と，シリウスが人間の頭上にある時間が短くなり（417ff.），太陽の力が衰え，夏が終わる。プレーイアデスとヒュアデスとオーリーオーンが日の出直前に沈むようになる（614ff.）と，冬は近い。

「至」については「冬至」のみが言及されていて，他の記載はない。春分，秋分，夏至を認識していたかどうかは不明であるが，「夏至」については知っていた可能性がある。

ヘシオドスが春夏秋冬の四季を認識していたことは事実としても，わが国の四季と比較した場合，その季節感は日本のそれとは大きく異なっていたであろう。

では次に暦を農事との関連で考察してみよう。

2．農事

a. 穀物栽培

耕耘・播種：プレーイアデスが日の出前に沈む10月末から鶴の声が聞こえ，冬の雨季を知らせる11月中旬にかけては，まさに，耕耘・播種の時期である。耕耘には2・3人の男，犂および9歳の雄牛一対（436f.）が用いられた。2・3人の男のうち，1人は四十男で（441），牛のあとに付いて，まっすぐに溝を引くことができる働き盛りの男である（443）。もう1人は（445），耕牛の前にいて種を蒔く人である（446）。

耕耘期には，奴隷たちも自らも額に汗して働かねばならない。春と夏に鋤き返された休閑地（ドゥモーエス）（462）に種を播く，土地が軽やかなときに。奴隷の1人は犂の柄（エケトゥレー）を手で握って，突き棒で牛の背を突く（467f.）。そのうしろから若い奴隷が続き，地面に飛び出している種を鶴嘴（マケレー）で隠す，鳥が食わないように（469f.）。

時期を違えて冬至の頃に耕耘した人は麦の生育が遅く座ったままで刈り取ることになり，麦の穂が短いために双方に穂があるように縛ることになるという（479ff.）。だが，樫の葉が生え揃う頃（晩春），カッコーが最初に鳴いて三日目に，ゼウスが適度の雨を降らせた場合には，遅く耕耘した人も適切な時期に耕耘した人に劣らぬ収穫を得ることができるという。

収穫：プレーイアデスが日の出前にはじめて昇るとき（5月11日），またカタ

ツムリがブドウの木に這い登るまさにそのとき,刈り入れ（収穫）の季節である（383f.,571,575）。奴隷に刈り鎌研ぎを命じること（387,573）。穂は束ねて,籠（フォルモス）で運ぶ（482）。

脱穀：オーリーオーンが日の出直前にはじめて昇る頃（6月20日頃），奴隷たちに脱穀を命じる。脱穀は風通しのよい円形の脱穀場で行なわれる（597ff.）。月の17日が吉日（806）。穀物は秤でよく量ってアンゴスと呼ばれる容器に入れて貯蔵する（475,600）。脱穀後家畜（牛やラバ）の飼料として麦藁や殻などの屑を蓄えておく。

b. ブドウ栽培

冬至から60日後，2月の中頃に（2月17日か18日），アルクトゥールス星はたそがれの闇にはじめて昇る。さらにそのあとツバメが飛来し，春の訪れを告げる。ツバメがやってくる前にブドウの剪定を行なう。カタツムリがブドウの木に這い登るまさにそのとき，もはやブドウの木の根元の掘り返しをしてはならない。日の出時にオーリーオーンとシリオスが中天（真南）に来て，夜明けにアルクトゥーロスが現われる頃（9月8日），ブドウの収穫。10日間日干しし，さらに5日間陰干しして，16日目にアンゴスの中に注ぎ込む。

c. 冬の仕事

レーナイオーン月には屠殺した牛の皮剝ぎが行なわれた。衣類として上着（クライナ），肌着（キトン）のほか，冬の防寒具は牛皮や山羊皮を用いて作られた。牛皮製で内側にフェルトを張り詰めたブーツ，初子の山羊の皮を牛の腱で縫い付けた雨合羽，フェルト帽。

d. 木々の伐採

ゼウスが秋の雨を降らせ，シリウスが人間の頭上にある時間が短くなるとき（9月第3週頃），木々の伐採が行なわれる。この時期の木々は虫食いも少なく，木々は大地に葉を落とし，もはや若枝を出すこともない。伐採された材木は農具を作るのに，また建築用や造船用にも用いられた（807f.）。

3．農事暦

ヘシオドスの『仕事と日々』383―617行に基づいて農事暦を作成すると次の表のようになる（表中の3桁の数字は詩の行数を示す）。

第3章 ヘシオドスにおける農事暦

月	星座	自然のしるし	農事
1			
2	レーナイオン月 504		牛の皮剝ぎ 504
3	冬至から60日後（2月17・18日）564f. アルクトゥーロス星たそがれの闇に昇る 566f.	ツバメ飛来，春の始まり 568f.	ツバメが来る前にブドウの剪定 570 休閑地の春の犂き返し 462（遅れて耕作した人にも収穫をもたらす）490
4		カッコウが鳴く（晩春）その3日目に雨を降らせる 486-90	
5	プレーイアデス（スバル）日の出前に昇る 383, 387	カタツムリが木に登る 571	ブドウの木の根元を掘り返すな 572 奴隷に鎌研を命ず 573，収穫期 575 刈り入れ 384 刈鎌を研ぐ 387
6		アザミが咲き，セミが鳴くとき 582-4（盛夏）	農閑期 582-96
7	オーリーオーンがはじめて現われる 598		脱穀，奴隷を使って脱穀場で 597ff. 壺に貯蔵 600，飼葉や屑（牛，ラバの餌）を蓄えよ 606
8	（シリウス昇る）		休閑地の夏の犂き返し 462 盛夏，奴隷に小屋造りを命ず 502f.
9	オーリーオーンとシリウスが中天（真南）に懸かる（9月）夜明けにアルクトゥーロスが現われる（9月8日）609f.		ブドウの収穫 611 日干し，陰干し，桶に注ぐ 612ff.
10	シリウスが人間の頭上にある時間が短い 417ff.	太陽の力が衰え，夏の終わり，最初の雨 414-6	伐採の時期 420ff.（臼，杵，車軸，木槌，車輪，車体，犂を作る）
11	プレーイアデス日の出前に沈む 384。プレーイアデスとヒュアデスとオーリーオーンが日の出時に沈むとき 615f.	鶴の声，冬の雨季 448-51	種播き 384，耕作 616 耕耘 450（牛に餌をやる）452
12			
1	冬至（12月22日）479		（遅れて耕作する人）479-82

第4章　ホメーロスに見る農業

はじめに

　前700年頃の農民詩人ヘシオドスの『仕事と日々』は初期ギリシアの農業事情に関するかけがえのない唯一の史料である。ホメーロスの英雄叙事詩『イリアス』と『オデュッセイア』は，ヘシオドスの『仕事と日々』と同様にヘクサメトロンの詩形で記されているが，そのテーマはヘシオドスの描く農民の生活とは大きく異なっている。両詩篇ともその主人公は英雄たちであり，ヘシオドスの描く農民たちとは違って，彼ら自らが農事に携わっていたとは到底考えられない。唯一の例外はラーエルテースで，彼はおそらく開墾によって手に入れた田舎の農場で農事に勤しんでいた。ラーエルテースはオデュッセウスに王位を譲り，自身は隠居して悠々自適の田園生活を送っていたのである。もちろん彼自身が開墾したのではなく，その仕事はおそらく彼が所有していた奴隷や日雇労働者によって行なわれたにちがいない。
　では，両詩人が詩の中で描いている農業に関して何か相違が見られるのだろうか。これに関する限り，両詩人はまったく同じ環境にあるといってよい。これは農具，農法および農業技術など全般にわたって言えることである。もし両者に相違があるとすれば，それは両者が扱う対象の違いにある。つまり，ホメーロスの扱う対象が貴族（大土地所有者）であるのに対して，ヘシオドスのそれは中流の独立自営農民であるということである。
　われわれはホメーロスの両詩篇からどのようにして農業に関する知見を得ることができるのであろうか。一つは，アキレウスの楯の解釈である。もう一つはホメーロスにおける比喩の解釈である[1]。比喩は修辞法の一つで，ある物を別の物に喩える語法一般を言うが，それには直喩と隠喩がある。「白きこと雪の如し」といったタイプの直喩と，たとえを用いながら表現上，「如し」「ように」等の形式を出さない隠喩，たとえば白髪を生じたことを「頭に霜を置く」

という類，とがある。「白きこと雪の如し」における「白いということ」と「雪」の比較は，「雪が白い」という事実（＝一般的真理）の認識の上に成り立っている。ホメーロスの口で，戦場における英雄の奮戦ぶりが「あたかもライオンのように」とたとえられ，また英雄が戦いに敗れて大地に倒れるさまが「1本の大木が根こそぎ倒れるように」とたとえられている。このような直喩は時代を越えて分りやすいたとえと言うことができるが，直喩にせよ隠喩にせよ，比喩の対象になるものは当時の人々にとって，自明のこと，あるいは一般的に認知されていることでなければならなかった。そうであればこそ，叙事詩の聞き手は比喩における比較点を容易に理解し，比喩そのものの核心を正確かつ完全に理解したうえで[2]，文学的な感動を得ることができたのである。さて，われわれにとって大切なことは，ホメーロスの比喩の中に農作業に関する直喩[3]が含まれていることである。つまり，そのような直喩を解釈することによって，当時の農作業の実態や，農法について貴重な知見を得ることができるのである[4]。

本章では，ホメーロスの両詩篇を中心に初期ギリシアの農業について，栽培種，農業技術，穀物栽培および果樹栽培の順に考察する。

第1節　栽培種

地中海農耕文化を作り上げた作物の特色としてわれわれは一年生植物であるということと冬作物であるということを挙げることができる。コムギ，オオムギなどのムギ類は言うに及ばず，エンドウ，ソラマメなどの豆類も一年生の冬作物である。地中海性気候というのは冬に雨が多くて寒さはそれほど厳しくなく，夏は乾燥した高温の気候である。ムギ類はこうした気候に最もよく適合する。ムギは秋になって種から発芽し，冬の間は適当な湿度に恵まれて根を張り，春になって温度が上がるにつれて急速に生長し，出穂する。穂が成熟する頃には温度は高く，乾燥した空気の下で収穫期を迎える[5]。今日と比較してこの地域において気候上に大きな変動はなかったと考えられる。

古代ギリシア語で「穀物」に相当する語は σῖτος である。ホメーロスにおいて σῖτος は「穀物」の意ではなく，穀物から作られる食物あるいはパンの意で用いられている。ホメーロスやヘシオドスの詩[6]において「穀物」を示す語は

ἀκτή である。現代ギリシア語でコムギは σιτάρι であるが，古典期に σῖτος はコムギとオオムギ双方に用いられていたために，碑文などで σῖτος の記載があるときどちらを言っているか決定しにくい場合がある。ときには同定しうることもある。例えば，シラクサのアテナイ人捕虜の食料のケースがそうである。トゥキューディデースは σῖτος と記しているが，プルタルコスはオオムギと明記している[7]。のちに σῖτος はコムギを指し示すようになる。『ゲオーポニカ』の中で σῖτος は明らかにオオムギ κριθή と対比されている[8]。

では，ホメーロス時代の「穀物」の栽培種について考えてみよう。不思議なことに，ヘシオドスにはコムギ，オオムギといった穀物の種類の名が現われないのに対して，ホメーロスの詩にはそれが現われる。注目すべきは，次の箇所である（Od. 4. 602―4）。すなわち，

「というのもあなたは広い平野を治めており，そこにはロートスも多く，キュペイロンもあり，ピュロイにゼイアイ，豊かに穂をつけた白いクリーもとれる」と。

この箇所は，オデュッセウスの倅テレマコスがメネラオスの領地の豊かさをイタケ島と比較して賛美している場面である。テレマコスはこう続ける，「イタケには広い馬場も牧場もない，ここで飼うのは山羊くらいである（Od. 4. 605）」と。ロートス，キュペイロンは牧草地における秣である可能性が高い[9]のに対して，あとの三つは穀物の種類の名と考えられる。また別の箇所に穀物の種類の名として πυροί と κριθαί が対で現われる[10]ほか，「πυροί あるいは κριθαί の畑で」という表現[11]も現われる。では，ここで言及されている πυροί, ζειαί, κρῖ および κριθαί が何であったかについて考えてみよう。
アルーラ

πυροί. πυροί は πυρός の複数形。πυρός はホメーロスの詩の中で最も重要な穀物の一つで，植物学上 Triticum vulgare と同定されている[12]。Triticum vulgare（パンコムギ）などの普通系コムギは2粒系コムギとタルホコムギの雑種が，染色体数が倍加されたときにできる[13]，と推定されている。これに対して，古代世界のコムギはわれわれの時代のものとは異なる裸性栽培型のエンマーコムギではないかとする説[14]などなくはないが，ひとまずわれわれはこの通説に従っておこう。πυρός は『イリアス』において馬の飼料であり[15]，『オデュッセイア』において人の食料として現われる。すなわち，乞食姿のオデュッセウスは一杯の飲物と πύρνον[16]を恵んでもらうべく物乞いして歩いている。おそらく，

πύρνον はコムギで作られたパンのようなものだったと思われる[17]。また,『オデュッセイア』において πυρός はガチョウの餌でもあった[18]。

　ζειαί.　ホメーロスの古い注釈者たちは ζειά を誤ってスペルトコムギと解釈していた[19]。わが国でもホメーロスの翻訳において ζειαί が鳩麦とかスペルト麦と訳出されている[20]。テオプラストスは穀物を三つのグループ,穀類,豆類と夏作物に分類し,穀類には πυροί, κριθαί, ζειαί および τίφαι が属すとしている[21]。ζειαί および τίφαι はそれぞれ1粒コムギ Triticum monococcum か エンマーコムギ Triticum dicoccum かであるが,Leob の翻訳者は ζειαί をエンマーコムギ,τίφαι を1粒コムギと比定している[22]。ディオスコリデスは ζειά の中に,一方は一つの穎果をもつ ζειὰ ἁπλῆ と他方は二つの穎果をもつ ζειὰ δίκοκκος を区別している[23]。おそらく前者は1粒コムギ Triticum monococcum, 後者はエンマーコムギ Triticum dicoccum[24]であろう。ヘロドトスは次のような興味深い証言を残している。つまり,「他国人はコムギとオオムギを主食としているが,エジプトではこれらを主食とすることは非常な恥辱とされており,彼らはオリュラという穀物を食糧にしている。これは人によって ζειαί と呼ばれている穀物である (2.36)」。事実,エジプト人は ὄλυρα でパンを作って常食としていた (2.77)。われわれにとって重要なのは ὄλυρα と ζειά が同一視されていることである。もしこの同一視が正しければ,ὄλυρα はエンマーコムギということになろう。確かにエジプトではエンマーコムギの栽培は最も古く,上エジプトの Tasian, Fayum の遺跡によると,紀元前6000—5000年に遡るという[25]。前3000年にエジプトにおいて裸性栽培型のエンマーコムギが確認されている[26]。ὄλυρα は ζειά と同様にホメーロスの詩に現われる。特筆すべきは,『イリアス』には ὄλυραι だけが,『オデュッセイア』には ζειαί だけが現われるという点である。そして ὄλυραι も ζειαί も白いオオムギ κρῖ λευκόν に混ぜて馬の飼料として用いられている[27]。それらは叙事詩の作者にとって区別されていない。おそらく双方は同種異形ではないかと考えられる[28]。

　κριθή.　オオムギは一般に栽培種の最古のものと見なされている。この栽培が犂の発明のきっかけとなったのではないかと考えられる。考古学的に最古のオオムギは初期新石器時代に属し,2条オオムギ Hordeum distichum であったとされる[29]。6条オオムギ Hordeum vulgare およびそれに含まれる4条オオムギは新石器時代のエジプトでのみ発見された。セム人は2条オオムギをもつ

が，ヨーロッパでは6条オオムギが圧倒的に多く，2条型が農業上重要な地位を占めることは稀であり，ギリシア人にとっても2条オオムギは知られていたが従属的な意味しかもたなかった。エーゲ文明期の重要な遺跡として知られるテラ島アクロティリ遺跡の発掘の際に，オオムギを描いた壺が数点出土している（左図参照）[30]。さらに重要な点はオオムギ刈り入れ用の青銅製の鎌が数点，おびただしい数の碾臼と丸い碾石が発見されたことである[31]。また，大量のオオムギ粉，挽割りオオムギおよびオオムギ（hordeum）の穀粒が出土しており[32]，食料としてのオオムギの重要性を示している。コムギ関連の資料が出土しないことは，出土状況の偶然性によると考えられなくはないが，オオムギ栽培の優位性とオオムギが主食であったことを暗示しているようで興味深い。ミュケナイ文書にはπυρός や ζειά に相当する語は確認されていないが，κριθή（= ki-ri-ta）のみは確認されており[33]，穀物を表わす二つの表意文字が存在している（左図参照）。この事実はミュケナイ時代においてオオムギが普及した栽培植物だったことを示している。叙事詩中にκριθή と同義の κρῖ という語がある。κρῖ は最古の言語層に属す κριθή のための叙事詩言語である[34]。κρῖ は単数主・対格形でのみ「白い」λευκόν という付加語を伴って現われる。一度だけ λευκόν に加えて εὐρυφυής という付加語を伴って現われる。εὐρυφυής は「豊かに穂をつけた」の意であるが，もしこの語が何らかの植物学的特徴を示しているとすれば，それは2条型のオオムギよりも大きな穂をもつ6条型のオオムギにこそ相応しいと考えられる。他方，κριθή は常に複数形で付加語をもたない。

オオムギは碾臼で挽かれ粉にされ人間の食糧として皮袋に入れて携帯された[35]。碾臼で挽かれたオオムギは「挽割り大麦」ἄλφιτον pl. ἄλφιτα. ἄλφιτα λευκά と呼ばれた[36]。それはある種のスープあるいは粥として食され，あるいは乾燥パンに加工された。また，キルケーの「魔法の食べ物」の素材として，またアキレウスの楯に描かれている日雇いたちの食事にそれは用いられている[37]。穀物を碾臼で粉にする仕事は女奴隷の仕事であった[38]。つまり，「女た

ちはオオムギ粉やアレイアタを挽いていたが,それは人間にとって無くてはならないもの(Od. 20. 108)」であった。ここで用いられているἀλείαταはホメーロスではここにしか現われない稀な単語であり,この語はその語源から(ἀλέω, to grind)何らかの挽かれた粉を意味する。文脈よりみて明らかにオオムギとは異なる穀物を示唆しているし,その直後に(Od. 20. 109)コムギを粉に挽きおえていない非力な女への言及が続くので,われわれはスコリアの注釈の「コムギ粉」を受け入れてよいであろう。もしそうであるとすれば,ἀλείαταに当たる古典ギリシア語はἄλευραである[39]。プラトンは『国家』の中で次のように言っている,つまり,「身を養う食べ物としてはオオムギからはオオムギ粉,コムギからはコムギ粉を作って,それに火を通し,あるいはそのまま捏ね固めて……出来上がった菓子やパンを……盛りつけて出すであろう(372b)」と。プラトンにおけるἄλφιταとἄλευρα(= ἀλείατα)[40]の区別がアルカイック期にも当てはまるとすれば[41],人はオオムギ粉と同じくコムギ粉を粥状の食べ物やパンに加工して食していたということになろう。つまり双方は粉の形状において日常の食糧だったのである。注目すべきは,いずれの史料もオオムギがコムギの先にきているということであり,これはコムギよりもオオムギの方が重要な位置を占めていたことを暗示している。また,オオムギ栽培が普及していたであろうことは次のことからも分かる。つまり,クレタ島に漂着したオデュッセウス一行に与えられた土産について,「わたしはἄλφιταと赤ブドウ酒を一般の住民から徴集して,彼らに与えた[42]」と語られている点である。この話自体が作り話であるからその真偽は確かめようがないが,ここでἄλφιταが「民衆の間から集められた」と言われていることはオオムギ栽培が一般的であったことの証となろう。他方,馬の飼料としてのκρῖないしκριθαίは碾臼で挽かれる必要はなく籾のままで利用されたにちがいない。

次に,豆類についてわれわれに貴重な情報を与えてくれるのは脱穀場における豆の脱穀のシーンである。それは次のように記されている。つまり,「それはさながら広大な脱穀場で,平らな箕から黒皮のキュアモイあるいはエレビントイが飛び出すよう,音を立てて吹く風と箕で簸る人の放り投げる力によって。まさにそのように……(Il. 13. 588ff.)」穀物の脱穀法についてはのちに詳しく考察することになるが[43],ここでの問題はキュアモイとエレビントイが何かということである。

κύαμος．この語と次に考察する ἐρέβινθος はともに複数形で唯一この箇所にのみ現われる。テオプラストス[44]は穀物を三つのグループ，穀類，豆類と夏作物に分類しているが，その中で，豆類の例として，ソラマメ，ヒヨコマメ，シロエンドウ，レンズマメ[45]などの名を挙げている。κύαμος は，LSJ によれば，bean, Vicia Faba と解釈されているので，いわゆる「ソラマメ」ということになる。κύαμος は形容詞 μελανόχροος ＝ μελάγχροος によって修飾されている。この語は「黒い」という意味で，別の箇所では肌の色を示す形容詞としても用いられているが，このケースにおいてこの語がソラマメの植物学的特徴を現わしているか否かは不明である。

ἐρέβινθος．これはテオプラストス以外では，クセノパネス，アリストパネス，およびプラトンの作品中で言及されている[46]。LSJ によれば，chick-pea, Cicer arietinum と解釈されているので，それはいわゆる「ヒヨコマメ」ということになる。

双方の品種は他の穀物と同様に脱穀場で脱穀が行なわれているので，これらの豆類は畑で栽培されたものと思われる。

第2節　農業技術

前節でわれわれは栽培種について考察した。本節では，先に考察した栽培種がいかなる農具を用いて，いかなる農法で栽培されたかを考察する。

1．農具

農具は大まかに耕耘用と収穫用に分類される。耕耘用として犂，鍬および鋤が，収穫用として鎌が一般に用いられたと考えられる。ホメーロスの時代の農具はどのような形態のものだったのか。ここではそれを考察する。

犂　plow, plough

この農具は ἄροτρον と呼ばれている。考古学用語で ard と呼ばれるタイプのもの。ヘシオドスによれば，犂には同種異形の二つのタイプがある。すなわち，「続きもの αὐτόγυον ἄροτρον」と「組み立て式のもの πηκτὸν ἄροτρον」（Op. 433）の二つ。ホメーロスにおいては「組み立て式の犂」（Il. 10. 353; 13. 703; Od. 13. 32）のみが言及されている。「組み立て式の犂」に関するヘシオドスの記述

第4章 ホメーロスに見る農業 39

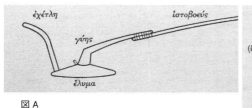

図A

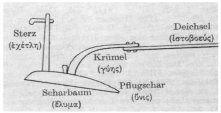

図B

は犂の形状・機能を知る上で極めて重要である。「組み立て式の犂」はいくつかのパーツを組み合わせて作られる。部品としてギュエースと呼ばれる犂の心棒 (427, 436), エリュマと呼ばれる犂床 (436), ヒストボエウスと呼ばれる轅 (435) およびエケトゥレーと呼ばれる犂の柄 (467) がある。犂床に釘で心棒が固定され, 心棒に轅が取り付けられる。心棒と犂床には堅い材質の樫の木が, 轅には弾力性のある月桂樹か楡の木がよいとされる (429, 435f.)。轅は樫の木釘と革紐で軛に繋がれる (469)。ヘシオドスの記述に基づいて「組み立て式の犂」を復元してみると, 上図のようになる。

図AはWest[47]の図BはSchiering[48]の復元である。双方の相違点は柄の部分の形状, 心棒と轅の取付け方, 一方は木釘, 他方は革紐, および犂床先端部におけるヒュニスの有無である。

「続きもの」とは自然木の一木造のものであろう。おそらく, 後部の柄と心棒が直結したものか, あるいは心棒と犂床が一木から成っているものか, そのいずれかであろう。但し, いずれの場合であれ, 轅は同じ木ではない。犂刃も犂先もない木製の犂。

エレゲイアの詩に「曲がれる犂」という表現がある。一つはテオグニスに, もう一つはソロンの詩に現われる。前者は「私のラバは曲がれる犂を牽引していない (1201)」と, 後者は「他の人々は果樹多き土地を年中耕して報酬を得ている, 彼らにとっては曲がれる犂が気にかかる (fr. 13. 47—8)」と読める。但し,「曲がれる」と訳出した犂を修飾している形容詞は前者では κυφός, 後者では καμπύλος が用いられている。では, なぜ犂がこのように形容されているのだろうか。ヘシオドスは道具を作るには「曲がった木材 ἐπικαμπύλα κᾶλα (427)」が多く必要であると述べ, 次のように続けている,「ギュエースを見つけたときは家に持ち帰るべし, 山であれ野であれ探し出して, 樫の木のものを

図a　　　　　　　　　　　　　　　図b

(427－429)」と。つまり，犂の心棒には曲がった木材が最適だったのである。したがって，「曲がれる犂」という表現は犂の心棒に用いられている湾曲した木の形状から生じたのではないかと想像される。

　では次に考古学的資料，とりわけブロンズおよびテラコッタ製の像，壺絵およびアンフォラの刻印に目を向けることにしよう。

　前600年頃のブロンズ製の像（上図 a, b）。最古のギリシア式の犂を表現している奉納品。一対の牛による犂耕の様子を描く。髭の生えた裸の耕作者は右手を背中に回し左手で犂の柄を押さえている。右足を大地に左足を犂床後方末端に乗せている。犂の心棒と犂床は一体のものの如くである。心棒と轅の接合部は，犂の復元図 A・B のように，心棒が上，轅が下になっている。轅は釘のようなもので軛に固定されている。その傍らに軛を解かれた一対の牛がいるが，その片方は進行方向とは逆向きに置かれている（上図 a 参照）。

　もう一方の像も人物の表情や仕草ならびに犂の形状など図 a のものと似通っているが，犂の心棒と轅の接合部は，図 a とは異なり，心棒の上に轅が重なっている。轅は一対の牛の頭上にかけ渡された真直ぐな軛に固定されている。軛に繋がれた一対の牛の片方は，おそらく，ブーストロペドンの例示のために回れ右をした状態で配置されている（上図 b 参照）。

　ボイオティア地方タナグラ出土のテラコッタ製の像[49]。前7世紀のもの。耕作者は犂の左側に立ち左足を一歩踏み出している。犂の柄はほぼ垂直で，上部に把手がある。犂の柄と心棒の間隔は，ブロンズ像と同じように，密接で，犂の心棒はほぼ直角に曲がっている。犂の心棒と犂床は一体のものの如くであるが，心棒と轅がそうであったかどうかは不明。ともかく，轅は牛の首に装着された曲がった軛に接合されていたと考えられる。犂の柄も心棒も，ブロンズ像

程ではないが，大きめに作られている。

ロードス島出土のアッティカ式黒絵キュリックス（図c参照）。耕作と播種を描いている。前500年頃の作。これ

図c

はアテネのデーメーテールの祭式で催された耕作の儀式を表わしたものかもしれない。裸の耕作者は右手で犂の柄の把手を握り，左手に「突き棒」[50]をもっている。犂の心棒と轅は一つの部分のように見えるが定かではない。耕作者の後方に種を播く女性が描かれている。女性は耕作者とは反対側に顔を向け，左手に種の入った籠を下げ，右手で種を播いている。

アッティカ式黒絵キュリックス（次頁図d，e）[51]。前530年頃の作。2人の裸の耕作者のうち髭の生えた方はラバを，もう1人は牛を使っている。耕作者の動作は生き生きと力強く描かれている。ブロンズおよびテラコッタ製のものが犂の心棒や柄を目立って大きく表現していたのに対して，ここでは犂の心棒や柄は妥当な大きさに描かれている。牛の方（図d）の耕作者は犂の柄先端の把手を右手で握り，左手には「突き棒」を持つ。犂の心棒は丸みを帯び，心棒の二箇所に紐のようなものが巻きつけられている。おそらく，犂床と心棒を，また心棒と轅を固定するためのものであろう。また犂床前方の掛け紐は犂の刃を固定するためのものと見なすことができよう。こちらの犂はおそらく「組み立て式」であろう。ラバの方（図e）の耕作者も犂の柄先端の把手を右手で握り，左手には「突き棒」を持つが，犂の柄先端の把手の作りが牛の方とはやや異なっている。牛の方は把手が柄からほぼ直角に突き出ている―こちらは明らかに人工的に取り付けられている―のに対して，ラバの方の柄の先端部はやや丸みを帯びていて自然に曲がった木材のように見える。犂の心棒は角をつけて描かれており，掛け紐はどこにも掛けられていない。これは犂床においても同様である。こちらの犂は，テラコッタ製の犂と同様に，「続きもの」として理解できよう。双方とも軛は首の下に装着されている。注目すべきは牛の耕作者の後ろを髭の生えた男性が鶴嘴で大地を耕していることである。また，牛の前方に1人置いて女性らしき人物が描かれている。この人物は，図cと同じように，左二の腕に籠をぶら下げている。これも種を播く女性である可能性があ

42　第2部　農事と暦

図d

図e

る。図cの女性との違いはその女性がいる位置である，一方は耕し手チームの後ろに，他方は前にいる。この点についてはのちに考察しよう[52]。

　ニコステネス作のアッティカ式黒絵皿の内側の絵（下図参照）[53]。前6世紀末。イタリアのブルチ出土。犂耕のシーンが3場面描かれている。耕作者はす

べて裸で，そのうちの1人（中央上）は左手に長い「突き棒」を持ち，もう一方の手で犂の柄の把手を握っている。把手は柄から後方に直角に大きく突き出し，把手の末端は下に曲がっている。もう1人（中央左下）は右手にやや太く長い「突き棒」を持ち，もう一方の手で犂の柄の把手を握っているものと思われる。いずれも犂床と

心棒の接合部に小さな突起が描かれている。これは木製のあるいは金属製の楔型の釘で，犂の心棒を犂床に留めている。ヘシオドスの記述，すなわち「犂床に楔で留めて（*Op.* 430f.）」を想起させる。いずれも犂の心棒と轅は掛け紐で結ばれている。ブロンズ像と同じように，犂の心棒が轅の上にあり，少し間隔を空けて2箇所に掛け紐が掛けられている。軛は示されていない。右手に「突き棒」を持っている耕作者の犂床前方に三つの垂直の刻み線が確認できるが，これは先に考察したアッティカ黒絵キュリックス犂床に見られたように犂の刃の掛け紐を暗示しているように思われる。他の二つにはそれが確認できない。犂床の前方の掛け紐の有無は犂の刃の「ある」「なし」を示しているのだろうか。もう一つ重要な点は裸の男性が二つの耕作者チームの間に描かれていることである。彼は腰に下げた籠を左手で持ち，右手で種を播いているように見えるが，籠の中に種籾が入っているとすれば，籠は大きすぎるし，底も深すぎるように思われる。

　最後に，タソスのアンフォラの刻印[54]。前5世紀。刻印中央に組み立て式の犂が描かれている。犂床後方に垂直に取り付けられた犂の柄がある。犂の柄上方に直角に突き出した短い把手がある。犂床はやや平たくその前方部には犂の刃が装着されていて鋭く尖っている。犂床中央やや右よりの所に犂の心棒が楔形の釘のようなもので固定されている。心棒の先端部に轅が何かで取り付けられているように見える。轅は見事な曲線を描いて右上方に伸びている。犂床の下の空いている部分に「タソス産の」の文字が，犂の上方の空いている部分に「アイスクローンの時に」の文字が読める。アイスクローンはアテネにおける筆頭アルコンのような役職についた人物で，おそらくこのアンフォラが製作された年代を示している。

　以上，すべての資料を総合的に解釈するとギリシア式の犂がどのようなものであったかが明らかとなろう。「組み立て式の犂」については二つの復元図のうち West の方がヘシオドスの記述にマッチしているように思われる。但し，犂の柄の把手の有無については双方ともあり得た。また，犂の刃についても装着されたものとそうでないものとがあった可能性がある。「続きもの」はその形状において「組み立て式のもの」とそれほど大きな違いはなかったであろう。問題は犂のどの部分が一木から成っていたかであるが，筆者は犂床と心棒が曲がった一木から成っていたものと推定したい[55]。Schiering によれば，「続

きもの」が「組み立て式の犂」より起源的に古く，素朴な「続きもの」の犂はギリシアにおいてヘシオドスの時代までだけではなく，少なくとも前6世紀後半まで「組み立て式の犂」と並んで存在していたという[56]。ヘシオドスは二つの犂を準備するように勧めている。しかしホメーロスにはなぜか「組み立て式の犂」しか現われない。また，犂刃 ὕνις の語はホメーロスにもヘシオドスにも現われない。ここで注目すべきは，アルクマンの詩[57]に現われる φάρος という語であろう。その詩によれば，スパルタの娘たちはアルテミス・オルティアに φάρος を奉納していた。もし φάρος を「犂刃 ploughshare」とみる解釈が正しければ[58]，この史料は犂刃に関する最古の言及ということになる。がしかし，それと思しきものはアルテミス・オルティアの遺跡から発見されていない。なお，この犂先が木製であったか石製であったかあるいは鉄製であったかも定かではない。

　はたして鉄製の犂刃は犂床前方に装着されたのだろうか。Il. 23. 834f. の記述は農耕牧畜における鉄器の使用を思わせるし，ヘシオドスの詩からも鉄製農具の使用は確実視される[59]。したがって，鉄製犂刃の装着はありえないことではなかった[60]，自分で取り付けたか，鍛冶屋[61]に取り付けてもらったかは別として。しかし，実際上の問題としてすべての農民が鉄製犂刃を使用しえたかどうかは別問題である。犂床の先が楔形に尖っていればそれで十分であり，したがって貧しい農民は鉄製犂刃を装着せず素朴な続きものの犂を用いた可能性が高く，他方，大量に鉄塊を入手しえる立場[62]にあった貴族たちは鉄製犂刃を装着した「組み立て式の犂」を数多く準備しえたのではないかと推定される。貴族の広大な所領では貴族によって雇われた複数の耕作者が奴隷と共にそれを用いて耕作に従事したものと思われる[63]。これに対して，自然木の素朴な犂は主に小農によって用いられたのではないかと考えられる。

鍬　Hoe, Hacke

　土を掘るための農具として鍬や鋤の存在が当然予想されるが，ギリシア人が土を掘るときに鋤を用いたかどうかは実は明らかではない。なぜならばギリシア語中に鋤用のタームが何ら見出されないことに加えて，ギリシア地域から確実に鋤と同定できる遺物が何一つ発見されていないからである。木製の鋤─鉄で補強された刃をもつ─が使用されていたことは十分にありうるが，この仮説

第 4 章　ホメーロスに見る農業　45

を支持する証拠はない[64]。

　これに対して，鍬はしばしば μακέλη（Op. 470）＝ μάκελλα および δίκελλα の名で知られている。前者は鶴嘴のような形状の鍬であり，後者は，その名に従えば，先のとがった二又の鍬である[65]。前者がホメーロスやヘシオドスの作品中に現われるのに対して，後者はアルカイック期の作品中にまったく知られていない。このことは後者の発明・使用が古典期以降であることを示しているのかもしれない[66]。ホメーロスは一つの比喩の中で[67]水路を開鑿して果樹園や庭に水を引いている男を描いているが，彼が手にしているのが makella である。また，ヘシオドスは耕牛のうしろに続く若い奴隷に地面に飛び出している種を makele で覆い隠すように命じている[68]。この描写との関連で興味を引くのが先に考察したアッティカ式黒絵キュリックス（図 d を見よ）である。牛の方の耕作者の後方を髭の生えた男が鍬を手に大地を耕している姿が描かれている。2 人の足の片方が交差している。鋤く人も生き生きとリアルに描かれている。彼は耕作者とは反対側を向いて大地に鍬を振り下ろしている。この行為が makele で種を覆い隠す作業であったかどうかは定かではない。がしかし，これは明らかに犁耕者との共同作業を描写している。

　当時鍬は少なくとも土を掘るために，用水路開鑿のために，また種を地中に埋めるために用いられた。地中海地域の土はその性質上鋤よりも鍬で均すのにずっと適していたものと思われる。

鎌　Sickle

　穀物の刈り入れ用の標準的な道具は鎌である。穀物の刈り入れの描写はアキレウスの楯に見出される。すなわち，「そこでエリトイが手に鋭い鎌を持って刈り取っていた（Il. 18. 550f.）」。ここで鎌を表わすのに δρεπάνη（＝ δρέπανον）が用いられ，その語は形容詞 ὀξύς によって修飾されている。また，ホメーロスの別の箇所において[69]，それは牧草の干し草刈に用いられている。そこでの用語は δρέπανον であり，その語を形容詞 εὐκαμπές が修飾している。その形容詞は「よく湾曲した」あるいは「見事に曲げられた」の意である。したがって，このタイプの鎌は刃の形状が三日月形であった可能性があり，とりわけホメーロスにおいては干し草刈と穀物の刈り入れに用いられた。他方，ヘシオドスの作品において穀物の刈り入れの道具は ἅρπη あるいは αἰχμή と呼ばれてい

る[70]。ヘシオドスはプレーイアデスが日の出前にはじめて昇るとき，またカタツムリがブドウの木に這い登るまさにそのとき，刈り入れの季節である（Op. 383f., 571, 575）と述べ，奴隷に刈り鎌を研ぐように命じている（Op. 387, 573）。刈り鎌は一方の箇所（Op. 573）では ἅρπη と，もう一方の箇所（Op. 387）では σίδηρος と呼ばれている。このことからこの農具が鉄製であることが分かる。次に，『楯』において穀物の刈り入れの道具は αἰχμή と呼ばれていた。その語は，先に見たホメーロスのケースと同様に，形容詞 ὀξύς によって修飾されている[71]。この道具と δρεπάνη が同種のものであったかどうかは，同じ形容詞が添えられているとはいえ，判然としない。しかもここで δρεπάνη はブドウの収穫用の道具として現われる[72]。ブドウ収穫用に用いられた δρεπάνη と干し草刈や穀物の刈り入れに用いられた δρεπάνη は，同一の語が用いられているとはいえ，形状や大きさの点で同じものであったとは考えにくい。ブドウ収穫用の δρεπάνη は丸みを帯びた刃をもつやや小振りのナイフ型刈り鎌ではないかと推定される[73]。

その他の道具

　その他いくつかの農具がさらに付け加えられるかもしれない。ヘシオドスは農具として次のものに言及している。臼（423），杵（423），車軸（424），車輪・車体（426）および木槌（425）。車軸・車輪・車体は荷車を作るのに用いられる。荷車を作るにはたくさんの木々が必要であった（456）。木槌は σφῦρα と呼ばれた。臼，杵，車軸，車輪，車体，木槌の寸法は各々3プース，3ペーキュス，7プース，3スピタメー，10ドーロン，8プースと指示されている。1プースは足の長さで foot に当たり，29.6cm，1ドーロンは4分の1プースで掌の四指分の幅（palm）7.4cm に相当する。1スピタメーは掌を開いた際の親指と小指の間（span）に相当し，4分の3プースで22.2cm。1ペーキュスは肘から中指の先までの長さ（cubit）に相当し，44.4cm。臼の「3プース」が高さなのか幅なのかはっきりしないが，使用者が中腰で立って搗く場合のことを考えると，「高さ」とみる方がよく，形は臼の胴がくびれているタイプのくびれ臼と呼ばれるものであろう。とすれば，杵は竪杵であり，その長さ「3ペーキュス」も適当な長さと言うことができよう[74]。臼と杵は脱稃用農具と考えられる[75]。「3スピタメーの車輪」についてもはっきりしたことは言えないが，

第4章　ホメーロスに見る農業　47

West にしたがって[76]，車輪の「直径」と考えておこう。とすれば，7プース の車軸，直径3スピタメーの車輪，10ドーロンの車体（前部から後部までの長 さ）の荷車とは「幅の広い低い車体の荷車」であると言うことができよう。荷 車に関しては，シンドス出土の考古資料を事例として挙げることができよ う[77]。59墓[78]から鉄製のミニチュアの荷車とともにそれを牽引する一対のラバ と予備のラバ1頭のテラコッタ製の小像がセットで出土している（上図参照）。 最後に木槌について考えてみよう。LSJ によれば，σφῦρα は beetle, mallet の意 であり，土塊粉砕用の道具と解釈されている。また，Od. 3. 434では金細工師 が用いる道具3点，鉄敷（アクモーン），σφῦρα およびやっとこ（ピュラグラ），のうちの一つとして現わ れる。ここではおそらく金槌であろう。σφῦρα が木製の槌であるとすれば，その 形状は腰部が円柱形で，それに柄を取り付けたものと言うことができる（下図 参照）[79]。では，8プースから車軸用の7プースを切り取った残り1プースの 木材は木槌の頭の部品[80]であろうか，それとも柄の部品[81]であろうか。我が国 の事例を挙げれば，その寸法は腰部の幅28cm，柄の長さ92cm のもの[82]と腰部 の幅8寸〜1尺，柄の長さ4尺〜4尺5寸のもの[83]が知られている。したがっ て，1プースの木材は木槌の頭の部品と言うことができる。

穀粒と殻やごみを選別するための箕 λίκνον は当然用いられたと推定されるが，ホメーロス並びにヘシオドスにそれは現われない。ホメーロスに現われるのは，πτύον[84]と呼ばれる箕である。脱穀後，穀粒と殻やごみは πτύον で風上に向かって投げられ，殻やごみは風によって吹き飛ばされ，穀粒と殻やごみが選別される。箕の形状は，ホメーロスによれば[85]，オールの形に似ていると言われているので，木製の柄の長いシャベル状のあるいはスコップ状のものだったと考えてよかろう（下図参照）[86]。

さらに，ブドウの収穫の際に用いられる編籠 τάλαρος[87]，刈り取られた穂を束ねる縄 ἐλλεδανός[88]，穀物を粉にする碾臼 μύλη(カルポス)[89]やブドウの木の支柱 κάμαξ[90]などを付け加えることができよう。

以上，農具について考察したが，ホメーロスの時代の農具は他の古代世界，例えばエジプトで見られるものとさほど大きな差異はなかったように思われる。犂を含むこれらの自家製の農具に関して言えることは，それらが長い歳月の中で識別できるほどの本質的な変化をほとんど被らなかったということである。したがって，このような農具を用いて行なわれた農業は集約的というよりはむしろ粗放的であったと言うことができよう。

2．農法

a. 休閑耕

ホメーロスおよびヘシオドスにおいて農地の利用形態として「休閑地」が存在することは注目に値する。では，「休閑地」の存在はいったい何を意味するのか。それは，ホメーロスの時代における農地利用の通常の形態が「二圃式」だったことを暗示している[91]。すなわち，栽培と休閑の交替，1年交替で農地

の半分を休ませる農法。この農法のことはピンダロスの詩[92]に暗示されている。また，アリストテレスは『動物誌』[93]において雌ウマは出産後すぐに受胎させるのではなく間を置くことが必要であるとし，次のように述べている，つまり「1年は間を置き，休閑地のようにしておくことが必要である」と。この記述は明らかにこの農法を念頭に置いたものと言えよう。そこで，まず，われわれはホメーロスの詩篇に現われる「休閑地」に関する記述を列挙し，次に，休閑耕がどのように行なわれたかを考察してみよう。

詩篇には「休閑地」が7回現われる。

(1) Il. 10. 353.「ラバが一気に田を鋤く距離ほど離れたとき—ラバは土深い休閑地で組み立て式の犂を曳かせるには牛よりも数等優れているのであるが—」

(2) Ibid. 13. 703.「それはあたかも休閑地でブドウ酒色の2頭の牛が，組み立て式の犂を曳くよう … やがて畑の端まで鋤き終る」

(3) Ibid. 18. 541.「三たび鋤いて柔らかい広い休閑地」

(4) Ibid. 18. 547.「土深い休閑地の端に」

(5) Od. 5. 127.「三たび鋤いた休閑地で」[94]

(6) Ibid. 8. 124.「2頭のラバが休閑地を一気に鋤く距離」

(7) Ibid. 13. 32.「ブドウ酒色の2頭の牛に組み立て式の犂を牽かせ，休閑地を耕すうちに」

ここで「休閑地」と訳出した単語はνειόςである。一般に「二圃式輪作」のもとで，休閑地の耕作は普通犂で2回浅く犂返されることが知られているが，それは除草のためだけではなく毛細管現象による土地の水分の蒸発を防ぐためでもあると考えられている。νειόςを修飾する形容詞の一つ「三たび犂返されたτρίπολος」[95]は，したがって，その犂返しの回数に関係している。文字通り3回であるとすれば，それはいつ行なわれたのか。休閑期は，脱穀後の7月から次の年の10月まで約16か月続く。この間に3回行なわれるわけであるが，ホメーロスにはこの時期についての明確な言及はない。

このことに関してわれわれに貴重な知見を与えてくれるのは，ヘシオドスである。「春に犂返すべし，夏に犂返された休閑地はお前を裏切ることはない／休閑地に種を播くべし，なお土地が軽やかなときに（『仕事と日々』463—4行）」。この記述からわれわれは，休閑地の犂返しが春と夏に行なわれたことを知る。

同じ犂返しのはずなのに，なぜか用いられている動詞が春と夏では異なる。春には πολέω が，夏には νεάω が用いられる。このような用語の違いがあるにもかかわらず，春の犂返しも休閑地のそれと見なければならない。春に栽培地ではムギが青々と芽を出しているので，犂返しなど行なえるはずがないので。秋の播種の際に犂返しが行なわれたとすれば，これを加えて計３回行なわれたことになろう[96]。このようにして犂返された休閑地には「柔らかい」μαλακή,「土深き」βαθείη といった形容詞が添えられていて，その肥沃さが示されている。休閑地の犂返しには一対の牛あるいはラバが役畜として用いられたこと，また犂は組み立て式のものが用いられたことが分かる。隔年休閑システムは，おそらく，ホメーロス以来通常の慣行だったように思われる。

　休閑地は異なる季節に複数回犂返されたあと秋には再び畑に戻される。栽培期は耕耘開始の11月から次の年の６月まで約８か月であり，休閑期のほぼ半分ということになる。

b. 施肥

　休閑期における休閑地の複数回の犂返しに加えて，家畜の糞尿を用いた施肥が行なわれた。これを裏付ける唯一の史料をわれわれは『オデュッセイア』の中に見出すことができる。すなわち，「オデュッセウスの飼い犬であったアルゴスは … 主人が出征した後は，世話をする者もなく打ち捨てられて，おびただしい汚物の中にねそべっていた，それは戸口のすぐ前にラバや牛らが落としたもので，いっぱいそのまま積もっていたもの，オデュッセウスの奴隷たち(ドゥモーエス)が，広大な田畑(メガ テメノス)へ肥やしとして運んでいくまで（17. 292ff.）」。ここで肥やしとして用いられる家畜の糞尿は ἡ κόπρος と呼ばれている。大所領において施肥が行なわれたこと，山と積まれた糞尿は奴隷たちによって畑に運搬されたこと，またラバと牛の糞尿が区別されることなく用いられたことを知る。おそらく，家畜間の糞尿の相違は考慮されなかった。大切な点は当時すでに施肥の重要性が認識されていたことである。

　家畜の糞尿が畑に運搬されるそのときまで家畜小屋に放置されていたことは，ヘラクレスの12偉業の一つ，エリス王アウゲイアスの家畜小屋の糞の清掃の話[97]からもある程度想像できるし，キュクロープスの洞窟の中の「たくさんの汚物」[98]も，どちらかと言えば，見慣れた光景であると言うことができる。

第 4 章　ホメーロスに見る農業　51

ではなぜヘシオドスにはこれに関する言及がないのだろうか。一般農民がどれほどの数の家畜を所有していたかは定かではない。一対の牛が牛舎で飼育された可能性は高いし，ヘシオドス自身ヘリコン山の麓で複数の羊を放牧していた。一般農民の畑に果たしてどれほどの量の肥やしが必要だったのか。その需要を彼らが所有していた家畜数で満たすことができたのか。このようなことを考え合わせると，一般農民の畑で施肥が行なわれたのかどうかさえ疑わしくなってくる。ヘシオドスの沈黙は，もしかすると，一般農民の畑では一般的に施肥が行なわれなかったことを暗示しているのかもしれない。その代わりに，一般農民が休閑地に自己の家畜を放つことによる自然施肥は行なわれたのではあるまいか。

　施肥の時期についての言及はないが，施肥は春の休閑地の犂返しの際に行なわれたであろう。また，草などを青いままで土に鋤き込んで栽培植物の肥料とする緑肥（草肥）はいまだ行なわれていなかったらしい。

c. 灌漑

　灌漑用水についての言及はホメーロスに2箇所確認しうる。すなわち Il. 21. 257ff. と346ff. の2箇所。前者は次のように読める。「それはあたかも水面暗き泉 クレーネー から水を引く男 オケテーゴス アネール が，果樹や庭園 ピュタ ケーポイ に水を導く時のよう，手に持った鍬で流れを遮る邪魔な物を取り払うと，流れる水の勢いに底の小石はことごとく流され，水は音を立てて急な坂を勢いよく流れ落ち，水を引く男を追い越してしまう」。これは用水路作りの様子を描いている。水は泉から果樹や庭園に引かれている。水の急速な流れはその場所が傾斜地帯であることを示している。もう一つの箇所は次のように読める。「それはあたかも晩夏の北風 オポーリノスボレエース が，水浸しになった ἀλωή を素早く乾かすときのよう，そこで耕し手はみな喜ぶ，そのように野は一面干上がって，火は屍を焼き尽くしてしまう（Il. 21. 346f.）」。この箇所には三つの解釈がある。それは346行目に現れる ἀλωή の意味をどう取るかによる。つまり，ἀλωή を「耕地・果樹園」と見るかあるいは「脱穀場」と見るかによって解釈がわかれる。ἀλωή を「耕地・果樹園」と解釈し「湿った田畑を乾かすように」[99] あるいは「水を引いたばかりの果樹園を乾かすように」[100] と読むのが一般的である。これに対して Richter は ἀλωή を「脱穀場」と解釈し，「水を張ったばかりの脱穀場」が秋風によって乾かされてゆく様子を

示したものであるとする。つまり，この農作業は脱穀場造りの一齣であり，その際，表面を固めるために繰り返し水を撒いて乾燥させたのではないかと考えている[101]。もしこの解釈が正しければ，晩夏の北風による乾燥というのは多少おかしくはなかろうか。なぜならば，脱穀は通常 6 月20日頃行なわれるので[102]，脱穀場造りはそれ以前でなければならないから。したがって ἀλωή は耕地あるいは果樹園と見る方がよさそうである。では，そのいずれであろうか。これを検討する際に問題となるのは ἀλωή を修飾している形容詞 νεοαρδής の意味であろう。LSJ では，newly, freshly watered と翻訳されている。問題は newly, freshly watered が自然現象によるものか人工的なものかである。つまり，「水浸しになった」と読むかあるいは「水を引いた」と読むかである。もし何かの目的で人工的に「水を引いた」のであれば，それが干上がってしまったことを農夫が喜ぶのは変である。水が干上がることを農夫が喜んだとすれば，その水は農夫にとって農事の妨げとなるものだったということになる。では，それは何か。おそらくそれは晩夏の雨(オポーリノスオムブロス)[103]であったと考えられる。ヘシオドスは「南風がゼウスの降らす晩夏の大雨(ポッロス)を伴って（Op. 676f.）」海を大荒れにする，と言っている。とすれば，晩夏の大雨は農民にとっても厄介なものだったに違いない。それを晩夏の北風[104]が乾かしてくれたのである。農夫を喜ばせたのはまさにそのことであったと考えられる。

　用水が果樹およびブドウ栽培のために用いられたことは他の箇所からも明白である。アルキノオスの果樹園には二つの泉が湧いており，その一つの水は園全体に引かれている[105]。またオリーブは水の豊かな場所で栽培されている[106]。このように果樹栽培には水が不可欠であり，したがって果樹園には人工的に水が引かれる場合があった。アキレウスの楯のブドウ園の描写[107]において，果樹園を取り囲んでいる堀あるいは溝は灌漑のための水路であると考えられる。

　では，穀物畑の治水はどうであろうか。これについての確かな言及は叙事詩には見られない。叙事詩におけるその沈黙は必ずしもその存在を否定するものではないけれども[108]，穀物畑における治水についてはやはり不明とするほかない。

　『イリアス』に ὀχετηγός の語が用いられていることは，土地改良のこの技術が初期ギリシアの農業においてしっかりと根を下ろしていたことを示してい

第3節　穀物栽培

　ムギは秋に種を播いて翌年の初夏に収穫する冬作物である。したがって，栽培の期間は耕耘開始の11月から次の年の6月までの約8か月であり，この間，耕耘→播種→収穫→脱穀といった基本的な農作業が行なわれる（下図参照）。その性格上，ホメーロスの英雄叙事詩から一般農民の生活の様子や農業の実態に関して多くの知見を得ることはできない。しかし「アキレウスの楯」の農事に関する描写やホメーロスの比喩に現われる農作業に関わる描写は，少ないとは言え，当時の農業の実態を知る上で欠くことのできない貴重な史料と言える。そこでわれわれは，これらの史料にヘシオドスの証言を交えて，農業の実態について考えてみようと思う。というのは，ホメーロスとヘシオドスの世界は農法および農業技術に関して同じ環境の中にあると考えられるので。もし両者に違いがあるとすれば，前述したように，ホメーロスの詩の対象が貴族（大土地所有者）であるのに対して，ヘシオドスのそれは中規模の独立自営農民であるということであろう。

二圃式輪作における農作業の流れ

耕作地（アルーレー）	休閑地（ネイオン）
耕耘	犂返し（3回）春，夏，秋（播種直前）
↓	施肥
播種	
↓　この間仕事皆無	
収穫（刈り入れ）	
↓	
脱穀	
↓	
貯蔵	

「アキレウスの楯」の解釈
王のテメノス

τέμενος は動詞 τέμνω の派生語で，一般に「切り取り地」を意味する。ホメーロスの詩篇に現われるテメノスは王や神々のために切り取っておかれた土地，あるいは戦争で功労のあった者に褒美として与えられた土地である。『イリアス』第18歌550行目に現われる τέμενος は556行目に登場する βασιλεύς のものであることは明白である。

では，テメノスの実態について考えてみよう。テメノスがどのような地目からなっていたかが分かる史料は次の4例。

(1) *Il.* 6. 194. リュキエ王ベレロポンテスのテメノス。果樹園(ピュタリエー)と耕地(アルーレー)からなる。

(2) *Il.* 12. 310—13. リュキエ王サルペドンとグラウコスのテメノス。果樹園と小麦なる耕地からなる。

(3) *Il.* 9. 575—80. メレアグロスのテメノス。広さ50ギュエースのテメノス。その半分はブドウ畑，また半分は耕作に適した平野のさら地(オイノペドン)。

(4) *Il.* 20. 184—5. アイネイアスのテメノス。果樹園と小麦なる耕地からなる。

(1)—(4)から，テメノスは果樹園と耕地あるいはブドウ畑と「さら地」[109]からなっていることが分かる。アキレウスの楯の第3の層のバシレウスのテメノスもおそらくこれと同じ二つの部分からなっていたと考えられる。すなわち，秋の休閑地耕作と初夏の収穫の場面は，同一テメノスでの秋と夏の農事を描写したものと考えられる。この両場面はテメノスの構成要素で言えば，耕地にあたる。そして次にブドウの収穫の場面（561—72）が描かれるが，このブドウ畑もこの王のテメノスの一部であったと考えなければならない[110]。したがって，アキレウスの楯の第3の層には王のテメノスにおける四季折々の農事が描き出されていたことになる。まず耕作が，次に刈り入れ，そして最後にブドウの収穫が（次頁図参照）[111]。ここでは，穀物栽培に関わる耕耘（耕作）と収穫（刈り入れ）について見ることにしよう。なお，ブドウの収穫および放牧については本章第4節および第5章で考察する。

第 4 章　ホメーロスに見る農業　55

耕耘（耕作） *Il.* 18. 541ff.

「アキレウスの楯」

「次に神が楯の表に鋳出したのは，肥沃な土地，三たび鋤いて柔らかい広き休閑地，ここには多数の耕し手が，番の牛をこなたへかなたへとぐるぐる牽き回す。牛を返して田の端に行き着くたびに，蜜の如く甘い酒の盃を手にした男がそれを迎えて，盃を手渡す。彼らは再び土深い畑の端に行き着こうと必死になって，畝づたいに牛を返してゆく。犁の通ったあとの土は黒ずんで，いかにも犁終わったあとのように見える」。

「耕す」を意味する動詞は ἀρόω であり，この語の名詞形は ἄροτος で「耕すこと」，また耕された「畑」そのものを意味する。ἀρόω および ἄροτος はヘシオドスの『仕事と日々』においてそれぞれ「耕す」，「耕作」の意味で用いられている（22, 384, 450, 458, 460, 467）。これらの語が示す「耕作」とは明らかに秋の耕作であり，休閑地の春と夏の犁返しではない。ヘシオドスは耕作の時期について次のように語る。つまり，「まずもって耕作期が死すべき運命の人々に現われるとき／まさにそのときに，急ぎ働け，奴隷らもおまえ自身も／雨が降ろうが晴れようが，耕作の時期に耕して／朝早くから励んで，土地が十分に稔るように／春に犁返すべし，夏に犁返された休閑地はお前を裏切ることはない／休閑地に種を播くべし，なお土地が軽やかなときに／休閑地は飢餓の防ぎ手，子どもの宥め手である（『仕事と日々』458—64 行）」と。この記述は明らかに秋の耕作を前提としている。大切なことは，「土地が十分に稔るように」秋の耕作前に土地を均しておく必要があること，すなわち休閑地の春と夏の犁返しの必要性を説いている点である。「休閑地に種を播くべし，なお土地が軽やかなときに」の句は，当然，秋の耕作に伴う播種を述べているのであり，播種をもってその土地は休閑地から耕作地に変わった。そしてこのイリアスの箇所

もおそらく播種を伴う秋の耕作を描写したものと見てよいであろう。「肥沃な土地」が「三たび鋤いて柔らかい」と呼ばれていることからこの犂返しは3度目の秋の耕作と推定されること，さらにここで用いられている ἀροτήρ「耕し手」が ἀρόω および ἄροτος と同義語であることがそれを裏付ける。ここで ἀροτήρ は複数形で現われ，πολλοί「たくさんの」という形容詞が添えられている。ἀροτήρ は職業名ではなく，一定の仕事，この場合「耕作」に従事している人を表わすので，その人は日雇いの場合もあれば自由な農民の場合もあれば奴隷の場合もありうる。この場面は556行目に登場するバシレウスの広大な 畑(テメノス)での日雇い(エリトス)たちによる耕作を描いたものと見なすことができよう。刈り入れの場面と同じように農繁期にはたくさんの日雇いが雇われたのではないかと推定される。というのは「仕事比べの段」[112]より耕作にも日雇いを使った可能性が高いから。

　ここでは一対の牛が犂を牽いている。碑文書式の専門用語の βουστροφηδόν「牛耕式」という表現はヘレニズム期にはじめて現われると言われるが，この箇所の「番の牛をこなたへかなたへとぐるぐる牽き回す。牛を返して田の端に行き着くたびに，蜜の如く甘い酒の盃を手にした男がそれを迎えて，盃を手渡す。彼らは再び土深い畑の端に行き着こうと必死になって，畝づたいに牛を返してゆく」という描写はまさにそれを想起させる。畑の幅は，耕牛が休まずに一気に鋤くことができる距離[113]と考えられるが，その長さは明らかではない。軛を意味する単語 ζυγόν が広さの単位として知られており[114]，犂返しと何らかの関係が認められることから，もしかするとこの ζυγόν が，耕牛が休まずに一気に鋤くことができる畑の幅あるいは広さを示しているのかもしれない。犂のタイプはここでは述べられていないが，おそらく「組み立て式の犂」であったと見てよいであろう。

播種

　播種は農民にとってあまりにも自明の仕事である。したがって，叙事詩の中でほとんど話題になっていない。ヘシオドスにおいて播種を伴う秋の耕作は ἄροτος の語をもって呼ばれる。先に引用したヘシオドスの句「休閑地に種を播くべし，なお土地が軽やかなときに」は播種を伴う秋の耕作を示しているが，ここで種を播く行為を示す動詞として σπείρω が用いられている。ホメー

ロスにこの語は用いられていないが，種 σπέρμα の語は1度現われる。但しこの場合の種は火種 σπέρμα πυρὸς であり，人里離れた辺鄙なところに住む1人の男が大切な火種を灰の中に隠す所作が描かれている。この所作が播種の際に播かれた種を鳥に啄まれないように土の中に覆い隠す行為を暗示しているかどうかは定かでない。

　播種を伴う秋の耕作についてはやはりヘシオドスの記述に頼らざるを得ない。耕作の時期についてヘシオドスは「アトラス生まれのプレーイアデス星座が日の出前にはじめて昇るとき／刈り入れをはじめよ，また日の出前に沈むようになれば，耕作のときだ（383—4）」と星の運行をもって示し，また「心に留めよ，鶴の声を聞いたときには／雲のかなたから1年の廻りを告げるとき／鶴は耕作のしるしをもたらし，冬の雨の季節を／示す（448—451）」と自然現象によってその時期を示している。このようにプレーイアデスが日の出前に沈む10月末から鶴の声が聞こえ，冬の雨季を知らせる11月中旬にかけては，まさに，播種・耕耘の時期である。

　そして，この時期の到来と共に耕作の仕事が始まる。ヘシオドスは耕作を始めるにあたって，ゼウスとデーメーテールに祈るように命じている。すなわち，「大地のゼウスと聖なるデーメーテールに祈るべし／デーメーテールの聖なる穀物がよく実を結ぶように，／耕作を始めるにあたって（465—7）」。この時期には，奴隷（ドゥモーエス）たちも自らも額に汗して働かねばならない。耕耘には2・3人の男，犂および9歳の雄牛一対（436f.）が用いられた。2・3人の男のうち，1人は四十男で（441），牛のあとに付いて，まっすぐに溝を引くことができる働き盛りの分別のある男である（443）。犂の柄を手で握って，突き棒で牛の背を突く（467f.）。もう1人は（445），耕牛の前にいて種を播く人である（446）。最後尾に若い奴隷が続き，地面に飛び出している種を μακέλη と呼ばれる鍬で覆い隠す，目的は鳥が種を啄ばまないようにするためである（469f.）。

　播種は耕作の前に行なわれるのかあるいは後に行なわれるのか。ヘシオドスの記述に従えば，種を播く人は犂の前にいるので，播種→耕作の順であると考えられる。ところが先に考察した考古学的資料によれば，種を播く人が犂の後ろに描かれている（図c参照）。したがって，播種は耕作の直後に行なわれたことになる。しかし，アッティカ式の壺絵（図d参照）は犂の前に種を播く人を描いているようであり，ヘシオドスの記述に一致している。しかも，注目すべ

きことは耕し手の直後に鍬を大地に振り下ろしている人が描かれていることである。この描写は先のヘシオドスの記述を彷彿させる。犂返しが種を地中に埋めることを目的としていたのであれば，ヘシオドスの記述の方が合理的ではないかと思われる。

　時期を違えて冬至の頃に耕耘した人はムギの生育が遅く座ったままで刈り取ることになり，ムギの穂が短いために双方に穂があるように束ねることになるという (479ff.)。だが，樫の葉が生え揃う頃（晩春），カッコーが最初に鳴いて三日目に，ゼウスが適度の雨を降らせた場合には，遅く耕耘した人も適切な時期に耕耘した人に劣らぬ収穫を得ることができるという。

　播種が終わると収穫期までもはや何もしない。

収穫（刈り入れ）Il. 18. 550ff.

「次に肥沃(テメノス)な耕地(バシレーイオン)を描いて見せた。ここでは日雇いたちが，鋭い鎌を手に麦を刈り取っている。刈られた麦の穂の束が，刈り跡に一列になって地面に落ちてゆくところもあれば，束ね役の者がそれを縄でくくっているところもある。束ね役の者が3人その場にいるが，その後ろには子供たちが落ちた穂を拾い集め，腕に抱えてはせっせと束ね役に渡している。日雇いたちに混じって王杖を手にした王(バシレウス)が，満足げな面持ちで黙然として畦の端に立っている。離れた樫の木陰では，触れ役たちが宴の用意をし，生贄に屠った大きな牛の料理にかかっている。こちらでは女たちが，日雇いどもに食わすべく，多量の白い大麦粉をかきまぜている」。

　穂の刈り入れ，束ねおよび落穂拾いの様子が描かれている。ここには刈り入れの時期についての言及はないが，ヘシオドスはプレーイアデスが日の出前にはじめて昇るとき，またカタツムリがブドウの木に這い登るまさにそのときが刈り入れの季節である，と述べているので，その時期は5月11日頃ということになる[115]。穂の刈り入れに鉄製の「鎌」δρεπάνη が使われた。「手で刈り取る」を意味する動詞は ἀμάω であり，その派生語に「刈り手」ἀμητήρ，「刈り入れ」ἄμητος (Op. 384) がある。後者は「収穫」をも表わす。「日雇いたち」ἔριθοι が，鋭い鎌を手に麦を刈り取っている。ἔριθος の語はヘシオドスにも現われる。彼は「子供のいないエリトスを雇うように命じている (602)」。単数形が女性のエリトスを表わしているのに対して，ここでは複数形が用いられ，

男性の日雇い農事労働者，具体的には「刈り手たち」ἀμητῆρες を表わしている。

さらに，収穫に関する二つの比喩がある。

（1）*Il.* 11. 67f.「さる豪農のコムギあるいはオオムギの畑で，刈り手たちが両端から向かい合って刈り進め，ムギが次々に刈り手の手から地上に落ちる——そのようにトロイエ，アカイア両軍は，互いに相手に躍りかかって殺し合い，いずれの側も悲惨な敗走などは念頭にない」。ここで刈り手たちは二つの武装した軍団に喩えられている。但し，この比喩には多少無理がある。刈り手たちは互いに向かい合って仕事をしている。そして双方が出会ったところで仕事は終了する。だが戦闘においては両軍が衝突した後で，「刈り取り」が始まる。しかも各軍は刈り手であると同時に刈り穂でもある[116]。

（2）*Il.* 19. 222f.「人間にとって戦いというものは，始まればすぐに嫌になってしまうものだ。戦場では青銅の刃にかかって数知れぬ麦藁が地に落ちるが，人間どもの戦いを取り仕切られるゼウスが，神の皿を傾けられた後を見れば，収穫(アメートス)は実に僅かしかない」。この比喩は戦いを麦の収穫に喩えている。青銅の刃は麦を刈り取る鎌に，地に落ちる麦藁は戦場で斃れる兵士に喩えられている[117]。

「刈り手たち」は両端から中央に向かって刈り進む。刈り穂が刈り手の手から地上に落ちる。地面に「刈り穂の列」ὄγμος ができる。「束ね手」ἀμαλλοδετῆρες が穂（茎）を「縄」ἐλλεδανοί で束ねて[118]下に置く。束ね方は発育の十分な穂とそうでないものとでは異なる。後者は発育不足で茎が短いために双方に穂があるように束ねる。前者は一方に穂をそろえて茎の下方で束ねる。「縄」は藁やイグサで作られたであろう。「束ね手」の数は 3 名。農業の労働力に関する唯一の数情報ということができるが，この数が信頼できるかどうかは疑問である。仮に 3 名であるとしても彼らがどのような手順で作業をしたかは不明。「落穂拾い」は，播種のときに地面に出ている種を覆い隠す仕事と同様に，子供の仕事であったことが分かる。軽労働とはいえ畑における作業は女性の仕事ではなかった。雇われているエリトイの総数は定かではなく，「刈り手」だけがエリトイだったのか，それとも「束ね手」や「子供たち」もエリトイだったのかなど不明な点も多い。女性たちが現場でエリトイに食事の支度をしている。おそらく食事は彼らの報酬の一部であったのだろう。「大量の」白

いオオムギ粉が示すように,エリトイの数は少ない数ではなかったように思える。

ヘシオドスは農事暦の冒頭で「アトラース生まれのプレーイアデス星座が日の出前にはじめて昇るとき／刈り入れをはじめよ,また日の出前に沈むようになれば,耕作のときだ(383—4)」と述べている。そして,アキレウスの楯の耕地における描写は,まさに,耕作と刈り入れを描いたものであったということができよう。

脱穀

脱穀場の形状と利用法について見てゆくことにしよう。「アキレウスの楯」の農事の描写の中に脱穀の様子は描かれていないが,脱穀場については叙事詩の中に多くの知見を有している。まず,脱穀場のための用語は ἀλωή であり,これは果樹園と同音異義語である。ἀλωή の派生語として「脱穀する」ἀλοιάω[119],「脱穀する人」ἐπαλωστής などの語がある。ἀλωή はホメーロスにおいて「見事に作られた」ἐυκτιμένη,「大きな」μεγάλη,「聖なる」ἱερή といった形容詞を添えられている。ヘシオドスの脱穀場に関する次の記述は重要である,すなわち「風通しのよい所で,きれいに丸く作られた脱穀場で(*Op.* 599)」。「きれいに丸く作られた脱穀場で」ἐυτροχάλῳ ἐν ἀλωῇ という定句(フォーミュラ)は806行にも現われる。この記述より脱穀場の形状は円形であるということ,また風通しのよいことが脱穀場にとって不可欠だったことが分かる。ホメーロスの定句「見事に作られた脱穀場で」ἐυκτιμένῃ ἐν ἀλωῇ における ἐυκτιμένῃ の語が1パピルス文書とのちの写本において ἐυτρόχαλος と読まれているという事実は無視できないし,風通しのよいことが脱穀場にとって不可欠だったことは下で引用するホメーロスの二つの箇所からも分かる。したがって,脱穀場は収穫前に風通しのよい所に円形に作られたと見てよいであろう。

脱穀に関するヘシオドスの記述をもう少し引用してみよう。「奴隷どもにデーメーテールの聖なる穀物を脱穀する(アクテー)ように／急き立てるべし,はじめてオーリーオーンの力が現われるそのときに,／風通しのよい所で,きれいに丸く作られた脱穀場で／秤でよく計って壺に収めるべし。……／さらに飼葉やくずを内に蓄えるべし／牛やラバに十分にあるように,さらにその後／奴隷どもを彼らの膝を休ませるがよい,そして牛を軛から解き放つがよい (597—

608)」。「脱穀場」を示す語のほかに「脱穀する」δίνω という動詞が現われる。次にこの農事は「はじめてオーリーオーンの力が現われるそのとき」に行なわれる。オーリーオーンが現われるのは 6 月20日頃である。労働力として自らも額に汗して働くこともあるが (*Op.* 459)，おそらくここでは 2・3 人の奴隷が使用された。役畜は，「牛を軛から解き放つがよい」の句が示すように，牛である。脱穀のあと穀物は秤で計って壺に貯蔵された。また，脱穀後に出る麦藁や殻は牛やラバの飼料として蓄えられた。

では，脱穀は脱穀場でどのようにして行なわれたのか。ホメーロスの農事に関するいくつかの比喩の中にその答えを見出すことができる。

（1）*Il.* 20. 495ff.「それはまた，額の広い雄牛を軛にかけて，巧みにしつらえた脱穀場で白いオオムギ(レウコン クリー)を踏ませる時のよう，見る間にムギの粒は，声高く唸る牛の足下で脱穀されてゆく（扱かれてゆく）——そのように剛勇アキレウスが走らす車の下では，馬どもが死体も楯ももろともに踏みつけてゆく」。この比喩において脱穀場で穀物を踏んでいる軛にかけられた牛と大地に横たわる屍を踏み潰す馬とが対比されている[120]。

（2）*Il.* 5. 499ff.「聖なる脱穀場で，人々が箕で簸るとき，黄金の髪の五穀の女神が，吹きつける風に任せて，実と殻を選り分ける時，殻の山は次第に白く盛り上がる」。風選による穀粒と殻の篩い分け。脱穀場は「聖なる」ものである。というのはデーメーテール自身がそれを司っていたので。彼女の髪は実った穀物のように黄金色である。簸る人が彼らの箕で実と殻を放り投げると，風が一方の側に白い殻を吹き飛ばす，そしてそこに白くなった堆積物が形成される。これが詩人によってアカイア人を覆った白い埃に喩えられている[121]。

（3）*Il.* 13. 588ff.「それはさながら広大な脱穀場で，平らな箕から黒皮のソラマメあるいはヒヨコマメが飛び出すよう，音を立てて吹く風と箕で簸る人の放り投げる力によって。まさにそのように名高いメネラオスの胸鎧から，撥ね返されて，哀れな矢は，はるか遠くに飛んでいった」。平らな木製のシャベル状の箕を用いて広い脱穀場の一方の側から他方の側に豆を風に向かって放り投げる。このようにして豆と殻とが選り分けられる。Fränkel は，このように風選による豆の脱穀が行なわれる場合，豆は箕から弾き飛ばされるのではなく，そこから投げられるはずである，と述べ，「幅広いシャベルから（平らな箕から）」という読みに疑問を呈する。彼は ἀπὸ πλατέος πτυόφιν を ἀπὸ πλατέος と

πτυόφιν に分離し，πτυόφιν を動詞 θρῴσκωσιν に直接結びつけることを提案する。そして πτυόφιν を「シャベルによって（弾き飛ばされる）」と，また πλατέος を名詞 πλάτος の属格と見なし，「平らなもの＝平面」，すなわち「平らに固められた地面」と解釈する。結局，彼は「それはあたかもシャベルによって（弾き飛ばされるように）固い地面から飛び跳ねる，脱穀場の中で，黒色のエンドウ豆とヒヨコマメが，鋭い風と簸る人の激しい力によって」と訳出する。彼はこれによって困難は取り除かれ，その比喩も意味をもつと述べている[122]。しかし，この解釈は凝りすぎている。この比喩は豆が箕から弾き飛ばされることを述べているのではなく，そこから放り投げられることを述べている。すなわち，「平らな箕から」の ἀπό は起点を示している。つまり，比喩の一方の起点は「胸鎧」であり，他方の起点は「平らな箕」である。さらに，箕を修飾している「平らな」は箕がオールの形に似ていたという記述に合致する[123]。また，ここで用いられている動詞は共に自動詞であり，おのおのの動詞の主語は一方は「哀れな矢」であり，他方は「黒皮のソラマメあるいはヒヨコマメ」である。したがって，この箇所の訳出において，ἀπὸ πλατέος πτυόφιν を ἀπὸ πλατέος と πτυόφιν に分離する必要はない。この箇所を直訳すれば，一方は「平らな箕から黒皮のソラマメあるいはヒヨコマメが飛び出す」と，他方は「胸鎧から哀れな矢は飛んでいった」となる。前者の場合は「音を立てて吹く風と箕で簸る人の放り投げる力によって」，後者の場合は「撥ね返されて」そうなったのである。さらに後者で用いられている「はるか遠くに」の文言は重要である。これは Fränkel が推定しているような「黒色のエンドウ豆とヒヨコマメが固い地面から飛び跳ねる」イメージと一致しない。むしろこれは，「平らな箕」から「箕で簸る人」によって放り投げられた「黒皮のソラマメあるいはヒヨコマメ」にこそ適合的であるように思われる。まさにこの比喩は豆と殻との選り分けが脱穀場で風選によって行なわれたことを示している。

　脱穀と風選はともに脱穀場[124]で行なわれた。脱穀は穀物の粒を穂から取り離すこと，また風選は粒と殻やごみを選り分ける作業である。この二つの作業のうち前者は比喩（1）によって，後者は比喩（2）によって表現されている。

　縄で束ねられた穂は丸い脱穀場一面に広げて置かれた[125]。その上を軛に繋がれた牛が円を描くように歩き回る。穂から穀物の粒が脱粒するまで。通常役

畜は牛であるが，同様にラバが用いられることもあった。ここで用いられている表現は「脱穀する」τρίβω と「脱穀した」λεπός である。その結果，殻やごみの混ざった穀粒が脱穀場の縁に山と積まれた。このとき穀粒はまだ殻やごみが完全に取り除かれてはいなかったであろう。次に「箕で簸る人たち」λικμητῆρες, ἄνδρες λικμῶντες の仕事，すなわち風選に移る[126]。ただこの者たちの素性が奴隷だったのか日雇いだったのかはここでは分からない。「箕」πτύον を用いて風選が行なわれる。殻やごみが混ざった穀粒を「箕」で大きな弧を描くように放り投げる。風が殻やごみを吹き飛ばす。殻やごみを取り除かれた穀粒は投げた方向の向う側の脱穀場の縁に落下する。投げる方向は風向きによって決まる。風に向かって多分斜めに投げた。そうすることによって殻やごみが自分の方に降りかかるのを避けた。一方で，殻やごみを取り除かれた穀粒は風の側（風上）に溜まった。他方，殻やごみは風の方向（風下）に落ちた。この同じやり方が豆の場合にも用いられたことが，比喩（3）から分かる。結局，脱穀と風選はこのようにして行なわれた[127]。穂から粒を落とすのに殻竿が用いられた形跡はないので，「麦打ち」は行なわれなかったと見てよいであろう。

では，このような脱穀と風選をやり易かった品種は何か。品種によって脱穀の難易度が異なっていた。つまり，裸である種子をもつ品種と被包された種子をもつ品種とでは，脱穀のやり易さに違いがあった。裸の品種は，明らかに，脱粒が容易である。これに対して，種子が殻の中で密接に包含されている品種は，役畜が足で踏んだぐらいでは脱粒せず，殻を種子から取り除くには，特別な作業が必要だったに違いない。もし，このような方法で脱穀・風選が行なわれたとすれば，当時食物として栽培された品種は，おそらく，裸である種子をもつ品種であったように思われる。すなわち，それは，Il. 20. 496から明らかなように，オオムギであったと言うことができる。

古代エジプトの農業

古代エジプトの農耕における栽培種，農具および農法はいかなるものであったろうか[128]。われわれが上で考察してきた古代ギリシアの農耕と比較した場合，どのような類似あるいは差異を見出すことができるだろうか。古代エジプトの農耕についてわれわれに多くの知見を与えてくれる史料はパヘリ墓内に描かれた農耕の壁画である（次頁図参照）[129]。

64　第2部　農事と暦

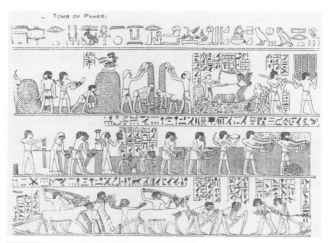

図 f

図 g

下段には犂耕と播種の場面が，中段には穀物および亜麻の刈り入れの場面が，そして上段には脱穀，風選および穀物の計量の場面が描かれている。下段から詳しく見てゆくと，一対の牛と犂を用いて耕作する農夫，牛の横に立ち種を播いている人と牛の前方で木製の鍬をもち土地を耕している人などが描かれていて，まさに播種を伴う耕作の場面を描いている。木製の鍬は耕作の前に土地を粉砕するのに用いられた（図 f, g 参照）。

　ギリシアの犂と比較した場合，その構造に相違が見られるものの，原理的に

第4章　ホメーロスに見る農業　65

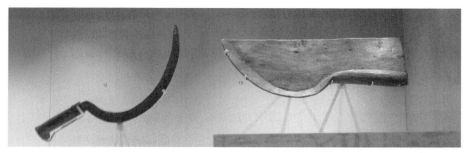

図 h

は，まったく同様であると思われる。この農夫は犂の柄を両手で握っているが，別の資料[130]では農夫が右手で犂の柄を握り，左手に叩きのような棒を持っていて，ギリシアの「突き棒」を想起させる。また，その農夫の後ろに女性が1人描かれているが，その女性は左手に籠を持ち，右手で種を播いている。籠にはおそらく種が入っているのであろう。**中段**右側には穀物の刈り入れが，左側には亜麻の収穫の場面が描かれている。亜麻は投網や衣類用のリンネルを産出するために栽培されていた。刈り入れ鎌は木製の柄をもつ鉄製鎌で，刃が下になるように右手で柄を握り，左手で茎を摑んで刈り取る（図 h 左参照）。

上段右側には刈り入れられた穂を籠に入れて運んできた2人の男が運び終えて去ってゆく場面が，そのすぐ左側には周囲が高く真ん中が低くなっている麦穂の堆積があり，その低いところに一列に並んだ複数の牛と叩きのような棒を持った1人の男が描かれている。別の資料[131]にも描かれているこの場面は，牛がムギの穂を蹄で踏んで脱穀している場面である。この作業にはロバが用いられることもあった[132]。その左隣には脱穀の済んだムギの風選の様子が描かれている。穀粒と殻などのごみを風の力を利用して選り分ける作業である。箕の形状がギリシアのそれとは異なるが作業の原理は同じである（図 h 右参照）。左端には風選を終えた穀粒の計量の場面が描かれている。ここで収穫されている穀物はおそらくエンマーコムギであり[133]，エジプト人の主食はそれで作られたパンとビールであった。

結局，ホメーロスの時代の脱穀と風選は古代エジプトのそれと基本的に同様であったと言うことができる。

第4節　果樹栽培

1．ブドウ栽培
ブドウ園

　ブドウ園の様子をまずわれわれは「アキレウスの楯」の描写（*Il*. 18. 561ff.）から窺い知ることができる。つまり，

　「楯の表にはまた，ブドウの実がたわわに稔るブドウ園を描いた … 連なる房はみな黒く，蔓は畑の端から端まで銀の支柱[134]で仕立ててある。両側の溝は群青の琺瑯で造り，錫の垣（ヘルコス）をめぐらした。ただ1本の小径がブドウ園に通じており，…」

　このブドウ園はアローエーと呼ばれ，周囲に垣がめぐらされており，両側には溝がある。ブドウ園には支柱（カマクス）[135]がびっしりと立っていてブドウの木を支えている。またブドウの房はスタピュレー乃至ボトリュスと呼ばれている。

　次に，ラーエルテースの果樹園について（*Od*. 24. 205ff.; 342ff.）考えてみよう。『オデュッセイア』第24巻は有名な「親子再会の段」である。オデュッセウスは田舎に住む父ラーエルテースの許を訪ね親子の対面を果たす。父は田舎の農園で悠々自適の隠居生活を送っている。父はそこに自分の住処を設け，その周りには小屋が連なっている。小屋では複数の奴隷が寝起きし食事もそこで取っていた。ラーエルテースの面倒は世話役の年老いた女奴隷が見ている。ラーエルテースは彼らとともに農事に勤しんでいる。この農園は「町から遠く離れたところ（212）」にあり，「かつて，多くの骨折ののちに獲得した土地（206f.）」だった。おそらく開墾によって獲得した土地であろう。

　では，その農園について見ることにしよう。それはブドウ畑（アローエー）を含む広い果樹園（オルカトス）から成り立っていた。先に引用した「アキレウスの楯」のブドウ園は垣がめぐらされていたが，ここでもブドウ畑は垣がめぐらされていた可能性が高い。というのは，奴隷たちは「ブドウ畑の垣を作るために石ころを拾い集めに出かけていた（*Od*. 24. 224）」という記述があるので。開墾による土地獲得との関連で注目すべきもう一つの箇所は *Od*. 18. 357f. である。ここで開墾の対象となっている土地はエスカティアであり，そこでテースが労働力として用いられているが，彼の仕事は「垣を作ること」αἱμασιάς τε λέγων と「丈の高い果樹を

植えること」δένδρεα μακρά[136] φυτεύων であった。したがって，この記述もまた開墾による果樹園化を示している。

オデュッセウスは野良仕事をしている父に出会って，次のように話しかけている，つまり「爺さんよ，おぬしは果樹園の世話にかけては，決して拙い男ではない。…園内のどの木を見ても—イチジクもブドウもオリーブも，ナシも
 シュケエー　アムペロス　エライエー　オンクネー
野菜も，どれも手のかかっておらぬものはない（Od. 24. 244—7）」。この記述よ
プラシエー
り，果樹園の樹木の種類が明らかとなるが，これは別の箇所の証言からも裏付けられる。それは親子再会の折，父が自分の息子である証拠をオデュッセウスに求めた際に，彼はその証として二つの証拠を挙げている。一つは古傷，もう一つは昔父からもらった果樹の名とその本数，すなわち「むかし私に下さったので，…まずナシの木を13本，リンゴの木を10本，それにイチジクの木を40
　　　　　　　　　　　　メーレアイ
本 … またブドウの並木も50列（Od. 24. 340ff.）」。最初の箇所では野菜[137]を除くと「イチジク—ブドウ—オリーブ—ナシ」であり，あとの箇所では「ナシ—リンゴ—イチジク—ブドウ」とあって，列挙されている果樹の名に若干の違いはあるものの，おそらくこれらの果樹が栽培されていたとみてよいであろう。あとの箇所でナシ，リンゴおよびイチジクが本数で示されているのに対してブドウのみは並木の列の数で示されている。したがって，ブドウの木は列 ὄρχος で植えられており，支柱によって支えられていた。父はブドウの並木50列を息子に与えると約束した。この場合，ブドウ畑全体は1あるいは数ヘクタールの広さがあったものと思われる。果樹園全体の広さは少なくともその倍はあったにちがいない。

果樹園の広さを考える上で重要なのはアルキノオス王の果樹園の描写（Od. 7. 112ff.）である。垣 ἕρκος（113）をめぐらした広大な果樹園にはナシ—ザクロ—
　　　　　　　　　　　　　　　　　　　　　　　　　　　　　　　　ロイアイ
リンゴ—イチジク—オリーブが栽培されており，さらに「豊かに実るブドウ園
　　　　　　　　　　　　　　　　　　　　　　　ポリュカルポス
（122）」や「整備された野菜畑（127）」がある。先のラーエルテースの果樹園では言及されていないザクロがここには現われている。果樹園の広さは4ギュエース（113）。4ギュエースという表現は Od. 18. 374 にも現われるが，そこでは果樹園ではなく，田畑に用いられている。周知のように，γύης は犂の心棒の名称に由来することから，4ギュエースは耕耘に4日を要する広さの土地であると解釈されている[138]。さらに，「50ギュエースのすばらしい地所」という表現が別のところに現われる（Il. 9. 579）。この地所は半分がブドウ畑，半分が

耕作可能なさら地から成っている[139]。これらのケースにおいて、ギュエースは明らかに土地の面積を表す単位であることが分かる。が、どのくらいの広さかは判然としない。ヘシキオスによれば、女性形の γύη は πλέθρον に等しいとされる[140]。πλέθρον はおよそ930㎡。しかし、「4 ギュエース」τετράγυος に、「広大な」μέγας という形容詞が添えられているので、アルキノオス王の果樹園はそれほど狭いものではなかったと言えよう[141]。

「ブドウ畑」οἰνόπεδα, ἁλωαί が話題になっているところばかりでなく、「果樹園」ὄρχατοι, φυταλιαί について語られているところにおいても、まず第1にブドウ畑のことを考慮に入れていたということは重要である。特にテメノスにおける典型的な農地の二分法[142]は穀物栽培と果樹園におけるブドウ栽培の重要性を物語っている[143]。

剪定と掘り返し

ブドウの木[144]の剪定と掘り返しについてわれわれに貴重な知見を与えてくれるのは、やはりヘシオドスである（*Op.* 564ff.）。冬至から60日後、2月の中頃に（2月17日か18日）、アルクトゥーロス星は日没後たそがれの闇にはじめて昇る。さらにそのあとツバメが飛来し、春の訪れを告げる。ヘシオドスは「ツバメがやってくる前にブドウの剪定を行なう（570）」ように勧めている。そしてさらに続けて「カタツムリがブドウの木に這い登るまさにそのとき、もはやブドウの木の根元の掘り返しをしてはならない（571f.）」と教えている。

まず、剪定の時期について考えてみよう。ヘシオドスは「ツバメがやってくる前にブドウの剪定を行なうべし、というのはそうすることはよりよいので」と述べている。一般に2月下旬までに行なわれたブドウの剪定は少しばかりのちでもなお可能であったことを示している。剪定を示す用語は περιτάμνω = περιτέμνω である。

次に、掘り返しについて考えてみよう。ヘシオドスは「カタツムリがブドウの木に這い登るまさにそのとき、もはやブドウの木の根元の掘り返しをしてはならない（571f.）」と教えている。「カタツムリがブドウの木に這い登るまさにそのとき」とは5月の、いわば初夏の描写である。すなわち、この時期に「ブドウの木の根元の掘り返しをしてはならない」と教えているのである。Westは根元の掘り返しは剪定作業に付随していたと述べているので[145]、もしそれ

が正しければ，根元の掘り返しは剪定と同時期の仕事ということになろう。また，Athanassakis は564—573行のアドバイスの趣旨は「アルクトゥーロスが昇る前にまた春到来の直前にブドウの木の剪定と木の根元の掘り返しを行なえ」ということであると述べている[146]。おそらく，剪定と根元の掘り返しは同時期の仕事で，その順番は剪定→掘り返しであった。「根元の掘り返し」を表わす語は σκάφος である。

必ずしもこの語を用いているわけではないが，事実上「ブドウの木の根元の掘り返し」を表わしているのではないかと思われる箇所が『オデュッセイア』の中に存在している。それはすでに言及したオデュッセウスと父ラーエルテースとの再会の場面である。オデュッセウスは父を探して広大な果樹園までやって来たが，その一角の見事に作られた ἀλωή に父が1人でいるのに出会った。そこで父は身を屈め，頭を下げて樹木（ピュトン）[147]の周りを掘り返していた。「周りを掘り返す」と訳出した単語は λιστρεύω と ἀμφιλαχαίνω (Od. 24. 227; 242) である。問題はここで用いられている ἀλωή であるが，これは明らかにブドウ畑を示している。というのは，アルキノオス王のブドウ園も，「アキレウスの楯」のブドウ園もともに ἀλωή と呼ばれているので。したがって，「樹木の周りを掘り返すこと」はブドウ栽培に関係がある農作業と言わねばならない[148]。もしこの解釈が正しければ，この親子の再会の場面は春到来の時期ということになる。

収穫（摘み取り）

ヘシオドスはブドウ収穫の時期の目安として「オーリーオーンとシリウスが中天（真南）にやって来て，夜明けにアルクトゥーロスが現われる (609—10)」頃と教えている。オーリーオーンとシリウスが中天（真南）に懸かるのは9月であり，夜明けにアルクトゥーロスが現われるのは9月8日とされているので[149]，ブドウの収穫の時期は9月中旬と見なされよう。その時，「ブドウの房（ボトリュス）を摘み取って家に運ぶべし (611)」と忠告している。ここで ἀποδρέπω という動詞が「摘み取る」の意で用いられている。摘み取りの際に，δρεπάνη と呼ばれる「鎌」が用いられた[150]。

ブドウ収穫の場面がふたたび「アキレウスの楯」に描かれている。
「…ただ1本の小径がブドウ園に通じており，ブドウの収穫時には，ブド

ウを収穫する人々がこの道を往き来する。若い娘や若人たちが，…蜜の甘さ
のブドウの実を編籠に入れて運んでゆけば，…（18.561ff.）」

　ブドウ園には1本の小径が通じており，ブドウの収穫時には，ブドウを収穫
する人々がこの道を往き来する。その人々は若い男女で，収穫されたブドウの
実を編籠に入れて運んでゆく。「編籠に入れて」πλεκτοῖς ἐν ταλάροισι の編籠は
複数形で示されている[151]。そのあとを「他の者たちは一同，拍子を合わせて
土を蹴り，踊り叫びつつ跳びはねながらついて行く」。なんと陽気な光景であ
ろうか。その真ん中で1人の少年がリュラを弾き，それに合わせて美しい声で
歌う「リノスの歌」は，明らかに，収穫を祝う歌であったにちがいない。踊
り，歌およびリュラ演奏，ブドウ摘みの日は1年中で最高潮の時であった。

　子供や女性が農事に関与した事例は極めて少ない。先に考察した落穂拾いの
場面で子供たちが手伝いをしている場面と子供の奴隷が鳥に種を啄ばまれない
ように鍬で種を土中に覆い隠している場面を挙げることができる。女性は，確
かであるとはいえないが，種播きに従事しているようである[152]。したがって，
このブドウ摘みの場面は女性がそれに関与したことを示す唯一の証言というこ
とができる。時代は下がるがこれについてもう一つ重要な証言がある。デモス
テネスの弁論第57番の中で，被告は次のように語っている，「奴隷のような卑
しい仕事を多くの自由人が貧困の故に強いられるとき，……つまり，多くの
女性が子守や日雇いやブドウ摘み女になっている，戦時中に，市民の女性も
(45節)」と。ここで「日雇い」と訳出した単語はエリトイであり，「ブドウ摘
み女」と訳出した単語は τρυγήτριαι である。エリトイの語は「アキレウスの
楯」の刈り入れの場面で用いられている[153]。そこでエリトイは男性の日雇い
農事労働者であり，具体的には刈り入れの仕事に従事している。しかし，ここ
で「日雇いたち」は明らかに女性たちであった。ここで彼女たちが具体的にど
のような仕事に従事していたかは不明であるが，彼女たちが日雇労働者として
子守やブドウ摘みその他の仕事に従事したことは明らかである。Jameson はデ
モステネスの弁論第53番21節を根拠に古典期アッティカにおいて収穫者は日雇
いの男性であったと考えているが[154]，ブドウ摘みなどの収穫の仕事は男性ば
かりではなく女性の仕事でもあった可能性がある。

第 4 章　ホメーロスに見る農業　71

ブドウ酒製造

収穫直後のブドウの処理については，アルキノオスのブドウ園の描写（*Od.* 7. 122ff.）とヘシオドスの記述が参考になる。まず，アルキノオスのブドウ園の描写を引用しよう。

「ここにはまた，豊かな収穫のあるブドウ園が植樹してあり，その一角の平坦な場所に乾燥場(テイロペドン)があって，あるものは日に晒されている。その他，採り入れ中のブドウもあれば，（酒造りのために）踏み潰されているものもある。（122−125）」。注目すべきはブドウ園の一角にある乾燥場[155]である。おそらくここでブドウが干されたものと思われる。ヘシオドスは「すべてのブドウの房(ボトリュス)を摘み取って家へ運ぶが良い。さらに10日間日干しし，さらに5日間陰干しして，6日目にディオニュソスの贈り物を桶[156]の中に入れる（*Op.* 611ff.）」ことを勧めている。収穫されたブドウはすぐに搾られず，2週間ほど後熟のために日干しと陰干しが行なわれた。アルキノオスのブドウ園にはその一角に乾燥場が設けられていたが，ヘシオドスはそれに言及していない。彼は「すべてのブドウの房を摘み取って家へ運ぶが良い」と言っているので，家の近くの適当な場所で干した可能性もある。ヘシオドスの記述にはブドウを搾る作業のことが触れられていない。しかしこの作業はブドウ酒を造る工程では不可欠なので，ヘシオドスはその作業のことを自明のこととして省いた可能性がある。先の『オデュッセイア』の記述と総合して考えると，全体の工程は，摘み取り→干し→桶入→搾り→仕込の順ではなかったろうか。『オデュッセイア』の作者もヘシオドスもこの方法をノーマルなやり方と考えていたにちがいない。

では，ブドウはどのようにして搾ったのか。先の『オデュッセイア』の箇所（125）で用いられている動詞 τραπέω は「踏み搾る」という意味である[157]。すなわち，ブドウは桶に入れられたあと，足で踏み搾られた。詩人は発酵期間について何も語っていないが，発酵し終えたブドウ酒は甕(オイノス・ピトス)に入れ蓋をして貯蔵された。熟成の価値を知っていたのか10年物のワイン[158]や20倍の水で割るかなり強いワイン[159]が存在した。ヘシオドスは甕開きは月の4日および27日が吉日であると述べている[160]。

ブドウ酒

ホメーロスの時代のギリシア人はブドウ酒の愛飲家であった。ブドウ酒は生

で飲まれることはほとんどなく，水で割って飲まれた。普通のブドウ酒を水で割るときは酒が2，水が3というのが通例であったが，ヘシオドスは3（水）対1（酒）の割合について言及している[161]。その際，先に水を入れて次にブドウ酒を入れる習いであった。水自体はめったに飲まれることはなく，とは言え，ブドウ酒に代わる飲み物がこれといってなかったことを考慮に入れると，ブドウは初期ギリシア世界において最も普及した果樹の一つであったと言うことができる。

　ギリシアにおけるブドウ酒の知識は少なくともミュケナイ時代に遡る。このことはミュケナイ文書の証言から明らかである。文書にはその単語[162]ばかりでなくその表意文字も存在していた（左上図参照）。ピュロス出土の粘土板にはブドウ酒の配給を記したものがある。また，ピュロスの王宮の建造物の中にブドウ酒蔵が存在したことも確認されているし，「蜂蜜入りの」ブドウ酒なる物も存在した[163]。ブドウは一定の地域でまた一定の風土の下でのみ繁茂する。したがって，ブドウ酒は第一級の交易品目であり，有数のブドウ栽培地は交易によって大きな富を得ることができた。そのようなブドウ栽培地の一つにレムノス島がある。ホメーロスは謳う[164]，「レムノスからブドウ酒を運んできた多数の船が停泊していたが，これらの船を遣わしたのは…エウネオスであった。アカイアの兵士らは…それらの船から…あるいは奴隷と引き換えに酒を調達した」と。レムノス島は，のちのタソス島のように，ブドウ酒製造に秀でた島の一つであった。おそらく前800—700年間にブドウ栽培はギリシア各地にかなり普及していたように思われる。

　ホメーロスのブドウ酒は赤ブドウ酒であった。それはブドウ酒が「赤い」ἐρυθρός あるいは「黒い」μέλας と呼ばれていることから明白である[165]。「海」と「牛」の形容詞としての「ブドウ酒色の」οἶνοψ の使用[166]もそれを裏付ける。また「ブドウの房」も「黒い」と呼ばれている[167]。では，異なる品種あるいは異なる品質のブドウ・ブドウ酒は存在しなかったのか。注目すべきは『楯』の次の一句[168]である。つまり，「白と黒のブドウの房」。白ブドウの実で作られたブドウ酒と黒ブドウの実で作られたそれとでは品質にどのような違いがあったのか。さらに，当時，どのような銘柄のブドウ酒が知られていたのか。ホメーロスは「プラムノスのブドウ酒」πράμνειος οἶνος について語っている[169]。このブドウ酒の名はおそらく産地を示し，この酒は辛口の強い酒で，

甘口の今でいうポートワインやマスカテルに対比される[170]。他方，ヘシオドスは「ビブロスのワイン」βίβλινος οἶνος について語っている[171]。このワインは，前述のように，3（水）対1（酒）の割合で割って飲まれた。

ブドウの木は ἄμπελος と呼ばれ，二つのタイプがあった。すなわち，アナデンドラス[172]とカミティス・アムペロス[173]。二つのタイプのうち，支柱で支えられ列で植えられたのはアナデンドラスである。「アキレウスの楯」のブドウ園の描写よりブドウ栽培には支柱が用いられたこと，またラーエルテースのブドウ畑のブドウの木が列で植えられていたことを考慮に入れると，ホメーロスにおいて言及されているブドウの木はアナデンドラスではないかという推測が成り立つ。また，われわれはラーエルテースのブドウ畑（Od. 24. 342ff.）の様子から，ブドウのさまざまな品種の存在の可能性を推測し得る。父から息子に与えられた50列のブドウの並木は「各々の列が次々に実をつける，すなわちここそこにあらゆる種類のブドウの房が生る（342f.）」と記されている。重要なのは「次々に実をつける」διατρύγιος と「あらゆる種類の」παντοῖος の解釈である。διατρύγιος は hapax legomenon でここにしか現われない。「次々に実をつける」とはブドウの並木の各々の列が時期を異にして成熟することを意味している[174]。つまり，時期を異にして成熟するブドウの木が「あらゆる種類のブドウの房」を実らせるのである。では，「あらゆる種類のブドウの房」παντοῖος σταφυλαί とは具体的には何を指しているのだろうか。これについては先に引用したアルキノオス王のブドウ園の記述（Od. 7. 124―6）が参考になろう。「その他，採り入れ中のブドウもあれば，（酒造りのために）踏み潰されているものもある。前列には未熟なブドウ[175]があり，花を残しているのに，別のブドウは色づきはじめている」。つまり，時期を異にして成熟するブドウの木 διατρύγιος とは早生とおくてのことであり，あらゆる種類のブドウの房 παντοῖος σταφυλαί の中には，すでに述べた白ブドウと黒ブドウの品種も入っていたのではないかと思われる。

2．オリーブ栽培
オリーブ樹と栽培法

オリーブ樹（ἐλαία, Att. ἐλάα: olea europaea L.）は地中海世界に最も特徴的な栽培植物だった。前3/2000年紀に東地中海の島々においてオリーブは原産だった。

ナクソス島やクレタ島（パイストス，クノッソスなど）出土の考古学的遺物，そしてクノッソス出土の粘土板文書，そこには２種類の異なるオリーブが記録されており——オリーブを表わす表意文字に付されたａおよびｔｉという略語によって区別されている[176]——は中・後期ミノス文明においてオリーブ油が必需品であり最も重要な交易品の一つだったことを証明している。ギリシア本土も除外されないことは，ミュケナイ，ピュロスおよびヴァフィオ出土の考古学的遺物や粘土板文書[177]が証明している。だが，それらの出土地はクレタと交易関係にあったわずかな場所に限定されている。オリーブ栽培はごく限られた範囲において東方および南方からギリシア本土へ徐々に伝播したように思われる。ミュケナイ時代に使用されたオリーブ油は第一に，排他的ではないにしても，輸入に基づくものであった言うことができる[178]。

　このように，中・後期ミノス文明における経済史は広範なオリーブ栽培の存在を肯定するのに，ホメーロスの世界においてオリーブ栽培が広範に行なわれたかどうかははなはだ疑わしい。オリーブ油の使用は叙事詩にもヘシオドスにも確かに認められるが[179]，オリーブ栽培に関する記述はほとんどない。オリーブの収穫がいつどのようにして行なわれたのかさえ言及されていない。キュクロプスは穀物とブドウを語るのみ[180]で，オリーブには言及していないし，ラーエルテースが息子に与えた果樹の中にオリーブは入っていなかった[181]。たびたび引用した「アキレウスの楯」にもオリーブ栽培は見られない。このことはいったい何を意味するのだろうか。叙事詩の時代に詩人の体験においてこの木を植えることすらしなかったのか，仮に植えられていたとすれば，それはごく限られた範囲でしか行なわれなかったのか。確かにオイルの使用は認められる。とすれば，そのオイルはどこからか輸入されたものだったのか。不明の点は少なくない。

　オリーブの木についての言及はなくはない。すでに考察したラーエルテース，アルキノオスの果樹園のオリーブの木（*Od.* 24. 246; 7. 116）およびネーイアデス聖所近くにあるオリーブの木（*Od.* 13. 346, 372）がそれである。しかし，叙事詩の時代におけるオリーブ樹の存在とその栽培の可能性を考える上で重要なのは次の二つの箇所である。一つは *Od.* 5. 477。もう一つは *Il.* 17. 53f.。*Od.* 5. 477は「一方は野生の，他方は栽培されているオリーブ」と読むことができる。ここで φυλίη と ἐλαίη が対比的に用いられている。前者は，さまざまに同

定されているが[182],「野生のオリーブの木」ἀγριελαίαとみて差し支えなかろう。後者は明らかに栽培されているオリーブであろう。次に Il. 17. 53f. を引用しよう。つまり,「男は豊かに茂ったオリーブの1本の若木[183]を人気のない土地で[184]育てている」。この箇所は明らかにオリーブ栽培に関連している。また,「若木」の用語は技術的な栽培法を暗示している。その方法はおそらく挿し木あるいは取り木であったろう。「人気のない土地で」用心深く若木の世話をしている男の姿はその木の貴重さを表わしている。したがって，叙事詩時代のギリシアにおいて少なくともオリーブ栽培は行なわれていたと考えなければならない。実際に叙事詩に欠けているものは広範なオリーブ栽培への言及である[185]。

　次に，アルカイック期におけるオリーブ栽培について考えてみよう。この点に関して注目すべきは小アジアのイオニア都市ミレトスである。タレスの話[186]はミレトスの経済にオリーブ栽培がしっかりと根を下ろしていたことを暗示している。ギリシア本土のオリーブ栽培において最も重要な地域はアッティカである。アテーナーとポセイドンの伝承[187]が示すように，アテーナーとその樹木の結びつきはアッティカにおけるオリーブ栽培の起源の古さを物語っている。また，ヘロドトスが伝えるエピダウロスに纏わるエピソード[188]も興味深い。すなわち，「エピダウロスが穀物の不作に悩んでいた折，エピダウロス人はこの天災についてデルポイの神託を伺ったことがあった。巫女(ピュティア)は2女神の神像を奉納すれば事態は好転するであろうと告げた。エピダウロス人が神像を何で作るべきかを尋ねたところ，巫女は栽培したオリーブの木を用いよと告げた。そこでエピダウロス人はアテナイのオリーブ樹が最も神聖なものと考えていたので，アテナイに対しオリーブの木を1本伐採させてほしいと頼んだのである。一説によれば，当時はまだアテナイ以外には世界中どこにもオリーブの木はなかったともいう」。この記述もアテナイにおけるオリーブ栽培の起源の古さを物語る。前600年頃のアッティカにおいてオリーブ油生産が経済的に重要な役割を演じていたことを示す史料として，われわれはプルタルコスが伝えている「オリーブ油以外の農作物の輸出禁止規定」を挙げることができる[189]。また，オリーブ栽培に関してソロンが定めた植樹に関する規定[190]も見逃せない。つまり，「畑で一般の樹木を植える際には隣人の土地から5プース離すこととし，イチジクとオリーブの樹のときは9プース離させた」。また

ソロンが神聖なオリーブ樹と対比して、「列で」植えられたオリーブ樹を στοιχάδες と呼んだことは[191]、ソロンが樹木の配列に気を配っていたこと、また列で植える計画的なオリーブ栽培に関わっていたこと[192]を示している。さらに、オリーブ樹の恣意的な伐採を禁止するソロンの法[193]なるものも存在していた。以上のことは、ソロンがアテナイにおけるオリーブ栽培の開発に重要な役割を演じていたことを示している[194]。

オリーブの収穫と採油

ホメーロスにはオリーブの収穫と採油に関する記述は皆無である。

まず、オリーブの収穫について考えてみよう（左上図参照）。オリーブの収穫は通常秋から初春まで行なわれる。オリーブの収穫量は年によって大きく異なる。実質的には1年おきにしか豊かな実りをもたらさない[195]。収穫については、その様子を描いているギリシア由来の中部イタリア出土の黒絵壺が貴重な知見を与える。壺には実の熟したオリーブの木が3本描かれている。そこには人々が中央のオリーブの木の実を収穫している様子が見て取れる。まず目に付くのは、木の下で髭の生えた2人の男性が木の細長い竿でオリーブの実を叩き落している様子である。その木の下にはもう1人の若い男性がしゃがんで落ちてきたオリーブの実を左手で拾い集め右手に持っている籠に入れている。次に目に付くのは、木の上方の幹に座っている1人の少年である。手に細長い棒を持っていて、上方の木の枝を押さえつけているように見える。こうすることで、木の下の男性がオリーブの実を叩き落しやすくしたのであろう。このように、オリーブの収穫の仕事は4人程度で協力して行なわれた。この方法は、おそらく、今も昔もそれほど大きく変わってはいなかったように思われる。事実、竿は葦で作られ、今日なおその目的のために使用されている[196]。

次に、採油について考えてみよう。採油には二つの作業工程、圧搾と搾油、すなわちオリーブの実の圧搾と果肉からの搾油、とがある。双方の作業工程お

第4章　ホメーロスに見る農業　77

よびそのための設備や装置に関して史料はまったく沈黙している。だが唯一前6世紀の黒絵スキュポスが搾油の方法をわれわれに教えてくれる（右図参照）。台の上に積み重ねられた板のようなものがある。板には果汁の流れをよくするために穴が開けられる，あるいは細い溝が彫られるなどの細工が施されていたと思われる。層をなす複数の板の間に潰されたオリーブが置かれる。板の層は台の上に載せられている。台には搾り出されたオイルがこぼれないように縁が付いている。さらに，台付属の流出口から床に

置かれた壺の中に搾り出されたオイルが流れ出るようになっている。板に層の上に1本の長い梁が渡されている。一方の梁の末端は，描かれてはいないが，壁の窪みあるいは穴に差し込まれ固定されていたものと思われる（右上図の上参照）。もう一方の側には，1人の男が梁の末端に立って二つの巨大な重石を押さえつけている。その他に1人の子どもが梁に重しとしてぶら下がっている（右上図の下参照）。このようにして板の層に圧力がかかり，果汁が搾り出されたのである。この梁搾油機はてこの原理を応用したものだった。では，ホメーロスの時代の搾油機はどんなものだったか。Richter はてこの原理を応用したこの種の装置は非常に古い時代に属すとし，これがホメーロスの時代の搾油機だったのではないかと推定している[197]。また，同氏が述べているように[198]，これはブドウ搾りにも用いられた可能性がある（次頁図参照）。たしかに，ブドウとオリーブでは収穫の季節が異なるので，用いようと思えば，双方の搾りに用いることができた。しかし，ブドウ搾り用の道具はληνός（ブドウ搾り用の大桶）と呼ばれているので，ブドウの場合はやはり桶入後，足で踏み搾られたのではないかと考えられる[199]。

3．その他の果樹

オリーブとブドウ以外に，われわれはホメーロスの叙事詩の中に果樹のいくつかの種類を見出すことができる。前述のように[200]，ナシ，（ザクロ），リンゴおよびイチジクを。これらの果樹はδένδρεα μακρά[201]乃至ὑψιπέτηλα[202]と呼ば

ブドウ搾りの仕事をしているサテュロスを描いたテラコッタ製レリーフの断片
ローマ，1世紀　大英博物館所蔵

れている。したがって，δένδρεα はただ一種類の果樹を示すというよりも，上記 3 箇所[203]で言及されているような果樹をすべて表わしうると考えなければならない[204]。3 箇所以外，ホメーロスの叙事詩の中にこれらの果樹も果実も単独では現われない。

木ではなく果実としてのリンゴ μῆλον は Od. 7. 120に現われる。また，ヘシオドスの『神統記』215行において，オケアノスの彼方でヘスペリスたちが「黄金のリンゴと実をつけた果樹を守る」と謳われている。さらに，同335行では，蛇が「大地の奥深くで黄金のリンゴを守っている」とされる。これらの箇所に現われる μῆλον は単数と複数の違いはあるものの，果実としてのリンゴを表わしているとみて差し支えなかろう。これに対して，『イリアス』に現われる μῆλον はかならずしも「リンゴ」の意ではなく，「果実一般」を表わしているように思われる[205]。すなわち，Il. 9. 539ff. において，丈の高い果樹 δένδρεα μακρά の果実が μῆλα と呼ばれているので。おそらく，リンゴの木 μηλέα の栽培はホメーロスにおいて重要な地位を占めていなかった。事実，ヘシオドスおよび『ホメーロス讃歌』にもその言及はなく，ミュケナイ文書にもそれは現われない。

『イリアス』には「野生のイチジクの木」ἐρινεός が数回現われる[206]。しかしイチジクはホメーロスのずっと以前からエーゲ海の島々やギリシア本土で最も普及した栽培植物の一つだった。クレターミュケナイの壺に栽培されたイチジクの絵が描かれており，また各地の発掘現場で果実や種が発見されている[207]。ミュケナイ文書からイチジクがミュケナイ人の食生活においていかに重要な位置を占めていたかを知ることができる。ピュロスでは女奴隷たちにコムギと同量のイチジクが配給されており，しかもそれらのイチジクは乾しイチジクに加工されていたようである。クノッソスではイチジクがオオムギ，オリーブ油，ブドウ酒などと共に供物として現われ，7,200リットルに及ぶ大量

のイチジクに関する記録や1,770本に及ぶイチジクの木への言及がある[208]。

これに対して『イリアス』には栽培されたイチジクの木に関する言及は皆無である。しかし，『イリアス』においてイチジクが栽培されていたことを間接的に証明する唯一の箇所[209]がある。それは次のように読むことができる。「イチジクの樹汁がその力で液状の白き乳を凝固させる」と。問題は「イチジクの樹汁」と訳出した ὀπός の解釈である。LSJ によれば，その語は the acid juice of the fig-tree と訳出され，乳の凝固用レンネット剤として用いられたと解釈されている。この樹汁が乳の凝固に用いられたことはアリストテレスも認めている[210]。とすれば，イチジクの木は酪農にとって不可欠であり，ホメーロス以来，その樹汁はチーズ製造[211]に用いられたということになろう。また，LSJ の訳出が正しければ，「樹汁」は栽培された樹木のものということになる[212]。上述のように[213]，ソロンは植樹規定においてイチジクを植える際には，オリーブ同様，他人の土地から9プース離して植えることを命じている。この規定はアッティカにおけるイチジク栽培の促進に大きく寄与したものと推定される。

以上が果樹のカタログである。そのなかでもブドウ，オリーブおよびイチジクが主要な作物であったように思われる。ホメーロスの世界において最も盛んだったのはブドウ栽培である。王のテメノスの果樹園の実態がそれを窺わせる。これに対してオリーブは広範に栽培された形跡がなく，むしろ，その途についたばかりといった印象を与える。それが本格化するのは，アルカイック期，アテナイで言えばソロンの時代であり，このことはイチジク栽培についてもある程度言えるのではなかろうか。

注

1) ホメーロスの比喩研究の古典的名著として，Fränkel 1921がある。
2) Fränkel 1921, 2.
3) Ibid., 41-47.
4) 農耕牧畜に関する史料としての叙事詩の重要性と有効性については，Skydsgaard 1988, 77の指摘を見よ。
5) 中尾 1966, 142-144.
6) Cf. LSJ s. v. ἀκτή (B).
7) Cf. Thuc. 7. 87; Plut., Nic. 29. さらに，伊藤 2014, 14頁註102を見よ。
8) Gp. 3. 1. 10; 3. 9.

9) これらについては，本書第5章「ホメーロスに見る牧畜」第1節第2項「放牧地（＝牧草地）」を見よ．
10) *Od.* 9. 110; 19. 112.
11) *Il.* 11. 68f.
12) LSJ s. v. πυρός. Cf. Isager and Skydsgaard 1992, 21.
13) 中尾 1966, 150；中尾 2004, 178参照．
14) Jasny 1944, 53ff.
15) *Il.* 8. 188; 10. 569.
16) *Od.* 15. 312; 17. 12, 362.
17) Cf. LSJ s. v. πύρνον: wheaten bread.
18) *Od.* 19. 536.
19) Jardé 1925, 5ff. もスペルトコムギと解釈している．本書第6章注（34）参照．
20) 呉茂一訳においては「鳩麦」，また松平千秋訳においては「スペルト麦」と解釈されている．因みに，Murray (Leob 1919, 1924-5) においては 'spelt' と訳出されている．本書においてホメーロスの詩の翻訳としては，原則として，松平訳を用いる．
21) *HP* 8. 1.
22) Hort 1926, 450, 480参照．Cf. LSJ s.v. τίφη; Isager and Skydsgaard 1992, 21.
23) Dsc. 2. 89.
24) Cf. LSJ s. v. ζειά.
25) ドゥ・カンドル 1958, 123; 中尾 2004, 165参照．
26) Moritz 1955, 129ff.
27) *Il.* 5. 196; 8. 564; *Od.* 4. 41.
28) ὄλυρα は *HP* 8. 1. 3; 4. 1; 9. 2に現われる．ὄλυρα は Hort 1926, 467によって ζειά の栽培種，rice-wheat: Triticum dicoccum と解釈されている．
29) 中尾 2004, 170.
30) Marinatos 1969, Plate 36-1; Marinatos 1971, Plates 73, 76.
31) Marinatos 1969, 48, 51.
32) Ibid, 53; Marinatos 1971, 43; Richter 1968, 113f. なお，2条，4条，および6条オオムギはテオプラストスによって言及されている（*HP* 8. 4. 2）．
33) Cf. LSJ Suppl. s. v. κριθή.
34) Richter 1968, 114.
35) *Od.* 2. 290f., 354, 380.
36) 祭祀に「挽割り大麦」が用いられたが，それは通常 οὐλαί あるいは οὐλόχυται と呼ばれている．祭祀におけるオオムギの役割については，Richter 1968, 115を見よ．
37) *Od.* 10. 234, 520（= *Od.* 11. 28）; *Il.* 18. 560.
38) *Od.* 7.104.
39) Russo, Fernández-Galiano and Heubeck 1992, 115.
40) Cf. LSJ s. v. ἄλευρον.
41) 少なくとも前5世紀初めには，ἄλφιτα と ἄλευρα の区別は存在した．Hdt. 7. 119によれば，クセルクセスの遠征軍の食事の接待に当たった北ギリシアの町々の市民たちは，「町にある穀物を分配し，市民たちは皆何か月もかかってコムギ粉とオオムギ粉を作った」と記されている．
42) *Od.* 19. 197.
43) 本文60頁以下参照．
44) *HP* 8. 1-4.
45) φακός: lentil, Ervum Lens（レンズマメ）は Sol. *fr*. 38. 3 が初出．
46) Xenoph. 18. 3; Ar. *Pax* 1136; Pl. *R*. 372c.

47) West 1978, 266.
48) Schiering 1968, 147.
49) Richter 1968, Tafel H II a; Isager and Skydsgaard 1992, 48. Plate 3.1および Finley 1973の表紙参照.
50) 原語は κέντρον. Cf. Sol. *fr.* 36. 20; Pi. *P* 4. 236.
51) Richter 1968, H 151; Isager and Skydsgaard 1992, 50-1. Plate 3.3.
52) 本文57-8頁を見よ.
53) Richter 1968, Taf. H II b; Osborne 1987, 19.
54) Ibid., 106, Fig.36; Amouretti 1986, Planche 9 を見よ.
55) Cf. Isager and Skydsgaard 1992, 46.
56) Schiering 1968, 151.
57) Alkman, *fr.* 1. 60ff.
58) Dawkins 1929, 406. Cf. LSJ s.v. φάρος: phough.
59) 但し, Athanassakis 1983, 98 が *Op.* 387の σίδηρος を「犁の刃を研ぐ」の意に解釈しているのは誤り. 573行の ἄρπη は刈り鎌である.
60) Cf. West 1978, 266.
61) *Op.* 493に鍛冶屋が現われる. また, 鍛冶屋が鉄を鍛える様子が *Od.* 9. 391-3 に描かれている.
62) *Il.* 23. 834f. 競技会の賞品として.
63) *Il.* 18. 542f. の記述に現われる耕作者(アロテーレス)と *Il.* 23. 834f. に現われるアロテールはテーテスである可能性が高い. Cf. *Od.* 18. 357ff.
64) Isager and Skydsgaard 1992, 49.
65) 形状については, Amouretti 1986, Planche 13を見よ.
66) dikella については, Ar., *Pax*, 570; S. *Ant.*, 250; Men., *Dysc.*, 390, 415, 525; E., *Ph.* 1155を見よ. またテオプラストスは休閑地から雑草を除去するには ard よりも dikella が適すると述べる(*CP* 3. 20. 8). さらに鍬を示す語として σμινύη がある. この語については, Ar., *Pax*, 546; *Av.*, 602; *Nu.*, 1486を見よ. dikella と sminye の明確な相違は不明.
67) *Il.* 21. 257ff.
68) *Op.* 469f.
69) *Od.* 18. 366ff.
70) *Th.* 162および179-80行において, ガイアおよびクロノスが用いている武具はそれぞれ δρέπανον, ἄρπη と呼ばれている. 名称のこの同一性は, 初期の時代において刈り鎌と武器としての鎌が道具として同質のものだったことを示している. Cf. Schiering 1968, 156. 後者の箇所の ἄρπη には「鋸のような鋭い歯をもつ」という意味の形容詞 καρχαρόδους が添えられている. しかし, 穀物用刈り鎌にこのような鋭い歯があったかどうかは定かでない. Cf. Isager and Skydsgaard 1992, 53. また, クロノスが父の陰部を切り取った鎌は188行で「鋼鉄」と呼ばれている.
71) *Sc.* 289.
72) *Sc.* 292.
73) ブドウ収穫用の δρεπάνη は Anthology 11. 37にも現われる. *Gp.* 3でブドウ剪定用ナイフが δρέπανον と呼ばれている. 競技会で優勝したスパルタの若者が賞品の鎌をアルテミス・オルティアに奉納した旨を記した碑文が数多く出土している. 賞品の鎌は石碑に彫られたソケット状の溝に嵌め込まれていた. 碑文中で δρεπάνη と呼ばれている鎌は鉄製で, 形状は湾曲しており, εὐκαμπές と呼ばれるに相応しい. 但し, この鎌が農業と何らかの関係があるか否かは不明. この碑文については Dawkins 1929, 285ff. 参照. 鎌の奉納とスパルタの娘たちによってアルテミス・オルティアに奉納された φάρος とを関連づけて, この女神が動植物の豊穣多産に関与していた証拠とみる者もいる. Cf. Ibid., 406.

74) 三輪 1978, 375頁表5によれば，竪杵の長さの平均値は約138cmで「3ペーキュス」とほぼ合致する。
75) 『春日権現霊験記』（鎌倉時代）絵巻には，土間の羽目板壁の脇にくびれ臼が，壁には掛けられた二つの竪杵と箕がセットで描かれている。澁澤 1984, 210-11頁参照。また，くびれ臼と竪杵を用いての臼搗きの様子については，同266頁所引の『福富草紙』の絵を見よ。
76) West 1978, 265.
77) Cf. Δεσποίνη et al 1985.
78) Ibid., 104-5. この墓は前530-20年に年代付けられ，そこに1人の少年が葬られていた。荷車が墓の副葬品であることから，これが農作業に用いられた荷車とは考えにくい。死者を葬る際の運搬に用いられたのではないかと考えられる。
79) 月川／立平編 1984, 117頁より転写。σφῦρα は農具として Ar. Pax, 566にも現われる。
80) West 1978, 264.
81) Wilamowitz-Moellendorff 1928, 93.
82) 農林水産技術会議事務局編 1988, 60頁参照。
83) 月川／立平編 1984, 138, 191, 193, 213および216頁参照。
84) Il. 13. 588. Cf. Il. 5. 499.
85) Od. 11. 128 (= 23. 275). ここでは「箕」の用語として πτύον ではなく，ἀθηρηλοιγός が用いられている。
86) 古代の箕については，Harrison 1903-4 の優れた研究を参照。図は Amouretti 1986, 104 fig. 16より転写。
87) Sc. 293; Il. 18. 568.
88) Sc. 291; Il. 18. 558.
89) Od. 7. 104; 20. 106.
90) Sc. 299; Il. 18. 563.
91) Richter 1968, 100ff.
92) N 6. 9ff.
93) HA 577a 2.
94) 同じ表現が Th. 971に見られる。
95) 形容詞 τρίπολος（Cf. πολέω, 'plough' in LSJ）と Triptolemos との間の何らかの関連が推定されている。
96) Isager and Skydsgaard 1992, 49. 耕地の「三たびの犂返し」については，さらに，Forbes 1976, 9-11を見よ。
97) Apollod., 2. 5. 5.
98) Od. 9. 329-30.
99) Fränkel 1921, 46-7.
100) 松平訳を見よ。Loeb 版は 'a freshly-watered orchard' と訳出している。
101) Richter 1968, 105f.
102) Gp. 3. 6. 8. によれば，7月上旬。
103) Op. 674, 676f.
104) Od. 5. 328.
105) Od. 7. 129ff.
106) Il. 17. 53.
107) Il. 18. 561ff. Cf. Richter 1968, 107.
108) Ibid., 105f.
109) このような組み合わせは，ヘラクレイア碑文のアテナ・ポリアス神殿領のB区画にも現われる。伊藤 1999, 332表2参照。

110) Edwards 1992, 223. そこでは *Il.* 18. 578-89において描写されている牧草地も王に帰属するものとされる。
111) Finkelberg 2011, 795より転写。
112) *Od.* 18. 371ff.
113) 本文49頁の史料（1）および（6）参照。
114) Cf. *SIG*³ 963, v. 13. また，γύης「犂の心棒」も同様に土地の面積を表わす。Cf. *Il.* 9. 575-80; *Od.* 18. 374.
115) *Op.* 383f., 571, 575. Cf. West 1978, 255.
116) Fränkel 1921, 41.
117) Ibid., 42.
118) *Sc.* 291でも同じ語句が用いられている。
119) パイニッポスの農場には1プレトロンの広さの脱穀場が二つあった。Cf.［Dem.］42. 6. 但し，ここでの用語は ἀλωή ではなく，ἅλως だった。さらに「脱穀された穀物」という表現があるほか，その穀物はオオムギだったことが分かる。Cf. Ibid., 19-20, 24, 31.
120) Fränkel 1921, 41.
121) Ibid., 44-6.
122) Ibid., 44.
123) 本文48頁参照。
124) 脱穀場については，注119を見よ。同じく，本書第8章182頁注54参照。
125) *Sc.* 291.
126) Anthology, 6. 53は，おそらく，風選に言及している。ここでは動詞 λικμάω が用いられ，西風が最もよいとされる。
127) 1983年にトルコで，また16世紀にスペインで脱穀と風選が実際にどのように行なわれたかについては，Amouretti 1986, Planche 15を見よ。これらのケースにおいては脱穀の際に脱穀用の橇（a threshing-sledge: tribulum）が用いられた。また，清水 2007, 70頁およびカバー裏写真参照。
128) 古代エジプトの農耕については中尾1966, 161-5参照。
129) 図は Harrison 1904, 245より引用。
130) センネジュム（テーベ私人墓1号。第19王朝初期，ラムセス2世の時代の墓）の壁画および第19王朝の宮廷書記アニのために記されたパピルスの「死者の書」（新王国時代1250年頃）。
131) 第19王朝の宮廷書記アニのために記されたパピルスの「死者の書」（新王国時代1250年頃）およびメンナの墓（テーベ私人墓69号。新王国時代トトモセ4世に仕えた書記）の壁画。後者の壁画はムギの穂が積み上げられた様子がよく分かる。
132) 中尾 1966, 164頁第38図参照。
133) 本文35頁参照。
134) 注90を見よ。
135) Ar. *Ach.* 985では，χάραξ の語が用いられている。
136) Cf. *Od.* 7.114. 115行以下で「丈の高い果樹」として，ザクロ，リンゴ，イチジクおよびオリーブの木が挙げられている。
137) 原語は πρασιή。Cf. *Od.* 7. 127（複数形）。この語は πρασόν: leek に由来する集合名詞で，セイヨウニラネギの苗床，総じて，野菜畑を意味する。Cf. Richter 1968, 124.
138) Heubeck, West, and Hainsworth 1988, 329.
139) 本文54頁参照。
140) Cf. LSJ s. v. γύης II. 4.
141) ヘラクレイア碑文より，1 gyēs = 50 schoinoi = 53464.5㎡．とすれば，4 gyēs は約21.6ha となる。詳しくは，Ito 2016, 26参照。

142) 本文54頁および注109を見よ。クレーロスにおける農地の二分法については，イッサ碑文（SIG^3 141, vv. 5-7）を参照。
143) 農耕に従事しないキュクロプスの国ではコムギ，オオムギおよびブドウは独りでに生育するとされ，穀物栽培とブドウ栽培の重要性が暗示されている。Cf. *Od.* 9. 107-11.
144) 原語は οἴνη。Cf. *Op*. 570, 572; *Sc*. 292. οἴνη はブドウの木を示す古語で，οἰνάς と同義。注目すべきは，οἰνάς がミュケナイ文書に現われることである。Cf. LSJ Suppl., s. v. οἰνάς. 'Myc. wo-na-si (dat. pl.), perh. vineyards'
145) West 1978, 302.
146) Athanassakis 1983, 103.
147) Xen. *Oec*. 19. 2 にこの語 φυτόν が用いられているが，Ibid., 19. 12より，これはブドウの木であることが分かる。
148) Cf. Ito 2016, Appendix.
149) West 1978, 311.
150) *Sc*. 292. Cf. Anthology, 11. 37.
151) *Sc*. 293では籠と記されている。
152) 本文41頁，図 c を見よ。
153) 本文58-9頁参照。
154) Jameson 1977-8, 131f. これは奴隷の主人が自分の奴隷に収穫の仕事を請け負わせてそのマージンを受取るケースであり，純粋な意味でのテースやエリトイのケースではない。
155) 原語は θειλόπεδον。日当たりのよい「干し場」であろう。この語は同じ意味で Anthology, 6. 45に現われる。
156) 原語は ἄγγος。読みは LSJ に従う。
157) この動詞は *Sc*. 301にも現われる。そこで，ブドウを踏み搾る人と酒を仕込む人が描かれている。
158) *Od*. 3. 391.
159) *Od*. 9. 209.
160) *Op*. 814, 819.
161) *Op*. 596.
162) Cf. LSJ Suppl., s. v. οἶνος. 'Myc. wo-no.'
163) Chadwick 1976, 124.
164) *Il*. 7. 467ff.
165) 「赤い」については，*Od*. 5. 165; 9. 163, 208; 12. 19, 327; 13. 69; 16. 444を，「黒い」については，*Od*. 5. 265; 9. 196, 346を見よ。
166) 海については，*Il*. 23. 316; *Od*. 2. 421; 5. 132など。また一対の雄牛については *Il*. 13. 703; *Od*. 13. 32参照。οἴνοψ は同じく1頭の雄牛を修飾する形容詞としてミュケナイ文書に現われる。Cf. Ventris and Chadwick 1973^2, 130-31; LSJ Suppl., s. v. οἴνοψ. 'Myc. wo-no-qo-so.'
167) *Il*. 18. 562.
168) *Sc*. 294.
169) *Il*. 11. 639; *Od*. 10. 235.
170) Richter 1968, 129f. Cf. Seltman 1957, 43f.
171) *Op*. 589. ビブロスはトラキア地方の地名と考えられている。詳しくは West 1978, 306を見よ。
172) Cf. Aesop. 15; Dem. 53. 15; *Gp*. 3. 1. 1. このタイプのブドウの木の栽培については，*Gp*. 4. 1参照。
173) Cf. *Gp*. 3. 1. 5.
174) LSJ s. v. διατρύγιος: each row bore grapes in succession. Cf. Russo, Fernández-Galiano, and

Heubeck 1992, 399.
175) 原語は，ὄμφαξ。この語は Sc. 399 にも現われる。
176) Chadwick 1976, 122. Cf. Ventris and Chadwick 1973², 128, 130, 272, 303ff.
177) Cf. Ibid., 217ff.
178) Richter 1968, 136. 青銅器時代およびホメーロスにおけるオリーブ栽培については，藤縄 1994, 12-17 参照。
179) Il. 2. 754; 14. 171; Od. 3. 466; 6. 79; 8. 364; 10. 364; 24. 366; Op. 522.
180) Od. 9. 110.
181) 本文67頁参照。
182) Richter 1968, 135. Cf. Heubeck, West, and Hainsworth 1988, 287.
183) 原語は，ἔρνος。この語はこの箇所以外に Od. 6. 163; 14. 175; Il. 18. 56 に現われる。
184) 原語は，χώρῳ ἐν οἰοπόλῳ。この句は Il. 13. 473 にも現われる。
185) Richter 1968, 135.
186) Arist. Pol. 1259a 9-18.
187) Cf. Hdt. 8. 55. なお，アッティカにおけるオリーブ栽培の進展については，藤縄 1994, 6-12 を見よ。
188) Hdt. 5. 82.
189) Plut. Sol. 24. 1. さらに，伊藤 1999, 127頁参照。
190) Plut. Sol. 23. 7-8. Cf. Gai. Dig. 10.1.13. さらに，伊藤 1999, 138-9 頁を見よ。
191) Pollux, 5. 36. なお，間隔を空けて列で植えられたオリーブ樹に関しては，Dem. 53. 15 参照。
192) これはオリーブ栽培における間作農法と何らかの関連があるのではないかと思われる。間作農法については，伊藤 1999, 124ff. 参照。
193) Dem. 43. 67, 71.
194) 伊藤 1999, 147参照。
195) Isager and Skydsgaard 1992, 40; Osborne 1987, 45.
196) Ibid., 58.
197) Richter 1968, 140.
198) Ibid., loc. cit.; Isager and Skydsgaard 1992, 63.
199) 本文71頁参照。
200) 本文67頁参照。さらに，アルキノオス王の果樹園の描写で用いられている定句（Od. 7. 115f.）が Od. 11. 589f. で繰り返されている。
201) Od. 7. 114. Cf. Od. 18. 359; Il. 9. 541.
202) Od. 11. 588.
203) 注200参照。
204) πολυδένδρεος の意味については，伊藤 1999, 119-33 を見よ。
205) Richter 1968, 141.
206) Il. 6. 433; 11. 167; 21. 37; 22. 145.
207) Richter 1968, 142.
208) Chadwick 1976, 122. Cf. LSJ Suppl., s. v. συκεά. 'Myc. su-za.'
209) Il. 5. 902f.
210) HA 522b 3ff.
211) Richter 1968, 64. さらに，本書第5章110頁参照。
212) これに対して，Kirk 1992, 153f. は 'the acid juice of the wild fig' と解釈する。
213) 本文75頁参照。

第5章　ホメーロスに見る牧畜

はじめに

　ホメーロスの世界において，農耕を別とすれば，土地の主たる利用法は牧畜だった。前章において農業について考察したので，ここでは牧畜について考察する。というのは，当時の人々は，衣食の大半を彼らが飼養していた家畜に依存していたからである。

　ホメーロスの世界における農牧併存は明らかである。『イリアス』[1]において鉄塊投げ競技に提供された鉄塊について，アキレウスは次のように語っている。その鉄塊を得た者は「丸5年の間はこれで十分に用が足せよう。というのも，牧人にせよ農夫にせよ鉄が足りなくなって町へ行くことはなく，この塊で間に合うだろうから」と。鉄塊は農具などの道具を作るのに用いられたものと思われるが，その際，「牧人にせよ農夫にせよ」と言われている点が注目される。農業において耕地はおもに穀物畑や果樹園として利用されたが，耕地において畠作地，牧草地，休閑地という三圃式の輪作法が行なわれた形跡はない。Finleyは「ギリシアの土壌は痩せており，岩だらけで水に乏しいため耕作に適する土地は半島の全面積の20％にも満たない」とし，「かつていくつもの地域が牛馬のための良質の牧草地となっていた。そしてそのほとんどすべてが今日もなお，羊，豚，山羊といった小型の家畜を飼うのに適している」と述べている[2]。

　では，どのような家畜が飼われていたのだろうか。まず，ミュケナイの粘土板文書を見ることにしよう[3]。クノッソス出土の粘土板文書には羊，山羊，豚，牛，馬，ロバが現われる。その中で，注目すべきは羊の数の多さである。10万頭に近い羊が記録されている。羊を表わす表意文字には雄雌を示す印が付されているが，雄のほうが圧倒的に多数だったことである。そしてその大半は去勢された雄羊だった。山羊の数は羊に比べてはるかに少ないが，山羊を表わ

第5章 ホメーロスに見る牧畜　87

す四つの表意文字が知られている。豚の数は決して多くない。ピュロス出土の粘土板文書にも羊，山羊，豚，牛，馬が現われる。次に，ホメーロスに現われる家畜は羊，山羊，豚，牛，馬である。その中で馬は贅沢品であり，他の家畜と一線を画する。馬以外の家畜のこのグループは一般農民の生計の本来の基盤であった。家禽類は農民の家産の構成要素ではなく飼養の対象でもなかった。雄鶏，雌鶏，ガチョウあるいはアヒルはその肉あるいは卵のために飼養された形跡はない。それ以外に，家畜としてロバ，ラバ，犬が現われる。ラバ，犬を除くこれらすべての家畜について，ミュケナイ時代からホメーロスに至るまでの間に断絶は見られない。

　ミツバチの飼養，すなわち養蜂についてはいかがであろうか。ピュロス出土の粘土板文書の中に，「養蜂家」という職名の人物が現われることは，「養蜂」との関係で興味深い事実である。また，クノッソス，ピュロス双方の粘土板文書の中に，蜂蜜が神々への奉納品の一つとして現われている[4]。これに対して，ホメーロスには「養蜂」という言葉はない。しかし，ミツバチ，蜂蜜および蠟は知られていた[5]。この蜂蜜が「養蜂」によるものだったのか，あるいは野生のミツバチの蜂蜜に関係していたのかは定かでない。

　本章において，まず家畜飼養に欠かせない放牧の実態について考察し，次にホメーロスに現われる家畜類について検討を加え，最後に「養蜂」を含め，家畜飼養の目的と用途について考察する。

第1節　放牧と牧草地

1．放牧

　放牧の様子をわれわれは「アキレウスの楯」の描写から窺い知ることができる。まず，牛の放牧について，Il. 18. 573ff. を引用しよう。

　　「真直ぐに角の立つ牛の群を描いた。雌牛どもは啼きながら小屋(コプロス)を出て，さらさらと音を立てて流れる川に沿い，風にそよぐ葦の茂みに沿って牧草地(ノモンデ)へ急ぐ。4人の牧夫が牛に並んで付き添い，足の速い犬が9頭それに随う。獰猛な2頭の獅子が，声高に唸る雄牛(タウロス)1頭を捕らえて放さず，牛は吼えながら引き摺られてゆき，犬や若者たちがその後を追う。‥‥‥牧夫たちは犬を励まし，けしかけようとするが，犬はかみ付くどころではな

く獅子を避けようとし，すぐ近くまで寄って吠え立ててはまた逃げてゆく」。

次に，羊の牧草地の様子について，Il. 18. 587ff. を引用しよう。

「美しい谷間に白き羊の草食む広い牧草地を作った，そこには家畜小屋(スタトゥモス)があり屋根付き小屋(クリシアー)，それに柵(セーコイ)[6]もある」。

この二つの描写は，すでに考察した農業に関する三つの描写（すなわち耕作，刈り入れおよびブドウ収穫）のあとに続いている。農地は王のテメノスと考えられるが[7]，これらの箇所の牛や羊の群も王の財産であったと考えてよかろう[8]。ただ，この一連の描写の中になんら脈絡のようなものは感じられず，それぞれの描写があたかも個別の営みの如く描かれている。

最初の箇所には4人の牧夫と9匹の犬に守られながら雌牛の群が牛小屋から牧草地へ向かう場面が描かれている。起点の牛小屋にはコプロスという語が，行き先の牧草地にはノモスという語が用いられている。

別の箇所 (Il. 17. 61ff.) では，放牧されている雌牛の群が獅子に襲われる場面が描かれている。その箇所ではメネラオスに対するトロイア軍の無力さが次のように喩えられている。すなわち，「それは獅子が，…放牧されている牛(ボスコメネー)の群の中から，最良の雌牛を捕らえて，まず雌牛の頸を頑丈な歯でくわえてかみ殺し，次いで血も臓物ことごとく食いちぎりつつ飲み込んでゆく。それを囲んで犬や牧夫たちが遠く離れて盛んに声を立てるものの，立ち向かおうとはしない。まさのそのように居並ぶ軍勢の中に，敢えてメネラオスに立ち向かう勇気があるものは1人もいなかった」と。放牧されている牛の群中の最良の雌牛が獅子に捕らえられている[9]。ここでも牛の群は複数の犬と牧人に守られている。また，放牧されている牛が雌であることに留意したい。

次の箇所 (Od. 10. 410ff.) は牧草地から牛小屋へ戻る雌牛の群を描いている。牛小屋では仔牛たちが母牛の帰りを待ちわびている。その箇所では忠実な部下たちがオデュッセウスの無事な姿を見て，涙を流して縋りつく様子が次のように喩えられている。すなわち，「それはあたかも野に棲む仔牛たちが，草を食み飽きて牛小屋に帰ってきた[10]群なす母牛(ポリエス)たちを囲み，こぞってその前を跳ね回る時のよう，今は柵に妨げられることもなく，絶え間なく啼き声をあげて，母牛の周りを駆けめぐるように」と。ここでも雌牛の群が放牧されていたこと，牛小屋はやはり κόπρος と呼ばれていること，また「柵」には σηκοί とい

う語が用いられていることを知る。留意すべきは，Il. 18. 573ff. では「行き」が，この箇所では「帰り」が描かれていることである。

　一般に放牧地で雌牛の群れが放牧されていたことは明らかであるが，雄牛もまた牧草地で放牧される場合があった。このことは次の二つの箇所から明らかである。

（1）h. Merc. 491ff. 「山の牧草地(ノモス)や，馬を養う平地の牧草地で，野に住む牛(アグラウロス)に草を食ませることにいたします。そうすれば，雌牛が雄牛と交わって，雌(タウロイ)でも雄でもたくさんの仔牛を産むことでしょう」。

（2）Od. 21. 48. 「二つ扉は牧草地(レイモーン)で草を食んでいる(ボスコメノス)雄牛(タウロス)のように唸った」これは扉の開く音が雄牛の唸り声に喩えられている。

（1）では，雌が牧草地で放牧されることが前提に（暗黙の了解に）なっている。この箇所は，雌が放牧されているところに雄を放つことによって雄と雌の交尾が起こることを示している。（2）では，雄牛が牧草地で放牧されていることを示している。『動物誌』（572b 20ff.）によれば，「一般に雄はみな（あるいは，たいてい）交尾期前には雌と一緒に草を食まず，成熟期に達すると雌と分かれて暮らし，雄と雌は別々に草を食む」とされる。（1）の措置は交尾のための措置だったと考えてよかろう。

　では，（1）で用いられている ἄγραυλος について考えてみよう。この語は ἀγρός と αὐλή からなる合成語であるが，『イリアス』に6回，『オデュッセイア』に3回現われる[11]。『イリアス』の1箇所[12]が人を，すでに引用した『オデュッセイア』の1箇所[13]が πόριες「仔牛」を修飾する以外，すべて牛を修飾している[14]。LSJ によれば，意味は dwelling in the field であり，一般に「野に棲む」牛などと訳出されている。ここで言う牛は明らかに「雄牛(タウロス)」である。では「野に棲む牛」とは具体的に何を意味しているのだろうか。これを考察するには，アグラウロスがポリエスを修飾している箇所を吟味する必要がある。そこにおいて，母牛を待つ仔牛たちが牛小屋に帰ってきた母牛たちを出迎える様子が描かれている。仔牛たちは野外の柵の中に居る。牛は野外でお産したので，その仔は野外の柵の中で飼育された。おそらく，アグラウロスとはこのように「野外(アグロス)の庭の柵の中(アウレーセーコイ)に居る」ことを示す形容詞であろう。したがって，アグラウロスの牛とは牛小屋の中ではなく，「夜，野外の庭の柵の中で過ごす牛」ということになる。

では，もう一つの箇所，すなわち牧人たちに係るアグラウロスについて考察しよう。その箇所は次のように読むことができる，つまり「死骸から燃えるように輝く獅子を，腹を空かした獅子を，野に住む牧人たち(ポイメネス)が追い払うことができぬように」(Il. 18. 161f.)。この句を解釈するためには，合わせて次の箇所を吟味する必要がある。すなわち，「野で(アグロス)羊毛に覆われた羊の番をする牧人(ポイメーン)が，庭囲い(アウレー)を飛び越えて侵入した獅子に，かすり傷を負わせることはできたが，仕留めることはできない。力を奮い立たせたが，援けに行くことはできず，家畜小屋(スタトモイ)の中に駆け込む，見捨てられた(エレーマ)羊は恐れおののく。雌羊は互いに重なり合って身を寄せる，獅子は荒れ狂い高い庭囲い(アウレー)を飛び越える」(Il. 5. 136―142)。まず，アグロスの吟味。この語はここで明らかにアルーラ，すなわち耕地あるいは耕作地[15]と対比されており，野あるいは牧草地[16]の意味である。次に，140行目の τὰ ἐρῆμα と141行目の αἱ の吟味。τὰ ἐρῆμα (μῆλα) と αἱ の対比を理解するには，合わせて Od. 9. 237―9 を吟味する必要がある。すなわち，「主(＝ポリュペモス)は常に乳を搾っている雌だけをすべて広い洞窟の中に容れ，雄の羊と山羊とは戸外の高い庭囲い(アウレー)の中に残して置いた」。のちに考察するように，洞窟が家畜小屋と見なされていることを考慮に入れると，τὰ ἐρῆμα と αἱ の対比が理解できよう。つまり，τὰ ἐρῆμα は野外の庭囲いの中にいる雄の羊たち(メーラ)を示し，αἱ は家畜小屋に入れられている雌の羊たちを示している。したがって，牧人たちが家畜小屋に駆け込んだのは獅子が家畜小屋を荒らす[17]のを阻止し，その中にいる雌の羊たちを守るためであったと考えられる。

さらに，アグラウロスとの関連で次のいくつかの箇所を吟味する必要がある。それらの箇所には ἀγροιῶται という語と μέσσαυλος あるいは μέσσαυλον という語が現われる。まず，双方の語が現われる箇所を引用する。つまり，Il. 11. 548―551.「牛の庭囲い(メッサウロス)から赤獅子を追い払うように，犬どもと野に住む人々(アネレス)が，彼らは獅子が牛から脂肪を奪うのを許さない，夜通し見張って」。この箇所には，庭囲いの中に居る牛を襲おうとする獅子と寝ずの番をして獅子を追い払おうとする犬と人々が描かれている。この記述より，牛が夜囲いの中に入れられていることが分かる。また，「野に住む」と訳出した語は ἀγροιῶται であり，これ以外に，2箇所に現われる。一つは牛飼いに係り(ブーコロイ)(Od. 11. 293)，もう一つは牧人に係る (Hes. Sc. 39)。おそらくこの語は，先に考察した ἄγραυλος と同義と見て差し支えあるまい。次に，「庭囲い」に関して考察すべき二

つの箇所, *Il.* 17. 657ff. と *Il.* 17. 110—112 がある。前者の659—661行目にはいま考察した *Il.* 11. 550—552 と同じフレーズが用いられている。内容もほぼ同一で, 獅子が庭囲いから立ち去る様が描かれている。注目すべきは後者の箇所である。つまり, 「獅子を犬どもと人々が家畜小屋から追い払う, 槍と声で。獅子は心中の強き心が凍えて, いやいやながら庭囲いから去った」。問題はここで獅子に襲われている家畜は何かである。先に考察した箇所においては明らかに牛であったが, ここでは牛ではなく羊や山羊が想定される。その根拠は, ここで用いられている σταθμός という語にある。σταθμός は明らかに羊や山羊用の家畜小屋であった, 牛小屋がコプロスであるのに対して。したがって, このケースはまさに *Il.* 5. 136—142 と同じケースである。但し, 先のケースはこのケースと違って獅子の襲撃を未然に防ぐことはできなかった。μέσσαυλος とは庭(アウレー)にある家畜用の柵あるいは囲いであり, 雄の家畜は夜間その中に入れられていた。

では, 羊や山羊のような小家畜はどのように放牧されたのであろうか。われわれはそれを知るために, キュクロープス人の牧畜についてみることにしよう (*Od.* 9. 181ff.)。彼らは「種を播くことも畑を耕すこともしない (*Od.* 9. 108)」とされ, もっぱら牧畜に従事している。彼らが飼育しているのは羊 ὄϊς と山羊 αἴξ である。これらの家畜は μῆλα と呼ばれている。すでに引用したように, 彼(=ポリュペーモス)は雌だけを洞窟の中に入れ, 雄の羊と山羊を洞窟に入れず, 戸外の庭の柵の中に入れる。雌の羊と山羊は夕方以降と朝の2度, 洞窟の中で乳が搾られ, さらに仔羊や仔山羊に乳を授けた。雌はその目的のために洞窟の中に入れられたのである。早朝の乳搾りと授乳が終わると, 彼は家畜を洞窟から牧(ノモンデ)へ連れ出す。おそらく, 雄が先に, 雌があとから牧場へ連れて行かれたものと思われる。通常, 雄の羊と山羊は夜間戸外の柵の中に入れられた。しかし, ある日の夕暮れ彼は家畜を追いながら帰ってきて, すべての肥えた家畜を広い洞窟の中に入れている (*Od.* 9. 337—8)。その理由として「それは何かの考えがあってのことか, それとも神がそのように指図されてのことか」と付記されている。通常とは違って, 雄を洞窟の中に入れたのは, 次の筋書きと関連があった。つまり, オデュッセウスと彼の部下12名が洞窟から脱出する際に, 雄(アルセネス)羊(オイエス)を利用することになっていたからである。彼らは雄羊に隠れてまんまと逃げおおせた。ポリュペーモスは洞窟から最後に牧へ出て行こうとしてい

る雄羊に向かって次のように言っている，すなわち「これまでは他の羊に遅れて出て行くことはなかった。おまえはいつも真先に，牧草の柔らかい花を食みに，大股で出掛けていったし，川の流れに着くのも一番早く，夕暮れになれば真先に家畜小屋へ帰りたがったではないか（447―452）」と。この記述より，牧の近くには河が流れ，家畜の水飲み場となっていたこと[18]，σταθμός という表現から，洞窟がまさに家畜小屋と同一視されていたことが分かる。

　牧草地までの距離について考えてみよう。

　先に引用した Il. 18. 587ff. の谷間の牧場には家畜小屋，屋根付き小屋，それに柵があり，彼方に牧草地が広がっている。ここでは羊が放牧されているが，家畜小屋から牧草地まではどれくらい離れていたかはわからない。雌牛の群も牧草地で放牧された。4人の牧夫と9匹の犬に守られながら雌牛の群が牛小屋から牧草地へ向かっているが，牛小屋から牧草地までの距離はやはり不明。上述のキュクロープス人は専ら山羊の飼育に従事している（Od. 9. 124）。その一人ポリュペーモスは洞窟に住み，洞窟を出たところに柵を巡らした庭(メッサウロン)を持つ。彼はその洞窟で家畜と一緒に寝起きしている。彼は朝早く家畜を牧草地に連れ出し，夕方までそこで放牧して，夕暮れになると，家畜を追いながら洞窟に帰ってくる。洞窟から牧草地までの距離は，牧草地でゆっくり（家畜が草を食み飽きるまで）放牧をして，日帰りできる程度の距離であったということになる。「野に住む牧人たち」の語が示すように，複数の牧人と犬たちは家畜小屋あるいは小屋で寝起きを共にしたものと思われる。さもなければ，肉食獣の突然の襲撃から家畜を守ることはできなかったであろう。彼らは原則として農耕に携わることなく，牧畜に専念したものと思われる。混合農業というよりはむしろ，農耕と畜産の分業化が認められる。

　次に，イタカ島の例。イタカには「山羊の牧草地」があり（Od. 4. 605ff.），山羊の放牧には適していた。つまり，「イタカの端(エスカティア)で山羊の群れが全部で11飼われており，強い男たちがその番をしている(オロマイ)（Od. 14. 103f.）」。山羊の群れの番をしているのは，おそらく，オデュッセウスの山羊飼いメランティオスであった。彼も複数の部下をもっている（Od. 17. 213; 20. 174）。一般に山羊飼いは，「散り散りになって草を食む山羊の群れが，牧(ノモス)で入り混じったとき，それを容易に仕分ける（Il. 2. 474―5）」ことができた。

　豚の放牧についてはエウマイオスのケースが参考になる。オデュッセウスの

第5章　ホメーロスに見る牧畜　93

　忠実な豚飼いエウマイオスは「畑地の端(エスカティア)に（Od. 24. 150）」住み，主人の豚の群れを飼養している。女神アテーナーは帰還したオデュッセウスにエウマイオスを訪ねるように勧め，次のように言っている，つまり「その男は，豚どもの傍にいるから，すぐに解ります。豚はカラスが岩の傍らにあるアレトゥーサの泉の辺で放牧されていて，そこで豚どもは樫の実を心ゆくまで十分に食べ，か黒き水を飲んでいる（Od. 13. 408ff.）」と。この記述より，豚が放牧されていることを知るが，ここで放牧(ネモンタイ)されている豚は，女性複数形 αi が示すように雌だということが解る。

　イタカ島において飼育されている家畜はエウマイオスの下での豚の群とメランティオスの下での山羊の群に二分されていた。

　馬の放牧についてはいかがであろうか。次の五つの箇所がわれわれに重要な知見を与えてくれる。

　（1）*Il.* 20. 221ff.　エリクトニオスの所有する3,000頭の雌馬。「彼の3,000頭の雌馬が沼地(ブーコレオント)で放牧されている，……そして北風(ボレアース)が放牧(ボスコメナイ)されている雌馬たちに恋をして，」北風は黒い鬣の雄馬に姿を変えて番った。雌馬たちは仔を孕んで12頭の仔馬を生んだ。

　（2）*Il.* 16. 148ff.　アキレウス所有の神馬クサントスとバリオスについて。パトロクロスは素早く馬を繋げとアウトメドンに命じた。「アウトメドンは足早き2頭の馬，クサントスとバリオスを軛(ジュゴン)に繋ぐ，……それらの馬をハルピュイア・ポダルゲーが西風(ゼピュロス)のために生んだ，オケアノスの流れの辺の牧草地で放牧(ボスコメネー)されている折に」ハルピュイアは疾風の擬人化と考えられ，ポダルゲーはハルピュイアイの1人とされる。ポダルゲーは「足の速い」あるいは「白い脚の」女の意。ポダルゲーは西風と交わってアキレウスの所有する神馬クサントスとバリオスの母となった。

　（3）*Il.* 11. 677ff.　イテュモネウスの所有する家畜の群。ネストールはイテュモネウスの所有する家畜の群を「平原からたくさん奪った」。その数は，50の牛の群，同数の羊，豚，山羊の群，「それに栗毛(クサントス)の馬150頭いずれも雌でたくさんの仔馬を抱えている」ここにおいて，馬は頭数でその他の家畜は群数で数えられている。

　（4）*Il.* 15. 679ff.　アイアスが船の甲板から甲板へ飛び移ってゆく様を次のように喩えている。「あたかもそれは乗馬に練達の男が，たくさんの馬の中か

ら4頭の雌馬を選んで，一緒に連ね，……平原から大きな町へと向かうときのよう。……疾駆する馬の1頭から1頭へと危なげもなく跳び移ってゆく。そのようにアイアスは……」。

（5）*Il.* 15. 263—68（＝ *Il.* 6. 506—11）　ヘクトールがアポロンに励まされて再び戦場に向かう様子が次のように喩えられている。つまり，「厩につながれた一頭の雄馬が，飼葉のムギを食い飽きて，繋いだ紐を引きちぎり，平原の上を蹴って馳せて行くよう，……意気揚々と。……馬は自分の栄光を頼みとして，迅速に脚を運んでゆく，習性にしたがって，雌馬の（群れる）牧へと」。この箇所より，雄は厩で，雌は牧で飼われていたことを知る。換言すれば，雌雄で飼養形態が異なっていたこと，つまり，雌雄分離の飼養が行なわれていたことを知る。これは先に考察した牛のケースと相通じるものがある。

馬はどこで放牧されていたのか。（1）では，「沼地で ἕλος κάτα」，（2）では，「牧草地で レイモーン」，また（5）では，「牧 ノモス」で放牧されていることが分かる。放牧されているのはいずれも雌馬。（3）（4）では，ともに「平原 πεδίον」であることが分かる。事実，馬を放牧するには広大な平原が必要であった。イタカには「広い馬場も牧場もなく ドゥロモス レイモーン（*Od.* 4. 605）」馬の放牧には不向きであった。そのためテレマコスはメネラオスに対して「馬はイタカには曳いて参りますまい，むしろここに，あなたのお楽しみとして残しておきましょう。御領地には広い平地があり ペディオン，ここにはロートスも多く，キュペイロンもある（*Od.* 4. 601—3）」と言っている。

最後に，放牧に関する民話風の話を取り上げよう。ライストリュゴネス族の住むテレピュロスという町では「家畜を連れ帰る牧人が声をかけると，家畜を牧へ連れ出す牧人が，挨拶を返す。そこでは眠らぬ男は2倍の賃金を稼ぐことができる ミストス。一つは牛を放牧して ブーコレオーン，一つは白い羊を放牧して ノメウオーン，つまりそれほど，夜と昼との道筋が接近しあっているのである（*Od.* 10. 82—5）」。この物語は，白夜現象の起こる北国についての漠然たる知識がここに反映しているのではないかなど，さまざまに解釈されている[19]。ここで重要なのは，牧夫がミストスを稼ぐ日雇いであるということ[20]と，放牧の方法が「日帰り」であるということである。

「放牧する」という意味の動詞には νέμω, νομεύω, βόσκω, βουκολέω の四つがある[21]。そのうち羊・山羊・豚といった小家畜の放牧には νέμω, νομεύω が，

牛や馬といった大型家畜の放牧には βόσκω, βουκολέω が一般に用いられている。これらの用語の違いは放牧方法の違いを表わしているのだろうか。実質的な違いはおそらくなかったように思われる。但し，語源的に見て，νέμω, νομεύω は νομός, νομή と，βόσκω は βοτάνη と，また βουκολέω は「牛(ブース)」と関連があった。アキレウスの楯に描かれた一連の場面は1年の農事を示しているが，放牧の描写において季節は強調されていない。このことはこの時期の地中海地域において家畜の季節移動，すなわち移牧が行なわれていなかったことを暗示している[22]。むしろ，放牧の実態は，原則として，牧草地と家畜小屋を往復する「日帰り放牧」であったと考えられる。また放牧地は牛と羊・山羊には νομός, λειμών が，馬には νομός, λειμών, πεδίον が用いられている。そこで，次にわれわれはこれらの放牧地の実態について考察する。

2. 放牧地（＝牧草地）

ポリュペーモスが羊や山羊を，エウマイオスが豚を飼養していた牧場の所在地はエスカティアであった[23]。また，イタカ島の，オデュッセウス所有の山羊の群もエスカティアで飼育されていた。エスカティアは，実態として，木々が伐採される所[24]，人があまり住んでいない所，あるいは開墾の対象となっている所であり，「町から遠く離れた土地」あるいは「畑地の端（＝縁）」[25]と呼ばれている。まさに，そのような場所で羊，山羊および豚の群の放牧が行なわれていたのである。

放牧地の植物，つまり牧草は ποίη（＝πόα）あるいは βοτάνη と呼ばれている。羊と山羊はノモスで「牧草(ポイエー)の柔らかい花」を食み（Od. 9. 449），牛たちもノモスでたっぷり草を食む。牛たちが食む草は βοτάνη と呼ばれている（Od. 10. 411）。牧草としての ποίη と βοτάνη との相異は不明であるが，共に「牧草」と「牧草地」双方の意味を持つ（Il. 13. 493, 18. 368—70）。νομός, νομή に繁茂するのは ποίη である[26]。

アポロンは「山襞多き，森に覆われたイデの山腹で」牛を放牧している[27]。このように「山麓」や「森に覆われた」あるいは「樹木の生い茂った」山(オロス)では牛や羊の放牧が行なわれ，そこは λειμών 乃至 νομός と呼ばれている[28]。前項で述べたように，牛と羊・山羊の放牧地が νομός, λειμών と，馬の放牧地が νομός, λειμών, πεδίον と呼ばれていることを考慮し，これらの語の中で放牧地の

実態について考察することができる νομός, λειμών, πεδίον について見ることにしよう。

ノモスを修飾する形容詞として「草多し ποίηεις」と「花咲く ἀνθεμόεις」がある[29]。前者は，おそらく，ποίη が繁茂する νομός であろう。後者は，判然としないが，Il. 14. 348 が参考になる。そこでは，ποίη と並んで，λωτός, κρόκος, ὑάκιντος が繁茂している。次に，レイモーンについて。注目すべきは次の2箇所。一つは，泉の周りには「ἴον と σέλινον とが咲き生える，柔らかな λειμών が広がっている (Od. 5. 72)」という一句。もう一つは，女神ペルセポネーがオケアノスの娘たちと「柔らかな λειμών で ῥόδον, κρόκος, ἴον, ἀγαλλίς, ὑάκιντος, νάρκισσος を摘みながら戯れていた (h. Cer. 6 f.)」と謳われている箇所である。最後に，ペディオン。これについてはいくつかの考慮すべき箇所がある。大切なのは，すでに引用した次の一句[30]。つまり，「御領地には広い πεδίον があり，ここには λωτός も多く，κύπειρον もある[31] (Od. 4. 602–3)」。この箇所は馬との関連で語られているので，λωτός と κύπειρον は馬の好物だったのであろう[32]。また，次の箇所がそれを裏付ける。馬たちは己の牽く戦車の脇で「λωτός と沼地に茂る σέλινον を食みながら (Il. 2. 776)」佇んでいた。σέλινον に「沼地に茂る」という形容詞が付されているが，これは「沼地で」放牧されている3,000頭の雌馬を想起させる。また，Il. 12. 283では，肥沃な耕作地（エルガ）と「λωτός の咲く πεδία」が対比されている。「λωτός の咲く」，つまり λωτοῦντα は λωτέω の現在分詞・中性複数・主格対格形であり，λωτόεις の意。この πεδία にも λωτός が繁茂していた。以上，ここにわれわれは牧草地に繁茂する草花のリストを見ることができる。

ノモスには「山（オロス）」のノモスと「平地（ペディオン）」のノモスがあった[33]。平地の牧草地には「馬を養う」という形容詞が付加されており，平地が馬の飼養に不可欠であったことを示している。山の牧草地では，前述のように，牛や山羊が放牧されていたが，忘れてならないことは，豚もまたそこで放牧されていたということである。次の一句は重要である，つまり「山では樫の木の梢にどんぐり（バラヌス）を実らせ，…(Op. 232f.)」樫の木が茂る山[34]はどんぐりを多く産する。そしてこれは豚の好物の一つであった (Od. 10. 242)。したがって，エウマイオスはどんぐりが豊富にある山の[35]放牧地で豚を放牧していたのである (Od. 13. 409)。

このような牧草地は明らかに休閑地とは無関係であった。牧草地は Nutzland

であり，「魅力的な場所」locus amoenus であって，耕作地ではない。それらの土地は Niemandsland あるいは山腹にある森のごとき richtiger Jedermannsland だった。当時のギリシア人は飼料用植物を栽培していなかった。よって，畜産は基本的に自然の牧草に依存していたということができる[36)]。

3．小規模家畜の飼養とその目的

　ヘシオドスは羊や牛などの複数の家畜を所有している。彼自身，ヘリコン山の麓で複数の羊を飼育していた（Th. 23）。「飼育する」と訳出した単語は ποιμαίνω（ποιμήν）である。この語はキュクロープスが「家畜を飼育していた（Od. 9. 187f.）」というフレーズにも用いられている。キュクロープスの飼養の実態についてはすでに考察している[37)]のでここでは繰り返さないが，基本的には同様の方法で飼育されたものと思われる。キュクロープスの場合は，洞窟が家畜小屋の役割を果たしているが，ヘシオドスには家畜小屋という単語は見当たらない。ヘシオドスが家畜小屋を建てていたかどうかは不明とするほかないが，家畜用の柵を巡らしていた可能性はある[38)]。いずれにせよ，彼がヘリコン山の麓で複数の羊の放牧を行なっていたことは確かであろう。また，次の一句から牛が放牧されていたことを知る。すなわち，「放牧されている，未だに仔を産んだことのない雌牛の肉（Op. 591）」「放牧されている」と訳出した単語は ὑλοφάγος（= ὑλοφορβός）である。正確には「森で草を食む」の意。ここでも放牧されている牛は雌ということになる。おそらく，この牛は農作業に用いられる，いわゆる雄の耕牛ではなかった。

　ヘシオドスにおいて，耕牛としての一対の牛は牛小屋で飼われていた。このことは次の一句より明白。つまり，耕耘の季節が到来した「まさにそのときに中にいる角の曲がった牛たちに餌を与えるべし χορτάζειν（Op. 452）」。ここで「中にいる牛たち」と訳出した一句は βόας ἔνδον ἐόντας である。ヘシオドスには，牛小屋を示す κόπρος という語は現われないが，「中にいる牛たち」とは，具体的には「屋内で飼育されている牛たち」と見てよい。次に，耕作の時期に牛をもたない人が「一対の牛を貸してくれ」と言うのはたやすいが，「牛たちには βόεσσιν まだ仕事がある」と言って断るのもたやすい（453f.），という文章が続く。「一対の牛」と訳出した語は βόε（双数・対格形）であり，明らかに犁を牽く一対の雄牛である[39)]。こうして，耕耘の時期には耕牛に十分な餌が与え

られた．これに対して，仕事のない冬の季節には「牛たちに」βουσίν 普段の半分の量の餌が与えられた（559）。ウエストが考えているように[40]，耕牛は原則として年中屋内で飼育されたものと思われる．

　では，家畜の飼料はどのようにして貯えられたのか．ヘシオドスは言う，「飼葉や屑を内に貯えるべし，牛やラバに十分あるように（606f.）」と．ヘシオドス[41]やホメーロス[42]においてラバは，牛と同様に，農耕用の役畜として現われる．ヘシオドスのような農民が実際にラバを耕作に用いたかどうかは不明であるが，通常牛だったと見てよい．「牛とラバ」の語の組合せは，ウエストが言うように[43]，a formulaic combination と考えてよいであろう．とすれば，「飼葉や屑」は牛の餌として貯えられたことになる．では，「飼葉や屑」とは何か．「飼葉」と訳出した語は χόρτος である．通常は「飼葉」や「秣」の意であるが，LSJ によれば，この場合「(牧)草 grass」の意である，という．牧草地での牧草刈りは刈り鎌を用いて晩春に行なわれた[44]。そして，耕耘の仕事を始めるにあたって，2頭の耕牛に十分な餌が与えられたが，それは明らかに「草」であった[45]。もう一つは，「屑」と訳出した συρφετός である．ヘシオドスは屑の貯えのことを脱穀について言及したあとに書き留めている．おそらく，屑には脱穀の際に出る大量の麦藁や殻が含まれたであろう．

　ヘシオドスは『仕事と日々』の中で山羊，羊，イノシシ，牛，ラバの去勢の吉日について言及している（786，790－1）。家畜にとって去勢がどのような効果をもたらしたかについては言及されていない．馴らす家畜として羊，牛，犬，ラバの名が挙げられている（795－7）。牛，ラバ，馬に軛をかける吉日についての言及もある（815）。牛は役畜（耕牛・運搬）として用いられたことは明らかである．また，羊は，羊毛（234，516），剪毛（775）への言及があるので，その飼養の目的はその毛にあったと考えられる．ギリシア人は山羊の肉を食べ，山羊の乳を飲んだ（590，592）。一方，食肉用と考えられる豚への言及がまったくないことはやや意外である．

　ヘシオドスのような土地所有農民は彼の農場近くで何頭の家畜を飼育し得たか．一対の雄牛，数頭の羊および1匹の犬[46]，以上はヘシオドスの記述より推定可能．とすれば，犬を入れて，最低5頭以上ということになろう．農場の近くには家畜用の柵があり，その隣に牛小屋，そして一対の牛はその中で飼葉や屑で飼育された．他方，羊はヘリコン山の麓で放牧され，戻ってきたらおそら

く柵に入れられたであろう。羊が放牧された場所と農場との間の距離は定かではないが，日帰り可能な距離であったと推定される。もしそうであるとすれば，われわれはここに農業とリンクした小規模牧畜の実態を垣間見ることができる。

第2節　家畜類

1．牛

ギリシアで家畜化された牛の品種は「小柄の体格で短い角をもつ」bos primigenius, bos brachyceros であった。アリストテレス[47]は「すべての家畜は野生の形態から馴化によって獲得されたということ」を認識していた。そしてギリシアは牛の馴致発生地であると考えられており，ヴァフィオ出土の黄金のカップ[48]に牛の順化の様子が描かれていると言われている。牛を示すギリシア語 βοῦς は印欧語の語彙に属すが，ミュケナイ文書にも現われる[49]。馴化のこの過程は叙事詩成立のはるか以前に終わっていた。

ホメーロスには牛のさまざまな特徴を描写するための形容詞がある。「足をくねらせる」εἰλίπους という形容詞は牛の歩くさまを後ろから見た時に抱く印象であり，また，「大声で吼える」ἐρίμυκος という形容詞は牛の鳴き声を聞くときに抱く印象である。これらは視聴覚的な観点からの牛の特徴と言えよう。注目すべきは色や角・額の形状といった品種的特徴を示す形容詞の存在である。色としては「白い」「真黒い」「ブドウ酒色の」「赤褐色の」が，角・額の形状については「角の曲がった」ἕλιξ，「真直ぐな角の」ὀρθόκραιρι，「額の広い」εὐρυμέτωπος がある。特に色について，「ブドウ酒色の」οἶνοψ は注目に値する。この形容詞は海と雄牛のエピセットとしてホメーロスに現われるが，同じ用例，すなわち「ブドウ酒色の」牛がミュケナイ文書にも現われる[50]。「ブドウ酒色」「赤褐色」はホメーロスの牛のドミナントな色だったように思われる[51]。「角の曲がった」ἕλιξ の頻度の多さから，前方に曲った短い角をもつ品種がホメーロスにおいて一般的な牛だったように思われる[52]。

ホメーロスにおいて牛は富の一形態であり，貨幣のない時代にあって，牛は価値を計る尺度であり，その意味において貨幣に相当した[53]。年老いた乳母エウリュクレイアについて詩人は「その昔ラーエルテースが，……自分の財産

の20頭の牛で買い取った女だった（Od. 1. 430f.）」と語っている。「牛の群」ἀγέλη は100頭（Il. 11. 244f.），50頭（Il. 11. 678ff.; h.Merc. 74, 191ff.）といった端数のない数が知られているが，一つの群の頭数はそれほど大きなものではなかったように思われる。

牛は群の中で繁殖する。牛の繁殖については，飼育淘汰は行なわれなかったので，群の数は増える傾向にあった。雌牛と雄牛は牧場で交尾し，牧場でお産した[54]。不妊の雌牛は無価値のものではなく，「仔を産んだことのない雌牛」は犠牲獣（食肉用）として重宝された。一方，雄牛の去勢 τέμνειν は叙事詩には現われない[55]。

2．羊と山羊

羊と山羊は密接な関係として捉えられていた。「羊と山羊」「羊」あるいは「山羊」を表わす用語 μῆλα の共通使用がそれを物語っている。μῆλα はジャンルとして「小家畜」を表わす。表現の共通性は羊や山羊の飼育の共通性に合致している。双方の家畜は，急勾配の岩だらけの牧草地で飼育される。羊と山羊はギリシア世界では理想的な用畜であり，この組合わせが家畜経営において広く普及していたものと思われる。

羊は，牛と豚には及ばぬが，最も古いまた最も重要な飼養家畜である。ミュケナイ文書において小家畜の数は牛の数よりも圧倒的に多い。ギリシアの自然は大家畜（牛，馬）にとってよりも小家畜の生存条件に好都合であった。ὄϊς は羊一般あるいは雌羊を指す。雄羊は ὄϊς ἄρσην あるいは κτίλος あるいは κριός で表現される。これに対して雌羊専用の単語はない。発育段階に応じた仔羊の呼び名が知られている[56]。ポリュペーモスも発育段階に応じて三つのグループに分けている（Od. 9. 221f.）。すなわち，πρωτόγονοι あるいは πρόγονοι，μέτασσαι，および ἔρσαι に。また，犠牲獣として初仔(プロートゴノス)の羊が捧げられている[57]。経済的重要度において羊は牛にかなわないが，ホメーロスの世界において量的に優位を占める。ヘシオドスは雄羊の去勢に言及しているが，それが太らせるためだったかどうかは不明。ギリシア人は去勢羊の肉が好物だった。一方，犠牲に捧げられるのは「去勢されていない動物」であり，去勢された動物は生贄に捧げられなかった。ホメーロスは雄羊の去勢に言及していない。

アルカイック期の羊の品種はアルガリ種のよく太った黒い羊あるいはメンヨ

ウ（メリノ種に類似）などが考えられる[58]。

山羊 αἴξ は群れの中で羊と共に言及される。牛と違って共同放牧が可能で，双方とも山の牧草地を好む。山羊飼い αἰπόλος は αἴξ からの派生語。ποιμήν（πῶϋ に由来）はときおり羊飼いに，より頻繁に不特定の牧人に用いられる。動詞 ποιμαίνω も羊の群れに，また一般に小家畜の群れに関係がある。大規模な「山羊の群」αἰπόλιον は貴族の財産であり，オデュッセウスの所有する山羊の総数は550頭（イタカ島）＋600頭（本土）＝1,150頭にも上った。

アルカイック時代の山羊の品種は Aegagrus Rasse と考えられる[59]。

3．豚

ホメーロスにおいて通常イノシシは κάπρος, κάπριος で，飼養豚は σῦς, ὗς で表わされ，特に「肥育豚」には σίαλος の語[60]が用いられている。『オデュッセイア』では κάπρος は1度しか現われない[61]が，『イリアス』には頻繁に現われる。κάπριος および κάπρος は詩篇の中で単独で現われる場合と，σῦς を添えられて現われる場合とがあるが[62]，その用語上の違いは明らかではない。いずれの場合も，イノシシあるいは野猪と訳出し得る。同様に σῦς, ὗς も単独で用いられる場合と，そうでない場合とがある。後者の場合は，ἄγριος, ἀγρότερος, ἀργιόδους, χαμαιευνάς, ληϊβότειρα などが添えられる。最初の二つは「野生の」[63]，次は「白い歯の」[64]，その次は「地面で眠る」[65]，最後は「穀物を食い荒らす」[66]の意である。このうち「野生の」および「穀物を食い荒らす」を付された σῦς は，κάπρος, κάπριος[67]同様，狩の対象であり，オイネウスの果樹園に狼藉を働く野獣として描かれている。したがって，それらの形容詞を付された σῦς は飼養されておらず，山野に棲息していた野生動物ということになろう。これに対して，「白い歯の」と「地面で眠る」を付された σῦς は明らかに豚小屋で飼養されていたものと思われる。「白い歯の」σῦς は牛，羊，山羊と共に食べられている[68]し，「地面で眠る」σῦς はオデュッセウスの忠実な「豚飼い」ὕφορβος, συβώτης エウマイオスによって飼養されていた。

豚飼いエウマイオスは主人の留守中，人里はなれた所[69]で主人の財産である豚の群を世話していた。石垣で囲まれた中庭（アウレー）の中に12の豚小屋 συφεός がある。その各々に50頭の雌豚が収容されている[70]。都合600頭の雌豚。この雌豚は「仔を生んだばかりの」という形容詞を付されているので，600頭に仔豚

χοῖρος の数が加わることになるが，その数が分からない。一方，外に360頭の雄豚がいて，夜を過ごす。「外に ἐκτός」という表現が，豚小屋の外を示しているのか，中庭の外を言っているのかはっきりしない。が，石垣の外側に第2のバリケードとして樫材の杭がびっしりと打ち込まれているので，雄豚は中庭の外で杭の内側で野宿したものと思われる。さらに，雄豚の数は元の数よりはるかに少なくなっていた（Od. 14. 17）。すなわち，その数360頭（Od. 14. 20）。おそらく，始めは600頭だった。良く肥えた雄豚[71]240頭ほどを求婚者らが平らげてしまっていたのである。エウマイオスは4匹の犬を飼っており，彼の配下に4人の牧人がいる。そのうちの3人は豚の群を追って方々（アッリュディス アッロス）に出払っていた。他の1人は求婚者たちに豚1頭を届けるために町に（ポリンデ）[72]使いに出かけていた（Od. 14. 21ff.）[73]。エウマイオスが飼養している豚の群は並外れて大きかったということができる。

　イタカ島におけるこれらの群れ以外に，本土側にもオデュッセウスが所有する家畜の群がいた。すなわち，「本土には12の牛の群 ἀγέλαι が，それに羊の群 πώεα も豚の群 συβόσια も山羊の群 αἰπόλια も，牛と同じ数の群があり，よそ者と彼の（＝オデュッセウスの）牧人たちが放牧している（Od. 14. 100－2）」と。本土における家畜の群の総数は（50×12）×4＝2,400頭。そのうち豚は600頭。これらの群はイタカ島のみでは到底飼養できなかった。というのは，広大な牧草地を必要としたので。事実，テレマコスはメネラオスとの会話の中で「イタカには広い馬場（ドゥロモス）も牧場（レイモーン）もなく，あるのは山羊の牧草地（アイギボトス）くらいである（Od. 4. 605－6）」と言っている。

　Il. 11. 293 の一句 ἀγροτέρῳ συῒ καπρίῳ より，ἀγροτέρῳ συῒ が καπρίῳ であること，つまり野生豚＝イノシシということになる[74]。したがって，Od. 11. 131の「雌豚とつるむ雄の猪」の句は野生豚＝イノシシと馴化された雌豚との交尾が行なわれたことを示している。また，「仔を産んだばかりの」豚だけが仔豚に乳を飲ませるために豚小屋で飼養された。

　オデュッセウスはイタカ島と本土に並外れて大きい家畜群を所有していた。これらの家畜はエウマイオスやメランティオスら複数の奴隷牧人によって飼養された。一方，一般農民は牛と同様に豚もわずかながら飼養したであろうが，それは群を形成する程ではなく，したがって専門の牧人を必要としなかったであろう。このように貴族階級の大規模な養豚と並んで一般農民の小規模養豚が

では，一般農民の養豚はいかなるものであったか．豚小屋での餌による飼養が考えられる．この実例としてキルケーのケースが挙げられよう[75]．魔法を使う女神キルケーはエウリュロコス配下の22名に魔薬を飲ませて彼らを豚に変えてしまう．豚に変えられた22名は窮屈な豚小屋に閉じ込められ，椎の実や樫の実やセイヨウサンシュの実を餌として投げ与えられた[76]．彼らが閉じ込め
バラノス クラネイエー カルポス
められた豚小屋は，エウマイオスのそれと同じく，συφεός と呼ばれ，豚は「地面に寝る」と形容されており，これもエウマイオスの豚と同様である．のちに魔法が解かれ，元の姿に戻される．つまり，キルケーは「豚小屋の戸を開け，9歳の肥えた雄豚の姿をした人々を」そこから駆り立て，1人ひとりの体に薬を塗ると，豚はたちまちにして元の人間の姿に戻った．もちろん，これは作り話であるが，ここで語られている内容は豚の飼養に関して通常行なわれていたことの作り話への転化である．エウマイオスが飼っている豚との唯一の違いは豚が雄だったことである．豚小屋で飼養されたのは，通常，雄ではなく雌だったにもかかわらず．さすがにキルケーは男性を雌豚に変えることはできなかった．

4．馬

馬は高価であり，ステータスシンボルでもあった．ギリシア諸ポリスにおける上流階級のいくつかの名称がこの傾向を暗示している[77]．したがって，馬は一般農民の家畜ではなかったと言える．馬は穀類と草を食らうが，馬の飼養にはたくさんの草が必要であった．馬を飼養するには広大な平原が必要だったので，広い馬場や牧場の少ないエーゲ海の大部分の島々は馬の飼養に不向きであったにちがいない．しかしながら，ギリシア各地に目を向けると，馬の著名な飼養地域は確かに存在した．テッサリア，アルゴス，ピュロスおよびエリスなどがそれである．ἱππόβοτος「馬を養う」ἱπποπόλος「馬を飼う」のような形容詞をもつ地域は馬の著名な飼養地域と見なすことができる．ヘシオドスにおいてトラキアは「馬を育むトレーケー」と呼ばれており（$Op.$ 507），ここも有
ヒッポトロポス
数の馬の産地であった．

馬の飼育において放牧と同時に馬小屋（厩）が重要な役割を演じている．ホメーロスにおいて，厩，飼葉（秣）小屋および飼葉桶は φάτνη と呼ばれる[78]．

飼料としてコムギ[79]やオオムギ[80]が与えられた他，オリュライやゼイアイがオオムギに混ぜられて与えられた[81]。ときにはコムギに水で割ったブドウ酒を混ぜて与えることもあった[82]。また，戦さなどの出動前後に栄養補給のため追加の飼料が与えられた[83]。このように費用がかさむ馬の飼育には，一般農民は関与し得なかったと考えられる。馬の飼育は，いわば，馬を必要とした貴族の領分であった[84]。

馬は雄雌共に ἵππος であり，雌特有の呼称はなく，明示したい場合は ἵππος に θηλειά が添えられた。馬の毛色として鹿毛，栗毛，赤鹿毛および白は知られているが，黒と連銭葦毛は知られていないようである[85]。その他に，「まだら」という名の馬や黒い鬣の馬が知られている[86]。また，ホメーロスには馬の特徴を示すさまざまに形容詞がある。たとえば，鬣の美しさや足の速さなどを示す形容詞[87]がそれである。

ホメーロスの時代に飼育された馬の体格はずんぐりした，足の短い，力強い体格で，丈夫なずんぐりした頸をもち，横に立っている人間がほぼ例外なく馬の頭よりも高く，騎乗者の足が馬の前脚の膝の内側辺りに届くほどに比較的低い体形の馬である。ホメーロスの時代に飼育された馬の品種はポニーと近代の馬のほぼ中間に位置する。その外的特徴にしたがえば，それらの馬はおもに重種馬であったと推定される[88]。そのためホメーロスの馬は騎乗（騎馬，騎兵）に不向きであったと言えよう。

5．ロバとラバ：mule（雄ロバと雌馬の雑種）と hinny（雄馬と雌ロバの雑種）

ロバはエジプトの古王国時代に農耕用の役畜として脱穀場で穂を踏ませ脱穀するのに用いられていた[89]。古代ギリシアではこの仕事に牛が用いられている[90]。ミュケナイ文明の下でロバが使用されていたことは，粘土板文書から知ることができる。その表意文字は明確に馬と区別され，その名称は o-no と記載されている[91]。ロバ ὄνος は『イリアス』に1度だけ現われる。その箇所では，アイアスがなかなか退却しようとしない様子が子供たちに棍棒で打たれても逃げようとしないロバに喩えられている。すなわち，「さながらそれは，畑の傍をゆくロバが，子供たちを咎めてかかって追っても動かぬ，……しかも茂った畑に入り，作物を食い荒らすのに，子供たちがしきりに棍棒で打ちのめすが，その力は取るに足りない，だが糧秣に食い飽きたのを，懸命にやっとの

第5章　ホメーロスに見る牧畜　105

思いで追い出した，あたかもそのように……」(11. 558ff.)。ここで言及されているロバは，おそらく，家畜ではなく，捕獲された野生の1頭のロバであろう。子供たちが四苦八苦している様子から，ロバの馴化はかなり難しかったようである。ロバは捕らえられると家畜小屋に繋がれ，雌馬の種付けに利用された。ロバ捕獲の目的は雌馬との交雑によるラバ産出のためであったと考えられる。

　テュルタイオス[92]）によれば，ロバは役畜として荷の運搬に用いられている。したがって荷獣と考えられるが[93]，ホメーロスでその役割を担ったのはラバであった。ラバは『イリアス』で ἡμίονος 乃至 οὐρεύς と呼ばれている。双方の語が同義であることは『イリアス』のいくつかの箇所[94]より明白である。ヘシオドスは双方の語を用いているが，『オデュッセイア』ではなぜか οὐρεύς を用いていない。双方の語が hinny を表わしているのか，あるいは mule を表わしているのかは判然としないが，『オデュッセイア』の二つの箇所[95]で雌馬が ἡμίονος の母として言及されているので，交配飼育のノーマルな形態は mule だったと考えられる。事実，mule の方が御しやすくおとなしい性格で，高い作業能力を有している。おそらく，この高い作業能力が「忍耐強い」ταλαεργός というエピセットを生み出したものと思われる。明かに，mule は高価で有益な役畜だった。またその高い価値はその希少性にあった。このことはそれが競技における高価な賞品[96]の中に含まれていることから分かる。まず，ラバは農作業に用いられた。Il. 10. 352f. によれば，ラバは休閑地の耕耘において牛よりも優っていたと言われている。次に，荷獣あるいは牽引用の役畜として優れていた。特に丸太を曳く重労働や木々の運搬に適していた[97]。ラバは牛と馬の能力を兼ね備えていたと言えよう。また，ラバの糞尿は牛のそれと共に肥やしとして利用された (Od. 17. 297ff.)。

6．犬

　古来，犬は人間の最も忠実な同伴者であった。ホメーロスにおいて犬は κύων，複数形 κύνες と呼ばれている。オデュッセウスの飼犬アルゴスは彼自身によって飼養されたが，猟犬として野山羊，鹿およびうさぎの狩りに用いられた (Od. 17. 291ff.)。ホメーロスで狩人は ἀνέρες ἀγροιῶται（この語は常に主格複数形で用いられる）と呼ばれている[98]が，彼らもやはり複数の犬 κύνες を用いて野

山羊や鹿の狩りをおこなっている。(Il. 15. 271f.)

　これに対して，農場でも犬が飼育されていた。豚飼エウマイオスは農場で4匹の犬を自ら飼育していた (Od. 14. 21f.)。農場における犬は家畜小屋(スタトゥモス)の見張り，すなわち番犬として用いられたほか (Od. 17. 200f.)，家畜のまとめ役でありまた猛獣や泥棒から家畜を守ることも重要な役割であった。特に放牧の際には牧人とともに猛獣から家畜を守るのに一役買った。犬と牧人は一致団結して事に当たった (Il. 17. 65f., 18. 578ff.)。エウマイオスの4匹の番犬は「猛獣の如き」犬 (Od. 14. 21) と言われている。これらの犬の飼育，調教および世話は牧人たちの仕事であったと考えられる。

　ヘシオドスは家の番犬について言及している。泥棒に家財を奪われないための用心に「歯の鋭い犬を1匹」飼うように命じ，さらに，餌を惜しむなと忠告している (Op. 604f.)。餌には σῖτος の語が用いられているが，その実態は明らかではない。パトロクロスには9頭の飼犬がいたが，それらは τραπεζῆες κύνες と呼ばれている (Il. 23. 173)。τραπεζῆες とは「食卓で主人の食事を分けて貰って育った」犬の意である。犬の餌は主人が残した残飯であった可能性がある。

　犬の品種については未定とするほかない。オデュッセウスの愛犬の名アルゴス (「白い」，「早い」の意) は毛の色ではなく動作の機敏さと関係がある。

7．鳥類

　家禽の飼育について考えてみよう。ホメーロスにはニワトリ，アヒル，ハトは現われないが，『オデュッセイア』にガチョウが現われる。ガチョウは χήν (複数形 χῆνες) と呼ばれている。『イリアス』にガチョウ χήν が現われる場合は[99]，野鳥のガンであると考えられている。

　ガチョウが家禽として飼育されていたことを示す箇所は二つある。一つは Od. 19. 536ff. である。ペーネロペイアは20羽のガチョウを有し，小麦を餌に与えている。彼女は夢を見た。その夢は山から大きな鷲が飛んできてガチョウを一羽もあまさず殺してしまうというものだった。この夢占を解くと，ガチョウは求婚者どもで鷲である夫オデュッセウスが帰還し求婚者どもを1人残らず退治するというものであった。これを聞いて彼女は安心する。大切な点は，ペーネロペイアが20羽のガチョウを飼っていたことである。明らかにこのガチョウは用畜ではなく，農業とも無関係であったと考えられる。おそらくエジプトから

輸入された愛玩用あるいは観賞用の鳥であったと推定される。あるいはまた，アプロディテとガチョウとの密接な関係より宗教的理由から飼われていた可能性がある。

　もう一つの箇所は *Od.* 15. 161ff. である。この箇所も1羽の鷲が山から飛んで来て「飼いならされた大きな白いガチョウ（161f.）」を爪で摑んでさらって行くという内容である。この予兆の意味をヘレネーは解き明かし，オデュッセウスが帰還し求婚者どもに復讐を遂げるであろうと予言する。おそらく先に引用したペーネロペイアの話はこのエピソードを模倣したのではないかと推定される。ここでは1羽の「白い」ガチョウが話題になっているが，ペーネロペイアが飼育していた20羽のガチョウの毛色が「白」だったのか「灰色」だったのかは定かではない。大切なのはガチョウの所有者がともに女性であるということ，しかもガチョウは屋敷内で[100]飼われていたということである。もちろん中庭[101]（アウレー）に放つこともあったであろう。ヘシオドスはこの鳥について沈黙している。この鳥はおそらく一般農民には無縁の鳥であったということができる。

　では，ガチョウはどのように飼育されたのであろうか。最初の箇所で次のように語られている，つまり「屋敷内でガチョウたちは水槽の傍らに並んで小麦を啄ばんでいる（*Od.* 19. 552f.）」と。ガチョウは水槽で飼われていた。水槽と訳出した単語は πύελος（あるいは πύαλος）である。LSJ では，trough と訳出されている。飼い葉桶，水入れ，水槽あるいは盥などいろいろに解釈されうるが，ガチョウの飼育にはある種の水場が必要だったことは確かであろう。

　テオグニス（864行）は複数の雄鶏 ἀλεκτρυών に言及している。また，幾何学様式期（前740年頃）の一対の雄鶏のテラコッタ像[102]や雌鶏を描いたアルカイック期の黒絵壺[103]がある。闘鶏が好まれたスポーツだったようだが，養鶏の実態については何一つ確かなことは言えない。

第3節　家畜飼養の目的と用途

1．牛

　牛の飼養目的と用途は如何なるものであったか。主な目的は食肉と役畜のためだった。役畜としては耕牛，運搬などの労役に適し，特に，去勢された雄牛は強い力を発揮した。雌牛も役畜として用いられたが，ほとんどは去勢された

雄牛だったと考えられる。牛は乳を産するが，牛乳飲用の習慣はなかった。牛の革は多くの革製品に用いられた。

　用途。大部分は屠殺用家畜（食肉用[104]および犠牲用[105]）。肉はさまざまな宴で食されたが，肉は常に焼かれ，煮られることはなかった。Od. 3. 421—72に，犠牲獣（雌牛）の調達[106]→犠牲式（屠殺）→肉の解体→調理（串焼き）→食事までの一連の流れが読み取れる。皮革製品としては敷物（座布団），楯[107]，ヘルメット，履物（靴），手綱[108]，革紐(かわひも)など。脂は弾力性のある木材，弓の手入れ用。腱は縫糸，より糸。皮は脂で湿らして四方に引き伸ばして保存[109]。ヘシオドスによれば[110]，レーナイオーン月には屠殺した牛の皮剥ぎが行なわれた。冬の防寒具は牛皮や山羊皮を用いて作られた。牛皮製で内側にフェルトを張り詰めた長靴，初子の山羊の皮を牛の腱で縫い付けた雨合羽およびフェルト帽など。役畜としては主に耕牛。ピュロス文書には90人の牛飼いと「軛の人々」と呼ばれる者たちが存在している[111]。彼らは軛につながれた雄牛を操る牛追いと考えられている。「アキレウスの楯」の描写において休閑地を犂返す耕牛が現われる（Il. 18. 541—9）。休閑地の犂返しには雄牛あるいは去勢した雄牛が利用された。ヘシオドスは耕作に9歳の雄牛一対が最適であるとし，その購入を勧めている（Op. 436f.）。また，一対の雄牛は脱穀場で軛をかけて使用され，穀物の脱穀を行なった（Il. 20. 495ff.; Op. 597—608）。牛の糞尿(こ)は肥やしとして利用された（Od.17.297）。

2．羊と山羊

　羊と山羊の飼養目的と用途は何であったか。羊毛生産と酪農が主な目的だったが，もちろん，食肉のためでもあった。ギリシア人はこれらの肉を好んで食し[112]，羊・山羊の乳を飲み，それでチーズを作った。乳は腐りやすいので，チーズは搾乳が行なわれた場所[113]の近くで造られたと考えられる。πίονα μῆλα「太った小家畜」という表現[114]は，羊・山羊が食肉ために太らされたことを示している[115]。また，羊と山羊は犠牲獣でもあった[116]。「すばらしい小家畜」κλυτὰ μῆλα という表現は他の家畜には現われない。これは羊・山羊の特徴的属性としての「毛の生産」に関わりがある。これらの家畜は豊富な毛を産する。この表現が羊・山羊に用いられているのは，この属性の有用性の現われである。ヘシオドスには羊の剪毛への言及がある（Op. 775）。雄羊と去勢雄羊は雌

羊よりもかなり豊富な毛を産するという。「羊の毛皮」κῶας, πόκος は座布団，枕や敷布などの原料である。「羊毛」は εἶρος, εἴριον であり，その加工製品，すなわち「織物」は ἄωτος である。防寒具としての合羽および帽子などを作るのに「初子の山羊の皮〔デルマタ〕」[117]が使用された。ブドウ酒運搬用の皮袋は山羊皮製の袋 ἀσκὸς αἴγειος[118]が一般的だった。羊と山羊の糞尿が肥やしとして用いられたかどうかは不明[119]。

羊と山羊の飼養目的の一つ，酪農についてわれわれはホメーロスの記述から多くの知見を得る。すなわち，ホメーロスにおける酪農はポリュペーモスの「牧場」より推察可能である。ポリュペーモスは夕方に家畜を追いながら洞窟[120]に帰ってくる。彼は雌だけを洞窟の中に入れる。その日の夕方と次の日の早朝に搾乳と仔羊と仔山羊への授乳が行なわれる。彼は搾りたての「白い乳の半分を凝結させ，それを集めて編み籠[121]に貯える。残りの半分は，飲料用に，容器に納める (Od. 9. 246ff.)」。したがって，洞窟の中には，「いくつもの籠〔タルソイ〕はチーズでいっぱい，（また並んだ檻には仔羊と仔山羊がひしめき合い，それも一番早く生まれたもの，それから後に生まれたもの，生まれたてのもの，という風に仕分けて檻に入れてある）。そこに置いてある巧みに作られた容器，あるじが乳を搾るのに用いる桶や鉢はみな，乳漿であふれている (Od. 9. 219ff.)」。洞窟の中で授乳が行なわれるので，仔羊と仔山羊は生まれた順に分けて檻に入れてある[122]。洞窟の中には様々な容器が置いてある。すべての容器〔アンゲア〕は乳漿であふれている。乳漿は ὀρός，巧みに作られた容器の名称は γαυλοί と σκαφίδες である。これらの容器は特に搾乳に用いられた。σκαφίδες は σκάφη の指小辞であるが，ともに「桶」や「盥」の意である。

さらに乳と容器については，同内容の『イリアス』の二つの比喩が参考になる。つまり，「家畜小屋の中で，乳で満たされた手桶付近を，さながら蝿がぶんぶん飛び回るよう，春の季節に，乳が容器を満たすときに」(Il. 16. 641ff.)。

「蝿が，家畜小屋付近を，春の季節にうるさく飛び回る，乳が容器を満たすとき」(Il. 2. 470f.)。

共に，蝿が家畜小屋の中で，乳で満たされた手桶付近をうるさく飛び交う様を描写している。ここで乳は γάλα[123]と，乳で満たされた容器は手桶 πέλλα と呼ばれている。容器〔アンゲア〕として，γαυλοί, σκαφίδες および πέλλα が現われる。しかし，これらの容器がどのような素材で作られていたのか，あるいはどのような

形状で，どのように使い分けられたのかなど詳しくは不明である。容器はそれ以外にさまざまな用途[124]に用いられている。

　γλάγος は γάλα の詩形で「乳」の意であるが，ὀρός とどのように異なるのであろうか。γάλα に言及している箇所の一つにリビュエ（リビア）に関するものがある。つまり，「この国では，……チーズや肉，それに甘き乳にも事欠くことはない。それどころか年中飲むに十分な乳を提供する (Od. 4. 88f.)」と。また別の箇所 (Il. 4. 434.) では，羊の搾られた乳が「白い乳」と呼ばれている。これに対して，『オデュッセイア』(17. 225) において，日雇いの乞食の飲み物が ὀρός であった。アリストテレスは『動物誌』(521b 27f.) の中で，「どの乳にも，乳漿と称する水のような漿液と凝乳と称する固形分がある。濃い乳ほど凝乳が多い（島崎訳）」と言っているので，ὀρός は「whey 乳漿」であり，「乳の上澄み」の部分であった。おそらく，乳で満たされた手桶の中で，「乳が凝乳し，乳漿が分離する」のである[125]。そして乞食には乳漿が与えられた。

　ポリュペーモスが搾りたての乳の半分を飲むために容器に入れていることからも分かるように，羊・山羊の乳は日常の飲み物だったと考えられる。ポリュペーモスは乳を生のままで飲んでいるが (Od. 9. 297)，一般に生で飲んだのか，水で割って飲んだのかは，定かでない。但し，沸かして飲むことはなかったであろう。ヘシオドスでは「山羊の乳」が生のままで飲まれている (Op. 590)。ポリュペーモスは飲む前に乳の半分をチーズ製造のために確保している。「チーズは籠に満ち溢れていた」が，ここでチーズは τυρός(タルソイ) と表現されている (219, 225, 232)。この語はヘシオドスには現われない。おそらく，凝乳チーズ（ソフトチーズ）のことであろう。チーズ造りに関してわれわれに貴重な知見を与えてくれるのは，『イリアス』の次の一節である。医神パイエオンがアレスの傷を素早く癒した様を次のように喩えている。「あたかもイチジクの樹汁が，白き乳をたちまちに凝結させ，かき回すうちに見る見る固まってゆく，そのように素早く，医神はアレスの傷を癒した (5. 902ff.)」と。乳の凝固の速さがアレスの傷の治癒の速さに喩えられている。大切なのはイチジクの樹汁 ὀπός が乳の凝固剤として用いられたことである。このことはアリストテレスも認めている (AH. 522b 3ff.)。明らかに，イチジクの樹汁は凝乳酵素（レンネット）の代替物として用いられた。では，「固形のチーズ」は存在しなかったのか。Batr. 223で１匹のネズミが τυροφάγος（= cheese-eater）と呼ばれているが，この場合

のチーズは「固形のチーズ」であろう。*Il.* 11. 639で「青銅製のチーズ卸しκνῆστις」が言及され[126]、山羊のチーズをすり卸している。これも「固形のチーズ」と見て間違いなかろう。他に3箇所[127]チーズへの言及が認められるが、固形かソフトかの判定は難しい。いずれにせよ、ホメーロスの時代に「ソフトチーズ」と「固形のチーズ」双方が製造されたと見てよいであろう。但し、その製法について詳細は不明である[128]。しかし、チーズ製造は農民の食料品貯蔵のもっとも重要な部門であった[129]。

3．豚

豚は食肉のために育てられた。その他に経済的価値はない。ギリシア人は豚の脂肪と肉を好んだ。飼育豚は屠殺用（食肉用）動物として飼われ、太らされている。豚 σῦς, ὗς は飼育豚を示す。「肥育豚」σίαλος は屠殺用の、肥えたかつ成熟した豚[130]を示す。肉はさまざまな宴で食されたが、常に焼かれ、煮られることはなかった。*Od.* 14. 419—38に、犠牲獣（「よく肥えた5歳の豚」）の犠牲式（屠殺）→肉の解体→調理（串焼き）→肉の分配→食事までの一連の流れが読み取れる。「肥えた豚の脂ののった豪勢な背肉」「9歳の」は肥育に長い時間がかかったことを示している。雄豚のみが屠殺用として用いられた。雌豚は育種のために維持される必要があった。真の目的は雄豚の生産だった。特殊な用途として、ミュケナイ式兜に豚あるいは猪の牙が用いられている[131]。

4．馬

肉は食されず、乳は飲まれない。また毛・皮も原則として使用されない。鬣および尻尾の毛の使用[132]は排除できないが、それが主な馬の飼養目的とは思えない。また、馬は役畜として農事には決して用いられなかった。馬は主に戦で戦車を牽引する動物として、また競技会、とりわけ戦車競走で用いられる。火葬の際の犠牲として4頭の馬が捧げられている[133]。

ἱππεῖς（ἱππεύς の複数形）は「戦車を駆る者」「馬に乗る者」双方の意味をもつが、ホメーロスにおいて、通常、前者の意味で用いられた。ホメーロスにおいて ἱππεῖς が直に馬に乗ることはまずなかった[134]。戦車は δίφρος と呼ばれ、2頭立て[135]で、戦では戦士と御者の2人がそれに乗った。戦車は、戦場では主に乗物として利用され[136]、戦士の機動力を高めた。実際、戦場では戦車に乗っ

て戦うという戦法はほとんど採られず，戦車から跳下りて徒歩で戦うのが一般的であった。戦車はまた競技で用いられた。特に戦車競走が有名である。戦車競走がどのようなものであったかは，パトロクロスの葬送競技の一つとして行なわれた戦車競走から知ることができる（*Il.* 23. 262—652）。競技で用いられる戦車は δίφρος あるいは ἅρμα と呼ばれ，2頭立て[137]であったが，戦とは異なり，御者1人が乗った。御者も ἱππεύς と呼ばれている。言うまでもなく，この競技は「平らな競馬場」(ヒッポドロモス)(330)でその速さを競うものだった。馬は戦あるいは競技における勝敗を，あるいはそれに伴う名誉不名誉を大きく左右する。馬の価値は他のすべての家畜をはるかに凌いでいたと言える。馬は血統の良さが尊ばれた[138]。馬飼養の最大の目的は ἐσθλὸς ἵππος 駿馬「純血馬」を育てることであった。アリストテレスは同じ血統の馬の交配から完璧な馬(テレイオイ)が生まれることを心得ていた（*HA* 576a 20）。もう一つの，特に雌馬の飼養目的は雄ロバとの交配によってラバを生み出すことであった[139]。

5．養蜂

　蜂蜜は古代において最も重要な甘味料であるが，蜂蜜生産（養蜂）は行なわれていたのであろうか。ミュケナイ文書にはすでに蜂蜜が現われる。蜂蜜の用語は me-ri（= μέλι）であり，それから派生する形容詞 me-ri-ti-jo も現われる[140]。さらに，「蜂蜜入りの」ブドウ酒[141]も知られていた。

　『イリアス』『オデュッセイア』に養蜂という言葉は見られない。詩人たちが養蜂を知っていたか，あるいは野生のミツバチとその蜂蜜にもっぱら関係していたかは定かでない。ホメーロスにはミツバチおよびハチの巣に関する言及が3例見られる。『イリアス』には2例見られるが，一つはミツバチの群れが岩穴から飛び出してくる様子[142]が，もう一つはスズメバチやミツバチが険しい道の傍らに巣を作ると歌われている[143]。『オデュッセイア』では[144]ミツバチが洞窟の中に巣を作っている。この洞窟は入江にあり，ナイアデスの聖所である。これらの例からわれわれは詩人たちが野生のミツバチやその巣を対象にしていることを知る。人間はミツバチに「養蜂家」としてではなく，「狩人」として関わっている。

　養蜂の存在を暗示する史料としてわれわれはヘシオドスの『テオゴニア』の次の箇所を引用することができる。つまり，「円屋根に覆われた蜂の巣で蜜蜂(スメーノス)

たちが／……すなわち蜜蜂たちは終日陽が沈むまで／昼間は精を出して働き白い蜂の巣(ケーリオン)を作るが／雄蜂はその覆われた蜂の巣(シンブロス)の奥に座って／他人の稼ぎを自分たちの胃袋の中に取り込む（594-99）」この箇所には三つの蜂の巣の名称が現われる。σμῆνος, σίμβλος および κηρίον である。前二つは，LSJ によれば，beehive，後者は honeycomb の意である。基本的に「蜂の巣」[145]という意味であるが，この用語の使い分けの中に何か本質的な相違があるのだろうか。これらの語彙はアリストテレスの『動物誌』[146]でも確認できる。σμῆνος, σίμβλος は，「蜂の巣」であることは確かであるが，巣の外郭を含む表現である。これに対して，κηρίον は，外郭内部の「蜂の巣」本体を示し，一つ一つの房ではなく，集合体としての「蜂の巣」を意味する。「蜂の巣」本体を構成する一つ一つの房は ἰστός と呼ばれている。また，『動物誌』[147]には「養蜂家」なる語，μελιττουργός が現われる[148]。前4世紀における「養蜂家」の登場は養蜂の技術的発展を意味する。蜂の巣を示す三つの語彙，σμῆνος, σίμβλος および κηρίον がヘシオドスに遡ることは事実であるが，前4世紀におけるような養蜂がヘシオドスの時代に行なわれていたかどうかは不明とするほかない。むしろ逆に，野生の蜂蜜の採取が一般的であったことを思わせる史料がある。それはヘシオドス『仕事と日々』の次の一句。「山では樫の木の梢にどんぐりを実らせ，また中ほどの幹には蜂が巣を作る（232-3）」これは野生のミツバチの巣から農民が蜂蜜を採取したことを推定させる。

　伝承によれば，アルカディアの蜂飼いアリスタイオスが養蜂の創始者であるとされる。彼はブーゴニア[149]と呼ばれるミツバチの群を再生させる技術を発見したとされ，その伝承がウェルギリウス『農耕詩』第4歌281行以下で語られている。本来，第4歌は養蜂を主題としており，この書を通してわれわれは養蜂に関する多くの知見を得ることができる。しかし，このような養蜂がホメーロスの時代において同様に行なわれていたとは考えにくい。おそらく詩人たちは養蜂に関するこのような知識を有していなかったと考えられる。仮に，ミツバチの群を捕獲し世話する技術がヘシオドスまたはホメーロス以前に遡るとしても，アリストテレスやウェルギリウスが言及しているような養蜂は，やはり，ホメーロス以降に行なわれるようになったと見なければなるまい[150]。

　ホメーロスに現われる蜂蜜が野生の蜂蜜か養蜂の蜂蜜かを判定するのは困難であるが，蜂蜜および蠟は確かに利用された。死者に対する供養の際に蜂蜜と

乳を混ぜたものが用いられ[151]，蜂蜜入りのキュケオーンという飲物も知られている[152]。蠟から蜂蜜を分離する方法は具体的には知られていないが，濾し器のようなものが使用されたものと推定される。蠟は κηρός と呼ばれている[153]。蠟は航海の際に「大きな丸い塊（Od. 12. 173）」として携帯され，耳栓として用いられている[154]。また，船の漏れ箇所の密閉材としても用いられた可能性がある[155]。

注

1) Il. 23. 833-5.
2) Finley 1979, 60.
3) Ventris and Chadwick 1973², 131-2; Chadwick 1976, 126-32.
4) Ventris and Chadwick 1973², 131; Chadwick 1976, 124-6.
5) Od. 13. 106（ミツバチ），Il. 11. 631, 23. 170; Od. 10. 234（蜂蜜）参照。蠟については注153を見よ。Cf. Richter 1968, 84.
6) この語は，Op. 787に家畜用の「柵」として単数形で現われる。
7) 本書第4章54頁参照。
8) Edwards 1992, 226. Il. 14. 122-4 において富裕者の資産は耕地と果樹園と家畜からなる。これは「アキレウスの楯」の描写に対応する。すなわち，耕地，ブドウ園，牛と羊の放牧に。
9) Cf. Il. 5. 161f. この箇所では，獅子が牛たちに襲い掛かり，「茂みで放牧されている」仔牛あるいは母牛の頸を引き裂く様が描かれている。「茂みで放牧されている」の原語は，ξύλοχον κάτα βοσκομεάων である。ξύλοχος の解釈については，Kirk 1990, 75を見よ。
10) ここでの用語は，ἔρχομαι。この場合は，放牧地→牛小屋。これに対して，家畜が食肉用として，野から館に連れて来られる場合の用語は，ἐπέρχομαι。
11) Il. 10. 155, 17. 521, 18. 162, 23. 684. 780, 24. 81; Od. 10. 410, 12. 253, 22. 403.
12) Il. 18. 162. Cf. Hes. Th. 26; h. Merc. 286. 最初の二つはアグラウロスが ποιμήν を，最後のものは μηλοβοτήρ を修飾している。後者において，羊飼いは山の谷間で牛の群と羊の群を飼育している。
13) Od. 10. 410.
14) Il. 10. 155, 17. 521, 23. 684. 780, 24. 81; Od. 12. 253, 22. 403. Cf. h. Merc. 262, 272, 567.
15) 本書第10章211頁と注79参照。Cf. Od. 6. 259.
16) Kirk 1990, 71.
17) Cf. Il. 5. 556-7.
18) さらに，家畜の水場については次の記述が参考になる，つまり「ここは河原にあって家畜どもがみな水飲みに集まる場所（Il. 18. 521）」。そこに2人の牧夫が牧笛を吹きながら家畜や牛を連れてやってくる。ヘラクレア碑文アテナ・ポリアス神殿領域Aに家畜が水を飲む小川が流れている。ヘラクレア碑文については，伊藤1999, 321-50参照。
19) Cf. Heubeck and Hoekstra 1989, 48.
20) Cf. Il. 21. 444ff. アポロンはゼウスの許から派遣されてトロイアのラーオメドーンの下で1年間テースとして働いている。彼の仕事は「イデの山腹で足をくねらす，角の曲がっ

た牛どもを放牧する (448-9)」ことであった。
21) ヘシオドスにはこれらの語は現われない。その代わりに，放牧を表わす語として，羊には ποιμαίνω (*Th*. 23) が，牛には ὑλοφάγος (*Op*. 591) が用いられている。
22) Halstead 1987, 79-81; Edwards 1992, 226. さらに，移牧については，Skydsgaard 1988, 75-86; Isager and Skydsgaard 1992, 99-101; Hodkinson 1988, 35-74参照。『オイディップス王』(1135行) において，羊の群の移牧に νέμω の語が用いられている。
23) 本書第10章210頁参照。
24) *Il*. 23. 117-19において，イデの山腹で樫の木の伐採が行なわれているが，この場所はアポロンが牛を放牧した場所でもあった。Cf. *Il*. 21. 448-9. 注20参照。
25) Cf. *Od*. 18. 358; 24. 150 (=4. 517)
26) Cf. Hdt. 4. 53.
27) 注20および24参照。
28) 本書第10章212-3頁参照。
29) 「アプロディテー讃歌」78と169行。
30) 本文94頁参照。
31) *Il*. 21. 351ff. では，λωτός と κύπειρον 以外に θρύον が付け加えられている。
32) *H. Merc*. 107では，牛が牧草地で草と共に λωτός や κύπειρον を食んでいる。LSJ によれば，λωτός は clover, trefoil, κύπειρον は galingale とある。ピュロス文書 (Fa 16) には馬の飼料と思われる Cyperus (カヤツリグサ) が現われる。Chadwick 1976, 126f. 参照。
33) *H. Merc*. 491ff.
34) *Op*. 509ff.
35) エウマイオスの住いは山頂付近の森に覆われた場所だった。Cf. *Od*. 14. 1-2.
36) 牧草地おける飼い葉用の牧草刈りについては，*Od*. 18. 367-70参照。この作業は春の季節に行なわれた (367)。
37) 本文91-2頁を見よ。
38) *Op*. 787より類推。
39) *Op*. 436-7.
40) West 1978, 297.
41) *Op*. 46.
42) *Il*. 13. 703.
43) West 1978, 311.
44) *Od*. 18. 368ff.
45) *Od*. 18. 372.
46) v. 604.
47) *HA* 488a 29.
48) Karouzou 1979, 36 nos. 1758, 1759参照。
49) LSJ Suppl. s. v. βοῦς (Myc. qo-o)
50) LSJ Suppl. s. v. οἶνοψ (Myc. wo-no-qo-so)
51) Richter 1968, 47.
52) Ibid., 48, 52-3.
53) 例えば，*Il*. 23. 702f.（三脚鼎，牛12頭の値打ち），*Il*. 23. 885f.（釜，牛1頭の値打ち）。
54) 初産の雌牛の行動については，*Il*. 17. 4f. を見よ。
55) *Op*. 786ff. に山羊，牛，羊およびラバの去勢についての言及がある。
56) 松原 1983, 57頁参照。
57) *Il*. 4. 120.
58) Richter 1968, 59.
59) Ibid., 62.

60) この語は 'fat pigs' の意で，ピュロス文書に現われる．Cf. Ventris and Chadwick 1973², 132; Chadwick 1976, 132; LSJ Suppl. s. v. σίαλος, 'form σίhαλος, Myc. si-a₂-ro'
61) *Od.* 11. 131 (= 23. 278.)「雌豚とつるむ雄の猪」
62) 単独で，*Il.* 17. 725 (κάπρος); *Il.* 11. 414; 12. 42 (κάπριος)．σῦς を伴なって，*Il.* 5. 783; 17. 21 (σῦς κάπρος); *Il.* 11. 293; 17. 281f. (σῦς κάπριος)．
63) *Il.* 8. 338; 9. 539.
64) *Il.* 10. 264 (兜); 23. 32; *Od.* 8. 60 (食用)．
65) *Od.* 10. 242; 14. 15.
66) *Od.* 18. 29.
67) *Il.* 11. 293; 12. 146. ἀγρότερος = ἄγριος．最初の箇所の ἀγροτέρῳ συΐ καπρίῳ より，ἀγροτέρῳ συΐ が καπρίῳ であることが分かる．
68) *Il.* 23. 32; *Od.* 8. 60. 前者は牛，羊，山羊と共に，後者は羊，牛と共に．
69) エウマイオスが家を構えている場所は，「畑地の縁で (*Od.* 24. 150)」，「入江をあとに細いでこぼこ道を登り，森を抜け山々を越えた所に (*Od.* 14. 1-4)」あった．
70) 動詞 εἴργω は「閉じ込める」の意．この語は *Od.* 10. 238 および 283 行に現われる．後者において豚が窮屈な狭い豚舎に鮨詰めの状態で収容されてことが分かる．収容されるのは通常雌豚のみ．
71) *Od.* 14. 19. 原語は，ζατρεφής σίαλος．
72) エウマイオスが居住する場所は，「町に」に対して「田舎に(アグロンデ) (*Od.* 15. 370, 379)」である．
73) 家畜は野(アグロス)で牧人によって飼育されていた．*Od.* 17. 170ff. によれば，夕餉に際し，食肉用の家畜は方々の野から町に (= オデュッセウスの館に) 牧人によって連れて来られ屠られた．また，山羊飼いメランティオスは 2 人の牧童を伴って選りすぐりの山羊数頭を求婚者たちの夕餉用に町のオデュッセウスの館に連れて行っている (*Od.* 17. 212ff.)．
74) 注67を見よ．
75) *Od.* 10. 233以下参照．
76) *Od.* 10. 242. 豚の餌については，*HA* 603b 31 (balanos); 595a 29f.; *HP* 3. 16. 3 (akylos) 参照．
77) Isager and Skydsgaard 1992, 85.
78) *Il.* 5. 271; 10. 568; 15. 263 (= 6. 506); 24. 280.
79) *Il.* 8. 188; 10. 569.
80) Cf. *Il.* 15. 263 (= 6. 506)
81) *Il.* 5. 196; 8. 564; *Od.* 4. 41.
82) *Il.* 8. 188f.
83) *Il.* 2. 383; 5. 369など．
84) Cf. Sol. *fr.* 24. 1-3. 富裕な貴族の財産リストの中に「多くの銀があり，また金がまた小麦なる平地が，また馬がまたラバがあるかぎりの人」とある．
85) Richter 1968, 73-74.
86) 「まだら βαλίος」については *Il.* 16. 149 と 19. 400 を，「黒い鬣の馬 κυανοχαίτης」については *Il.* 20. 224 を参照．
87) 鬣の美しさについては，ἐΰθριξ と καλλίθριξ が，足の速さについては，ταχύς, ὠκύς, ὠκύπους および ποδώκης などの epithet がある．
88) Richter 1968, 76.
89) ケルレル 1935, 108.
90) 本書第 4 章 62-3 頁参照．
91) Ventris and Chadwick 1973², 131. Cf. LSJ Suppl. s. v. ὄνος 'Myc. o-no'
92) Tyrt. 6. 1.

93) ［Dem.］42.7では6頭のロバが木を運んでいる。
94) *Il.* 23. 111, 115, 121; 24. 690, 697, 702, 716.
95) *Od.* 4. 635-6; 21. 22-3. Cf. Michell 1957², 72.
96) *Il.* 23. 260, 265f. 後者はラバの仔を妊娠している6歳の雌馬。
97) *Il.* 17. 742ff.; 23. 108-26. ときには戦場での屍の運搬にも用いられた。Cf. *Il.* 24. 697.
98) 牧人の意味の ἀνέρες ἀγροιῶται については本文90頁以下参照。
99) 例えば，*Il.* 2. 460.
100) *Od.* 15. 174: ἐνὶ οἴκῳ; *Od.* 19. 536: κατὰ οἶκον, 552: ἐνὶ μεγάροισι.
101) *Od.* 15. 162.
102) Coldstream 1977, 313.
103) Isager and Skydsgaard 1992, 95.
104) *Il.* 23. 30-3.
105) 例えば，*Il.* 23. 146（ヘカトンベー）; *Il.* 23. 166（火葬の際の供物）。
106) 雌牛（ベディオン）は野から連れて来られた。Cf. *Od.* 3. 421, 431.
107) *Il.* 5. 452f.; 11. 545; 16. 636.
108) *Il.* 23. 324.
109) *Il.* 17. 389ff.
110) *Op.* 541-6.
111) Chadwick 1976, 127.
112) *Il.* 23. 31.
113) ヘラクレイア碑文。ディオニュソス神殿領内に「チーズ搾り場」がある。ヘラクレイア碑文については，上記注18参照。
114) *Il.* 12. 319; *Od.* 9. 217.
115) Richter 1968, 57.
116) *Il.* 23. 147. 火葬の際の供物としては，*Il.* 23. 166を見よ。
117) *Op.* 543-4.「初子の（プロートゴノス）」については，本文100頁参照。
118) *Od.* 9. 196, 212.
119) ポリュペーモスの洞窟にも家畜の糞尿が山と積まれていた（*Od.* 9. 329f.）。ポリュペーモスは山羊と羊を飼っていたので，この糞尿はそれらの家畜が落としたものということができる。しかし，キュクロープス族は農業に従事していなかったので（*Od.* 9. 122f.），この糞尿は肥やしとして用いられなかった。
120) 洞窟は家畜小屋と同一視されている。本文92頁参照。
121) この表現はブドウの収穫の場面（*Il.* 18. 568）にも現れる。
122) 本文100頁参照。
123) Cf. Sol. *fr.* 37. 8 .
124) *Od.* 2. 289; 16. 13（ワイン）; *Il.* 16. 643（乳）; *Op.* 613（ブドウ）。
125) Heubeck and Hoekstra 1989, 26.
126) アリストパネスの『蜂』（938）の中でチーズ卸し器は τυρόκνηστις と呼ばれている。
127) *Od.* 4. 88; 10. 234; 20. 69.
128) 製法については，*Gp.* 18. 19参照。
129) ソロンの *fr.* 37. 8 はバター πῖαρ に言及している。バターは現代ギリシア語では βούτρο，古代ギリシア語では βούτρον である。これらの語は Būs（牛）+ tyros（チーズ）から成る合成語であり，「牛乳のチーズ」の意。但し，この個所における乳が牛の乳か山羊の乳かは不明。いずれにせよここで言う πῖαρ とは「凝乳チーズ」のことであろう。
130) 注60を見よ。
131) *Il.* 10. 263ff.
132) 馬の毛飾りをつけた兜の例。Cf. *Il.* 6. 494; *Od.* 22. 111.

133) *Il.* 23. 171.
134) 直に乗った例が一つあるが，その者は ἱππεύς とは呼ばれていない。Cf. *Il.* 15. 679ff. また，ソロンの財産評価政治の第2級は騎士級 ἱππεῖς と呼ばれている。このクラスの者は一説によれば馬を飼い得る者と言われている (*AP* 7. 3-4)。このクラスの人々が戦場においてどのように戦ったのかは不明とする他ない。しかし，労務者級から騎士級に昇進した記念としてアクロポリスに寄進された奉納品には，昇進した人物の像の「傍らに1頭の馬がいた」(*AP* 7. 4) とあることより，騎士級に属する人々は2頭立ての戦車に乗って戦ったのではなく，直に馬に乗って戦った，いわゆる騎兵であったと考えられる。もしそうであるとすれば，このことはその時代における馬具および騎馬術の発達と大いに関わりがある。
135) *Il.* 23. 130ff. 戦車を牽く2頭の馬の傍らに代馬が1頭添えられることがあった。Cf. *Il.* 8. 81.
136) 藤縄 1961, 14-25.
137) *Il.* 23. 283-6, 291.
138) Cf. Thgn. 183ff.
139) これについては，本文105頁参照。
140) LSJ Suppl. s.v. μέλι 'Myc. me-ri, me-ri-to (gen.); adj. me-ri-ti-jo'
141) Chadwick 1976, 124.
142) *Il.* 2. 87.
143) *Il.* 12. 167.
144) 13. 106.
145) テラコッタ製の「蜂の巣」が発見されている。詳しくは，Jones, Graham, and Sackett 1973, 397-414, 443-52を見よ。
146) 5巻22章 (553b-554b) と9巻40章 (623b-627b) 参照。
147) *HA* 554a 2.
148) この語はその他にプラトン『国家』564c やテオプラストス『植物誌』6. 2. 3などに現われる。
149) ブーゴニアについては，*Gp.* 15. 2参照。
150) Cf. Richter 1968, 87.
151) *Od.* 10. 519f. (=11. 27f.)
152) *Il.* 11. 630ff.
153) *Od.* 12. 48, 173, 175, 199. Cf. *HA* 627a 6-7.
154) *Od.* 12. 165ff. セイレーンの歌声を聞かせないようにするために蠟で耳を塞いだ。
155) Cf. Richter 1968, 87.

第6章　古典期ギリシアの農業

はじめに

　古典期ギリシアの農業の実態をわれわれに如実に示してくれる史料は必ずしも多くはない。そのような中でわれわれに貴重な知見を与えてくれる唯一の史料はクセノポンの『オイコノミコス』[1]である。この書物は家政全般にわたる指南の書、つまり家政術を論じたものであるが、なかでもわれわれにとって重要なのは第15章から第19章で展開される農業に関するソクラテスと裕福なイスコマコスの対話の部分である。Pomeroyはクセノポンがこの作品をもっぱらアテナイ人の読者のために執筆したことは疑わしいとし、むしろ彼の言葉はアテナイ人や他の人々を含む幅広い国際的な読者層に向けられたのではないかと推定している[2]。なぜなら農業はすべての古代経済の基礎を成しているので、農事は難解な主題ではなかったから。またPomeroyはソクラテスとクリトブーロスおよびイスコマコスの対話の年代を、前者については420—410年頃、後者についてはその少し前に設定している[3]。これらの対話の年代を正確に述べることは必須のことでも可能なことでもないが、それらのテーマは5世紀の最後の四半期に相応しいと言える。

　次に重要な知見を与えてくれるのはテオプラストスの著作、とりわけ『植物誌』[4]と『植物原因論』[5]である。彼は、われわれにとって最も重要な証人の一人であるが、日常の農事から遠く離れたところにあって、もちろん農民ではなく、いわば植物にも造詣の深い哲学者であったと言える。テオプラストスは、「収穫をもたらすのはその年であって、土地ではない」という諺を引用しているが[6]、気候が植物にさまざまな影響を及ぼすこと、とりわけ1年の気象がその年の植物の生長に大きく寄与することを十分に理解していた。そればかりではない。彼は土壌の地力涵養の方法として軽い土と重い土を混ぜ合わせることを勧めている。つまり彼は土壌も気候とともに植物の発芽や成熟に大きな影響

を及ぼすことをよく心得ていた。これらの書物の中心はもちろん植物にあるのだが，その書物の端々においてわれわれは農業の実態に関する言及を少なからず見出すことができるのである。

さらに農業の実態をわれわれに教示してくれるもう一つの史料は公有地賃貸借に関わる碑文である。賃貸者（貸主）と賃借者（借手）との間で取り結ばれた個々の契約の中に土地利用に関するさまざま規定が存在しており，それらの規定内容を吟味することによって，当時行なわれていた農法，農業技術など農業の実態をある程度把握することができるのである。

本章において，まずクセノポン『オイコノミコス』における農業の実態（第1節），次にテオプラストスの著作における栽培種と農業の問題（第2節），さらに碑文に見る農業の実態（第3節）について考察し，最後に古典期ギリシアの農業がいかなるものであったか（結論）を明らかにしたいと思う。

第1節　クセノポン『オイコノミコス』に見る農業

ソクラテスは『オイコノミコス』の中でイスコマコスに「どのように農事を行なうべきか」すなわち「どのようにして私は，望むならば，田畑を耕して最大量のオオムギとコムギを得ることができるか（16章9節）」を尋ねている。ここで明らかに穀物に重点がおかれていることがわかるが[7]，さらにオオムギがコムギより先に言及されている事実はアッティカでオオムギが最も重要だったことを示している[8]。本節ではクセノポンの記述にしたがって，まず穀物栽培，次に果樹栽培について考察する。

1．穀物栽培

休閑耕（16章10節―17章1節）

イスコマコスは問う，「播種のために休閑地を耕さなければならないことを知っているか」と。ソクラテスは「もちろん知っている」と答えたので，休閑耕の話題へと移ってゆく。休閑地の犂返しはいつ行なわれるべきか。冬に行なえば，土壌が泥土と化し，夏に行なえば，土壌が硬い，と述べ，その作業は「春に始めなければならない」と答えている。なぜならば「この時期に犂返されると土は容易にほぐれてボロボロになる」から。また，この時期に掘り返さ

れた雑草は土の肥やしとなり，いまだ種を撒き散らさないので生い茂ることもない，と述べる。良い状態の休閑地とは，除草され，できるだけ日光に晒された土地であり，かような休閑地は「夏にできるだけ頻繁に犂返されること」によって生まれる，と言われている。しかも，この犂返しは「真夏の真昼に」行なうのが最良とのこと。この時期の犂返しの目的は，雑草を地表面に掘り出して炎天下で乾燥させることと土地を裏返しにして日に晒すことであった。

ここで休閑地は νεός と呼ばれている。これはヘシオドスの用語と同じである。さらに，休閑耕の時期もヘシオドスの示す時期と同じである[9]。休閑地は「軛に繋いだ一対の役畜で耕す κινεῖν τῷ ζεύγει」とされている。役畜が牛かラバあるいは馬かは定かではないが，おそらく前の二つのうちのいずれかであろう[10]。用いられた犂が組み立て式のものか続きもの[11]かは不明。ここでヘシオドスが述べていない春と夏の犂返しの効用が述べられている点は重要である。特に，春に掘り返された雑草は土の肥やし，つまり緑肥として役立つことが明示されている[12]。

クセノポンは2回の犂返ししか語っていない。最初の犂返しは休閑地の雑草を緑肥として埋めるのが目的で，それは雑草が種をつける前に，春の最初の雨のときに行なわれる。農民の暦は春季に始まる。そしてそれは休閑地における最初の農事であり，暦で言えば，アンテステーリオーンの16日（3月初め）頃に行なわれた。第2の犂返しは真夏の日中に行なわれる。確かに，クセノポンはここで秋の耕作には言及していないが，これは，いわば周知の慣行であり，したがって敢えて言うまでもないことであった。彼がここで言わんとしたことは，休閑年の耕地（休閑地）は秋の播種のために前もって犂返されねばならないということだったのである。

休閑地のこのシステムは明らかに二圃式輪作の上に成り立っていると言うことができよう[13]。

播種（17章1—11節）

播種の時期は，ゼウスが土地を潤して，種を播くことを許したもう時，すなわち秋[14]が最良である。神によって勧められる前に種を播いた人々は多大な難儀と格闘することになる。播種について，早播きが最良か，あるいは中間か，またあるいは遅播きかが問われている。それは年によって決まっているわけではなく，ある年は早播きが，他の年は中間が，また他の年は遅播きが最良，と

いった具合である。これらの播種の一つを選び出してそれを用いるのがよりよいか，あるいは最も早い時期から始めて最も遅い時期まで播くことがよりよいか。結局，すべての播種に携わるのが最良である，と言われている。

種を播くのに何か巧妙な技術があるのか。手で種を均一に播かねばならない。一方で土地が痩せている，他方で肥沃ならばどうであろうか。双方の土地に均等に種を与えるのか，あるいはいずれかに多く与えるだろうか。痩せた土地に，よりわずかな種を播くべきである。

鍬入れ（スカレウス）（17章12—15節）

何故，鍬入れをするのか。冬にたくさん雨が降って，雨水で泥土が流されて穀物のある部分が土に埋もれてしまうこと，また洪水によって根のあるものがむき出しにされることがある。また雑草はしばしば雨によって穀物とともに生育する，そして穀物を窒息させる。このような状況において，穀物は何らかの助けが必要である。実際，泥で埋もれている穀物を人々は土を軽くすることによって，根をむき出しにされている穀物には，土を再び寄せ掛けることによって救う。もし雑草が穀物と一緒に生育し穀物から養分を奪いとって窒息させるならば，雑草は切り取られなければならない。鍬入れの効用はまさにここにある。

刈り入れ（18章1—3節）

穀物は刈り取られなければならない。いずれに向かって刈るか[15]。風が吹いてくる方（風上：風を背にすること）に立ってか，あるいは逆（風下：風と向かい合うこと）か。逆ではない。というのは，殻や芒の方に向かって刈ることは，目にも手にもよくないから。

刈り方[16]は，穂先だけを刈り取るか，あるいは地面近くで切り取るか。一方で，穀物の茎が短ければ，下方で切り取る，藁がより有用になるように。他方，長ければ，中程で刈り取る，脱穀する人（ハロオーンテス）も箕で籾る人（リクモーンテス）も余分な労苦や不必要なものを背負い込むことがないように。しかし畑に残されたものは焼かれて畑のためになり[17]，肥やしに投入されて肥やしを増やすのに役立つ（20章10節参照）。

脱穀（18章3—8節）

人々は役畜によって脱穀する。牛，ラバ，また馬がすべて等しく牽獣（ヒュポジュギオン）と呼ばれている。脱穀は牽獣に穂束を踏ませることによって行なわれる[18]。脱穀

第 6 章 古典期ギリシアの農業　123

場[19]を平らにするのは，明らかに脱穀する人(エパロースタイ)の仕事である。穂束は脱穀場に広げられる。また，彼らは未脱穀の穂束を上下にひっくり返して牽獣の足下に投げ入れて，できるだけ均等に脱穀するようにする。

　次に人は穂から脱粒した実を箕[20]で簸て，殻やごみを取り除く。脱穀場の風上から始めるならば，殻は脱穀場全体に運ばれ，簸別済みの穀粒の上に降りかかる。殻がその上を飛び越えて脱穀場の空いている所に運ばれることは，困難である。では，箕で簸ることを風下で始めたらどうであろうか。直ちに殻は殻受けに収まるであろう。脱穀場の半分まで簸別したら，簸別済みの穀粒を脱穀場の中心に集積してから，残りを行なう。この簸別の方法は，通常，風選と呼ばれる[21]。

　以上，休閑地および播種地における農作業の実態である。

2．果樹栽培

ブドウ栽培（19章 1 ―12節，18―19節）

　1 節で植樹もまた農業技術に属することがソクラテスとイスコマコスの間で同意された後，果樹栽培の話に移る。2 節から12節までは明らかにブドウ栽培に関わるが，12節までブドウの名は出て来ない。この果樹は 2 節で単に φυτόν（樹木・果樹）の語で呼ばれている。まず，植樹の際にどれくらいの深さに穴を掘るかが，話題となる。2 人は問答の結果，2 プース[22]半より深くは掘られず，1 プース半より浅くは掘られないということを確認する。イスコマコスの「深さが 1 プース以内のものを見たことがあるか」という問いに対して，ソクラテスは「1 プース半以内のものを見たことがない」と答えるが，その理由として「あまりに浅く植えられると，樹木はその周りを掘る際に掘り出されてしまう」と述べている。注目すべきは「樹木の周りを掘る」作業のことがここで触れられている点である。用いられている動詞 σκάπτω はのちに考察する公有地賃貸借碑文にも現われるが，この作業は果樹栽培の作業の中でも重要なものの一つであった[23]。果樹のために，乾燥地と湿地，いずれに深く穴を掘るかという問いに，ソクラテスは乾燥地と答える。

　続いて，若枝の挿し木について論じられる。若枝は未耕作の土地よりも耕作された土地においてより早く発芽する。また挿し木の方法は二通りある，土に垂直に植えるか，Ｌと似た形でやや斜めに植えるか。ソクラテスは後者[24]を選

択している。この方がすぐに根付くから。さらに挿し木の周りに土を盛り，適度に踏み固めることが勧められている。

ブドウの木はその傍らに1本の木があれば，その木に蔓を伸ばしその木を支柱にして生長する。

イチジク栽培（19章12節）

ソクラテスはイチジクの木もこのように植えなければならないのかと尋ねる。イスコマコスはすべての他の果樹も同様であると答える。すなわち，ブドウを植える際に良しと認められることは他の植樹の際にも同様に認められる，と。

オリーブ栽培（19章13—14節）

オリーブ樹用の穴の深さはブドウの場合と比べて比較的深く掘られること[25]，また道沿いに穴を掘ることが勧められている[26]。オリーブの実から野生のオリーブ樹のみが生じる[27]。オリーブは幾通りかの方法で繁殖が可能[28]。幹や吸根，枝から発芽する。ここで言及されている方法は吸根によるもの[29]。すべての切り枝[30]には吸根が含まれているので，発芽するのである。切り枝は土で覆われ，その上に陶片が置かれ，保護される。

以上，簡略ではあるが果樹栽培に関する言及である。

第2節　テオプラストスの著作における栽培種

テオプラストス[31]は人間の食物を二つのグループ，野菜（ラカナ）と穀物（シートス）に分類し，さらにあとのグループを三つの種類，すなわち穀類（シトーデー），豆類（ケドロパ）と夏の作物に分けている。穀類にはコムギ，オオムギ，ティペ，ゼイアが，豆類にはソラマメ，ヒヨコマメなどが，また夏の作物，すなわち夏の播種期に属するものにはキビ，アワ，ゴマなどが属する。播種の時期は，夏の作物以外に二つがある。一つはプレーイアデス（スバル）が日の出前に沈む頃であり，もう一つは冬至の後で春が始まる頃である。早く播くものは，穀類ではコムギ，オオムギ，ティペ，ゼイアおよびオリュラで，豆類ではソラマメとオクロスである。遅く播くものは，穀類では春コムギと3か月で実るといわれる3か月（春）オオムギ，また豆類では，レンズマメ，オソバカラスノエンドウとシロエンドウである。

1．穀物と豆類の特徴

　土壌と気候が植物の発芽や生長に及ぼす影響についてテオプラストスはよく理解していた。土が粗くて軽く，気候が穏やかな場合発芽は早く，土に粘り気があり重い場合発芽は遅く，土が乾燥している場合はさらに遅くなる（8.1.6）。植物の成熟は土地と気候によっても異なる。エジプトではオオムギが6か月で，コムギが7か月で収穫される。だがギリシアの場合，オオムギは7か月目か8か月目であり，コムギの収穫はさらに長い時間を要する（8.2.7）。

　種子は，一般に，カプセルに入っているもの，膜（皮）（ヒュメーン）で包まれているもの，あるものはむき出しになっているものがある。豆類はすべて莢（ロボス）と呼ばれるカプセルに入っているが，莢の形状や仕切りの有無において相違が見られる（8.5.2—4）。穀物の場合は皮の有無に大きな違いがある。すなわち，コムギの種子は多くの皮（キトーン）に包まれているが，オオムギのそれは裸である。このことはプリニウスも認めている[32]。ティペ，オリュラなどそれに類するものも皮（ポリュロボイ）が多い。その中でもとりわけ多いのはオートムギである（8.4.1）[33]。このように τίπη と ὄλυρα は種子が多くの外皮に包まれているという特徴を持つことから，Jardé は τίπη と ὄλυρα に ζειά を加えて，これらをカワムギ（皮麦）のグループに属すと考え，ζειά をスペルトコムギに，ὄλυρα をパンコムギに，また τίπη を1粒コムギに当たると推測した[34]。カワムギの品種群は，実が皮と癒着しているため，揉んでも皮が剥がれない。そのため，脱穀しにくく，種子を裸にするのは困難を要する。これに対してオオムギの種子はむき出しになっていて，ほとんど裸である。そのため実（穎果）（えいか）が皮（内外穎）と癒着せず容易に離れるため，揉むだけで皮が剥けつるつるした実が取り出せる。牛に穂束を踏ませる脱穀法ではコムギやカワムギよりオオムギの方が明らかに脱穀し易かった。したがってギリシアで一番栽培されたのはオオムギである。

　テオプラストスはオオムギを種子の並び方に応じて2条，3条，4条，5条および6条に区別している。最後のものが最も一般に栽培されている。実際に，オオムギには二つのグループ，穂に小花が6条ずつ並んでつく6条オオムギと，穂に小花が2条ずつ並んでつく2条オオムギしかない。テオプラストスはその他に3か月で実る「春オオムギ」や「アキレウス種」について言及している。インド産のオオムギを除いてどんな品種も産地で呼ばれていない（8.4.2）。コムギは古典期にオオムギより品種が多い。コムギの種子は多くの外皮に

包まれている。コムギは播種期によって春コムギと冬コムギに分類される。冬コムギは硬質コムギで，今日地中海地域で栽培されている品種に類似している。「2か月」「3か月」と呼ばれる春コムギは軟質コムギで，文字通り2乃至3か月で実る。その他に，名称が産地に因んで付けられた品種もある。例えば，リビア種，ポントス種，トラキア種，アッシリア種，エジプト種およびシチリア種といったものがそれである。もちろん産地以外のところから命名されたものもある。カンクリュディアス，ストレンギュスやアレクサンドリア種がそれである。これらの種にも形態上の差異が見られる。例えば，茎が細い種(カラモス)もあれば太い種もある。リビア種やカンクリュディアス種は太い。種子にわずかの皮(キトーン)しかない種もあれば，トラキア種のように多くの皮があるものもある（8.4.3）。

　生長に要する期間と種子の重さについても相違がある。2・3か月で実る種もあれば，それより短い日数で成熟する種もある。アイネイア地方の40日で実る種は種子が丈夫で重く，奴隷の食糧となっている。2か月で実る種にはシチリア原産でアカイアに移植された種とエウボイアのカリュストスに生育する種がある。種子の最も軽いものはポントス種のコムギである。ラコニア種も軽い。重いものにシチリア種があり，これよりさらに重いのはボイオティア種である。その証拠にボイオティアの競技者は普段地元では3ヘーミコイニクスしか食べられないが，アテナイに来ると5ヘーミコイニクスを平気で平らげるとのことである。このような相違の原因は土と気候にある（8.4.4—5）。

　穀類の中で土から最も養分を奪うのはコムギで，次がオオムギである。豆類ではヒヨコマメが最も土を疲れさせる（8.7.2）[35]。コムギやオオムギに類似した穀物にはエンマーコムギ，ティペ，オリュラ，オートムギおよびアイギロプスがある。このうち最も土を疲れさせるのはエンマーコムギ，オートムギおよびアイギロプス，最も土の負担にならないのはティペである。夏の作物のうちで最も土を疲れさせるのはゴマである（8.9.1—3）。

2．播種，施肥および休閑地

　適切な播種期に種を播くこと，播種の後に雨が降るのは植物にとって有益である。播種量は播種の時期によって異なる。遅く播く時は密に，早く播く時はまばらに播かねばならない。また播種量は土地の状態に応じて異なる。テオプ

ラストスは，誤って[36]，土地は肥沃であればあるほど，多くの種を受け入れることができると考えている (8.6.1—2)[37]。

　播種前の土地の手入れ。休閑地がよく犂返されていると収穫は増す。施肥も土壌に効果的。肥やしは土を温めかつ軟らかくする効果がある。肥料を与えた土地は与えていない土地より20日も早く作物を実らせる (8.7.7)。

　休閑地の犂返しは春よりも冬の方が有効である (8.6.3)。ヒヨコマメは一般に土地を休ませない，がソラマメは休閑地を最良のものとなす (8.7.2)。つまり，ヒヨコマメは土地を疲れさせるが，ソラマメはかえって土地を肥沃にする。そのためマケドニアやテッサリア地方ではソラマメの花が咲くと土を掘り返す (8.9.1)[38]。ソラマメは40日間時期を分けて開花し，開花後40日間で実ると言われている (8.2.5)。したがって開花時の土の掘り返しは収穫を目的としたものではなく，緑肥のためのものであった[39]。テオプラストスは別の箇所[40]で休閑地に豆を播く際に超早播きの豆を選ぶことを勧めている，夏の休閑地の犂返しの妨げにならないように。超早播きの豆，つまりそれはソラマメである[41]。

　脱穀に関する記述は少ないが，テルモスは脱穀してからすぐに播かなければならないとされている (8.1.3; 11.8)。また，フィリッピ付近ではソラマメも脱穀場で脱穀された (8.8.7)[42]。

3．穀物生産高

　テオプラストスはアテナイではオオムギからどこよりも多量の粗粉(アルピタ)が採れ，そこはオオムギの産地として最も優れていると述べている。またこのようなことがおこるのは非常に多くのオオムギを播いたときではなく，よい気候に恵まれたときであると言う (8.8.2)。アッティカの穀物生産高についてこの記述を証明するかのような一碑文を有している。エレウシスの会計文書に従えば，329年のアッティカの生産高は，総計402,512.5メディムノス。内訳39,112.5M.がコムギ，363,400M.がオオムギ。コムギの生産高はオオムギのそれの1割にも満たない[43]。この年が天候に恵まれた年であったか，豊作の年であったか，あるいは凶作の年[44]であったかは不明とするほかないが，アッティカにおけるオオムギ栽培の優位は否定できない。アッティカはオオムギの中でも特に裸オオムギが発達した地域でパンコムギが早くから存在しながら，オオムギにとっ

てかわることはなかった。アテナイにおいてオオムギが主食であった可能性が高い[45]。

第3節　碑文に見る農業

休閑地を前提とする輪作のタイプは，栽培と休閑の交代であり，通常，二圃式輪作と呼ばれている。この農法はホメーロス[46]以来，ギリシアで一般的に行なわれていたし，このことは上述のクセノポンの記述からも明らかである。この章では，公有地賃貸借関連の碑文史料に目を転じ，当時の農法，農業の実態について考察したいと思う。

1.　二圃式輪作

二圃式輪作が栽培と休閑の交代であるとすれば，その時々に耕地の半分は休ませたことになる。連続耕作は非常に稀で，2年続けて同じ畑にコムギの種を播く農民は貪欲な農民と見なされた。Jardé は碑文に現われる「3度犂返し」は休閑地の存在を前提とするとし，二圃式農業が行なわれた根拠として，公有地賃貸借の賃貸期間が偶数年であったことを挙げる[47]。

二圃式輪作が行なわれていたことを推定させる碑文史料を吟味してみよう。

まず，アモルゴス碑文[48]。エーゲ海アモルゴス島アルケシネー出土。4世紀中葉。

ゼウス・テメニテース神殿領の賃貸契約に関する決議文。*GHI* no. 59の注釈によれば，当該の土地はポリスそれ自体，つまりアルケシネーによって貸し出されたとのこと[49]。賃貸借の責任者は神殿管理係 νεωποῖαι と呼ばれる人々である。残念なことに，当該土地の広さも賃貸期間も碑文残存部分には明記されていない。が，しかし，Kamps はこれを永久賃貸借と見なしている。アルケシネーから遠く離れた現地コロパナへの賃借人誘致策として賃借人に有利な永久賃貸借が実施されたと推定する[50]。

注目さるべきは，7－8行目「土地を耕作するであろう，交互に，また毎年ではなく」の文言である。「交互に」と訳出した単語 ἐναλλάξ は，*SIG*³ 963⁵ によれば，「各年に畑の半分が耕作され，半分が休耕とされること」とある。次に，「毎年」と訳出した単語は6行目から7行目にかけて復元されている [ἀ]-

μφ[ιετε]ί である。SIG³963⁶ は2世紀の文法学者モエリスを引用し，ἀμφίετες は アッティカ方言では κατ' ἐνιαυτόν の意であるとする。GHI no. 59の注釈もこの 解釈を継承し，この復元を認めている⁵¹⁾。したがって，この箇所は明らかに 「輪作」を示している⁵²⁾。さらに，8行目の文言を検討しよう。SIG³963⁷ はこ の箇所後半の Delamarre の復元 το[ὺς] ἁλίους ἀρότους を退け，τρι[πλ]α[σ]ίους ἀρότους と復元している。この復元が何らかの正当性を持つならば，休閑地は 3度犁返されたことになろう⁵³⁾。しかし，この箇所前半で用いられている動詞 ἀρόω は通常「耕す」の意であり，その語の名詞形 ἄροτος は「耕すこと」また 「耕された畑」そのものを意味する。従って，この箇所は Delamarre の復元に 従い，「もし休閑地を耕すならば，耕された土地は不毛化する」という意味に なる。故に，休閑地を耕作した者には罰金が課された。罰金は「各ジュゴンに つき3ドラクマ」であった。SIG³963⁹; LSJ によれば，ζυγόν は土地の広さを 表わすとのことであるが，詳しくは不明。われわれはこれらの箇所から，アモ ルゴス島アルケシネーにおいて，隔年休閑の二圃式輪作が行なわれていたと見 てよいであろう。

　さらに，休閑地の犁返しについては，45—6行目の用語 παρασκάπτω が問題 となる。LSJ では，dig up の訳語が当てられている。GHI no. 59はこの箇所を 'He will dig a trench round the fallow land' と訳出している⁵⁴⁾が，παρασκάπτω がど のような農作業であったかは詳らかではない。この農作業を怠った場合は20ド ラクマの罰金を支払うことになっている。罰金額から見て，些細な農作業では なかったと考えてよいであろう。おそらく，これが休閑地の掘り返し（犁返 し）であったと考えられる。

　GHI no. 59の注釈者は，この賃貸借がアテナイの慣行に強く影響を受けてい たのではないかと推定している。その理由として，350年代にアテナイはアル ケシネーにクレルーコイを派遣していたこと，またホロイを抵当標石として用 いる慣行を採用していたことを挙げる。結局，アルケシネーでアルコンであっ たことが知られるアンドロティオンがこの綿密な農業規定の立案・実施に関与 していたのではないかと考えられる⁵⁵⁾。

　次にわれわれはアテナイにおける同種の碑文史料を吟味することにしよう。
　まず，アイクソネー区の賃貸借碑文⁵⁶⁾。碑文は345/4年に年代付けられる。 賃貸期間40年。ピッレイスと呼ばれる土地が，父子に⁵⁷⁾，152ドラクマの賃貸

料で貸し出されている。賃借人は果樹を植え，彼らが望むように耕作できるが，賃貸期間満了時に「賃借人は引き渡すべし，休耕の土地半分とその土地にある限りの果樹を（14行以下）」と定められている。つまり，賃借人は借地面積の半分を休耕のまま，つまり休閑地として引き渡さなければならなかった。「休耕のまま」と訳出したχερρόςには，注釈が付されており，そこにはSIG^3 963^5, 965_{19}参照とある。前者は先に考察したアモルゴス碑文の注釈5であり，後者は次に考察するペイライエウス区の賃貸借碑文である。

ペイライエウス区の賃貸借碑文[58]。碑文はアルコン名より321/0年[59]に年代付けられる。賃貸期間10年。この区賃貸契約は，先のアイクソネー区のそれのように，区と各私人間で取り結ばれたものではなく，区によって承認されたすべての賃貸借に適用できる一規則であった。したがって，賃借人名ならびに賃貸料などは碑文末尾にまとめて記されていた可能性がある。区は「パラリアとハルミュリスとテーセイオンと他のすべてのテメノス（2－3行目）」および「テスモポリオンとスコイヌースとその他の放牧地（12－13行目）」を貸し出している。おそらく，前者が耕作地，後者が放牧地。15行以下に耕作規定が続く。注目すべきは次の規定。つまり，「一方において，9年間は彼らが望むように，で，10年目に半分を耕作すべし，またそれ以上は不可，次期の賃借者がアンテステーリオーン月の16日目から耕作できるように（17－21行目）」。この規定は，先のアイクソネー区と同様に，賃貸借の最終年度に耕地の半分を休閑地にすることを命じたものと言えよう。クセノポンは農事年度の始まりを春の休閑地の犂返しとする。この碑文の「アンテステーリオーン月の16日目」はまさにこの時期[60]に当たり，春の休閑地の犂返しの作業を指す。次期賃借人のために取っておかれた耕地の半分はまさにその作業のためであった。現賃借人が半分以上を耕作して得た増加収穫分は区のものとなった（21行以下）。

ペイライエウスとアイクソネーの賃貸契約碑文は，賃借人に契約の最後の年に土地の半分を休耕のままにしておくように命じている。それは次期賃借人が次の畑の準備をすることができるようにするためであった。このような規定は二圃式輪作を当然予想させる。等しい二つの区画に分けられた土地，一方は穀物が播かれており，他方は休閑のままにされている。しかし，両区の規定は最後の年を除いてこの二圃式輪作を課してはいない。言い換えれば，賃借人は最終年度以外は土地を彼の望むように利用できたのである[61]。

第6章 古典期ギリシアの農業　131

デュアレイスの賃貸借碑文[62]。デュアレイス（フラトリア）の決議。フラトリアと一私人間で取り結ばれた賃貸契約。碑文はアルコン名より300/299年に年代付けられる。デュアレイスはミュッリヌース区在のサキネーと呼ばれる共有地(コイノン)を同区所属のカンタロスの息子ディオドーロスに貸し出している。賃貸料600ドラクマ。賃貸期間10年。注目すべきは次の一規定，つまり「土地の半分に穀物の種を播くであろう，その者が望むならば，もう半分の休閑地(アルゴス)に豆類を植えるであろう（21行以下）」。この規定は二圃式輪作の通常のタイプ，つまり栽培と休閑の交代とは異なるタイプを示している。それは借地を二分し，一方に穀物を，他方に豆類を栽培するタイプである。但し，半分の土地に豆を播くか否かは賃借人の自由意志に任されている。休閑地に豆を播くことはテオプラストス[63]も知っていた慣行の一つである。彼はもっぱら早播きの豆類を選ぶことを勧めている，夏の休閑地の犁返しの妨げにならないように。「穀物」と訳出した語は σῖτος である。穀物がオオムギかコムギかは不明。「豆類を植える」と訳出した語は ὀσπρεύω であり，この語は LSJ では，plant with ὄσπρια と訳出されている[64]。ὄσπρια は ὄσπριον の複数形で，豆類の総称である。テオプラストスの用語は χεδροπά である。この語は LSJ では，leguminous fruits, pulse と訳出されている。いずれにせよ，「豆類」，「豆のなる植物」を指すが，それが何の豆であったかは分からない。テオプラストスが指摘しているように，「早播きの豆」ということであれば，ソラマメの可能性がある[65]。

ラムヌースの賃貸借碑文[66]。碑文はアルコン名より339/8年に年代付けられる。ラムヌース区民がヘルモス在の某女神のテメノスを貸し出した旨を記した碑文。賃貸期間10年。1979年にこの碑文の別ヴァージョンの断片が Petrakos によって発見されていた。そこで，この碑文（以下，Aとする）に関しては新発見の断片（以下，B）を交えて考察する必要がある。

Aの構成は次の通り，つまり

1．頭書（1－2行）
2．貸主と財産の定義（3－7行）
3．土地の耕作規定（7－10行）
4．賃貸期間（10－13行）
5．賃貸料の支払い（13－15行）
6．ブドウ，イチジクその他の果樹の木の根元の掘り返しなど（15－19行）

7．ブドウの支柱（19―20行）
8．建築物？（21―22行）
9．立ち退きの際の財産の状態（22行以下）

Jamesonの論考[67]に基づいて，AとBの異同を調べてみよう。AとBとの間で大きく異なる点は1と2の後半部分である。6の規定についてはBがAより8文字多い。これは2で示された財産の性質の違いによる。つまりBにはテメノスに加えてケーポスの語が読み取れる。その他3から9まで双方のテキストは同内容。但し，Bでは4に関して賃貸期間とその開始年の記載の順序がAと逆で，微妙にフレーズが異なっている。Aの4―5行目の [τὸ τέμε]νος τὸ τῆ[ς θ]εοῦ τὸ ἐν Ἕρμει の後に，その財産を同定するための前賃借人と北側の隣人の記載が続く（5―7行目）。しかしBの4―5行目は τὸ τέμε]νος τ[⋯⋯⋯|⋯⋯⋯⋯⋯⋯] τὸγ κῆπον と読め，その後に財産を同定するための文言は省略されている。JamesonはAのテメノスを所有する女神はネメシスあるいはテミス，Bのテメノスを所有する神格は半神アリストマコスではないかと推定し，同じ貸主が同じ年に異なる二つのテメノスの賃貸借を準備したのではないかと，結論付けた。二つの異なるテメノスの賃借人たちに同一の詳細な耕作規定マニュアルを用いていることは，これがこの時期におけるラムヌースの賃貸借のスタンダードな形態だったことを示している。賃借人名と彼らが支払う賃貸料は碑文の現存部分に現われない。おそらくそれらは碑文の末尾に付け加えられていた[68]。

以上のことを確認した上で，A3の耕作規定を吟味することにしよう。碑文は次のように読める。「で，賃借人はその土地を耕作するであろう，その土地を交互に耕して。で，半分ずつをコムギとオオムギに，で，半分のうちの一方の休閑地を豆類に，他方のもう一方の土地を休耕のままに，何も播かず（7―11行）」。7―8行目の「賃借人はその土地を耕作するであろう，その土地を交互に耕して」の一句は，先に考察したアモルゴス碑文7―8行目の「土地を耕作するであろう，交互に，また毎年ではなく」を想起させる。しかも，両碑文において同じ単語，ἐναλλάξ「交互に」が用いられている[69]。このことは，この賃貸契約においてアモルゴス碑文と同じ耕作システムが実施されたことを示している。さらにまた，先に考察したデュアレイスの賃貸借碑文21行目以下の「土地の半分に穀物の種を播くであろう，その者が望むならば，もう半分の休

第6章　古典期ギリシアの農業　133

閑地に豆類を植えるであろう」は，この碑文において「[で，半分ずつを]コムギとオオムギに，で，半[分のうちの][一方の]休閑地を豆類に，他方のもう一方の土地を[休耕のままに]，何も播かず」に置き換えられている。両碑文中に用いられている「半分」という語は，前者では単数形で，後者では複数形である。この複数形の用法を文法的に the plural being of indefinite distribution であると見れば，半分ずつ[70]をコムギとオオムギのために用い，そして残る休閑地の半分の一方は豆類を栽培し，他方は休耕のままにするということを示している。[休耕のままに]と訳出した単語 χερρός はアイクソネー区賃貸借碑文16行目からの類推に基づく補いである。つまり，二圃式輪作の二つのタイプ，(a) 穀物と豆類の交互および (b) 穀物と休閑の交互の二つが存在した。おそらく，賃借人たちはこの二つのいずれかを選択したであろう。また，栽培される穀物がオオムギ乃至コムギであることが8—9行目より明らかとなる。さらに，豆類の用語は ὄσπριον であるが，それは収穫を目的としたものであったのか，緑肥[71]として利用するためのものだったのかは不明。結局，ἐναλλάξ が示すように，各半分は2年に1回だけ穀物栽培のために利用された。

　アポロン・リュケイオスのテメノスに関する賃貸借碑文[72]。4世紀中葉。石碑左側にかなりの欠損が見られる。スニオン近郊[73]のアポロン・リュケイオス神域のケーポスとテメノスの利用に関する規定。残存部分に κῆπος の語とともに κηπουρέω, practise gardening の語が，また菜園に関係があるのか ῥάφανος の語が読み取れる（8および17—18行目）。二圃式輪作の関連で重要なのは，次の一文。「[賃借人がテメノス]から立ち退くとき，[一方において]ケーポスの半[分に植樹すべし，]‥‥‥‥‥またキャベツに，[他方で半分を休閑地として彼は残しておくであろう]（14—19行目）」。ケーポスの半分がキャベツ栽培に利用されたことは推定できるが，[他方で半分を休閑地として彼は残しておくであろう]の部分は，2492番16行目の χερρόν にしたがって補填されたにすぎない。ケーポスにおける二圃式輪作の例はこれ以外には見当たらず，故に，この補填の正当性には疑問が残る。

　以上の考察よりわれわれは，原則として二圃式輪作が行なわれていたということ，さらに二圃式輪作には二つのタイプが存在したことを知る。しかしながら，われわれはどこにも三圃式輪作を見出さない[74]。二圃式輪作のタイプがいずれであろうと，2年のうち栽培の1年があるに過ぎない。したがって，耕作

可能なあるいは作付け面積の計算には栽培と休閑のローテーションを考慮に入れなければならない。つまり，播種地を算出するためには作付け面積を2で割る必要がある。

休閑地は何回犂返すべきか。テオプラストスは3回の犂返しを記しているように思われる[75]。すなわち，最初の播種期[76]の後[77]，まず春に，雑草を根絶するため，次に夏に，最後に播種の直前に。クセノポンは春と真夏の2回の犂返ししか語っていないが，彼が秋の犂返しを勧めなかったとは思えないので[78]，ホメーロス以来，むしろ3回の犂返しが普及していたのではないかと推定される。

2．施肥

碑文史料において施肥に関してわれわれに貴重な知見を与えてくれるのはアモルゴス碑文である。その中に施肥と肥やしの量に関するユニークな規定がある。すなわち，「賃借人は肥やしを撒くであろう，毎年150メトレーティスの量を，1メディムノス4ヘーミエクトン入る籠で量って（20—22行目）」。この義務を怠った場合は罰金が課された。「各籠につき3オボロス（23行目）」。さらに，賃借人は契約に従って肥やしを施したことを神殿管理役の面前で宣誓しなければならなかった（24—25行目）。また，賃借人は立ち退きの際に肥やしをあとに残しておかねばならなかった。つまり，「農夫が立ち退くとき，肥やし150の量を後に残すべし，また量るべし，神殿管理役の面前で，1メディムノス4ヘーミエクトン入る籠で（40—43行）」。もしそれを怠った場合は「各籠につき1ドラクマ（44行）」を支払わねばならなかった。肥やしの量に関する具体的な情報を有する史料は他に見出すことはできないが，立ち退きの際に貸し出された土地から肥やしを移すことを禁じた規定は他の賃貸借碑文にも見ることができる[79]。

このような厳格な規定の存在自体は貸し出された土地における施肥の重要性を物語る。堆肥の運搬の手間を省く自然施肥は，2世紀に顕著であると言われている[80]が，古典期にはその方法は勧められていなかったように思われる[81]。

肥やしの量に関する具体的な情報はわれわれにとって大変貴重な知見であるが，この碑文中に貸し出された土地の総面積に関する情報がないことはすこぶる残念と言わざるを得ない。もしそれがあれば，土地の広さに対する施肥率を

判断することができたからである。量について考えると、1ヘーミエクトンは12分の1メディムノスであるから、4ヘーミエクトンは3分の1メディムノスである。1と3分の1メディムノスの容量の籠で150杯分の量は200メディムノスである。この量は、Jardé によれば[82]、10.5㎥ = 6,825kg。さらに彼は比較の対象に Mathieu de Dombasle の数字を選んでいる。つまり、ヘクタールあたり軽い砂地では14,000—15,500kg、粘土質の土地では、21,000—28,000 kg。Jardé はアモルゴスの土地は、一般にキュクラデス諸島の土地のように、粘土質の土地には数えられなかったとし、Dombasle の数字の最低量、すなわち14,000kgがこの碑文の土地に適用されるとする。アモルゴスの土地の場合、2年間で（6,825kg × 2 =）13,650 kg であるから、施肥された土地の広さは97.5アールということになる。肥やしは休閑地に撒かれ、ゼウス・テメニテースの貸し出された土地は、デュアレイスの土地のように、二つの輪作地に分割されていたので、その総面積は195アールになる。Jardé も認めているように、この数字は単なる仮説に過ぎないが、施肥率を考える際のある程度の目安になるのではないかと思われる。

3．間作[83]

　碑文史料を通して間作の事実を確認できるのはアイクソネー区の賃貸借碑文である。この碑文後半のエテオクレースの動議において、区が貸し出した土地にあるオリーブ樹を伐採して売却することを賃借人が同意したので売却のための係りの選出が行なわれている。賃借人には売却の見返りとして、売却して得た金を年利12％で貸し付けた利子の半分を賃貸料から差し引くことが記されている（31—38行）。購入者はオリーブ樹を切り倒すことになるが、切り倒す時期が碑文中で指定されている。すなわち、「購入者はオリーブ樹を切り倒すべし、アンティアスがアルキアスの次のアルコンの年に果実を収穫した後で、耕作の前に（41—43行）」。売却に同意した賃借人は、アウトクレースとアウテアス父子であるが、彼らの賃貸借の開始年は穀物についてはエウブーロスがアルコンの年（345/4年）、果樹についてはエウブーロスの次のアルコンの年（344/3年）であった（18—20行）。賃貸借の開始の年が穀物と果樹とでは1年ずれていたのである。購入者がオリーブ樹を切り倒すのは、「アンティアスがアルキアスの次のアルコンの年に果実を収穫した後で、耕作の前に」と指定されてい

る。アンティアスは前賃借人であり，アルキアスはエウブーロスの前年（346/5年）のアルコンであった。現賃借人の賃貸借は穀物についてはエウブーロスがアルコンの年（345/4年）から始まっており，前賃借人の賃貸借は果樹についてはエウブーロスのアルコンの年まで継続していた。したがって，オリーブ樹を切り倒す時期は前賃借人がオリーブの収穫を終えた後で，現賃借人が耕作をする前に指定されていた。オリーブの収穫は10月に始まる農事であり，耕作は10月末から11月中旬にかけての仕事である。とすれば，オリーブ樹の切り倒しはまさにこの間に行なわれた。これは明らかにオリーブ樹が耕作地に植えられていたことを示す[84]。さらに，掌大の「切り株」[85]をスペースの中に残しておくように命じている（43—44行）。「スペースの中に」と訳出した単語はπεριχύ-τρισμαであり，LSJではspace round an olive-tree marked by potsherdsの訳語が当てられている。SIG^3 966[16]において，Boeckhはオリーブが植えられていた穴が大地に挿された陶片の輪によって残余の畑と区分されていたと推測している[86]。このようにしておくとオリーブの樹間に穀物の播種がしやすかったのではないかと思われる。Behrendは「アイクソネー区はブドウ栽培人を最後の5年間に連れて来るように（17—18行）」の規定から，ブドウ栽培人の派遣はブドウとオリーブとの混合栽培のためではないかと推測するが[87]，定かではない。むしろ，賃借人のブドウ栽培を監督するためであったと見る方が良さそうである[88]。

耕作地における植樹が，アイクソネー区のケースから明らかになったわけであるが，さらに，テオプラストスはブドウの樹間にオオムギが播かれていたことを伝えている[89]。ブドウあるいはオリーブの樹列間のスペースは一般にμε-τόρχιονと呼ばれ[90]，その空間に穀物を播くことができたのである。では，樹列間のスペースはどの程度であったか，それが問題となる。コルメッラによれば，オリーブは穀物畑での間作が可能で[91]，穀物に適した土地での樹列間のスペースは縦横それぞれ60ペース，40ペースの間隔を置くことを勧めている[92]。ペースはギリシア語のプースに当たり，足の長さで29.6cmに相当するので，60ペース，40ペースはそれぞれおよそ18m，12mとなる。この間隔で植樹した場合のヘクタール当りの本数は40本程度ということになる[93]。オリーブの樹間に穀物が播かれた場合，オリーブの樹列間のスペースに肥やしが施された[94]。コルメッラは穀物に適していない痩せた土地での樹間を25ペースとする[95]。こ

の場合，ヘクタール当り80本の植え付けが可能となるが，もちろん，これはオリーブ栽培のみである。オリーブのみを栽培した場合と穀物畑での間作の場合を比べてみると，後者の本数はヘクタール当り前者の本数の半分程度に留まることが分かる。

　ヘラクレイア碑文において，賃借人はスコイノス（約10分の1ヘクタール）当り最低4本のオリーブを植え付けることが義務付けられている[96]。ここでは，具体的な樹列の間隔については言及されていないが，スコイノス当たり最低4本と記されているので，ヘクタール当たりの本数は最低40本ということになろう。この本数は先のコルメッラの数値から引き出された穀物畑での間作の場合の本数と図らずも一致する。われわれはこの本数から見てここに間作の可能性を推定してもよいであろう[97]。では，間作された穀物はコムギかオオムギか。コルメッラの記述においてこの点は明確にされていない。ヘラクレイア碑文において賃貸料はオオムギで支払われることになっているので[98]，樹間にはオオムギが播かれたのではないかと推定される[99]。

　Jardé はオリーブの樹間に穀物を播いていた事例として先に考察したアイクソネー区の場合を挙げているが，そこではチュニジアの例を傍証として引用している。それによれば，「チュニジアでは植樹の最初の5年間，オリーブ樹列間にオオムギ，ソラマメまた非常に稀にコムギを栽培する。6年目から間作をやめて，土地をオリーブ畑専用に保つ」[100]と。ヘラクレイア碑文において，オリーブの植え付けに加えて，賃借人はブドウを10スコイノス（約1ヘクタール強）以上の広さに植樹することを義務付けられている[101]。オリーブとブドウは生長に時間がかかり，すぐに収穫をもたらすものではなかった。ヘラクレイア碑文における5年間の賃貸料軽減措置はそのようなことを考慮に入れてのことであったろう。ブドウがある程度の収穫をもたらすようになるには5年の歳月が必要だったのではなかろうか[102]。オリーブ栽培に至ってはさらにそれ以上の歳月を要した[103]。したがって，少なくともこの期間の間作は当然考えられる[104]。アイクソネー区の場合もオリーブ樹が切り倒されてしまったことを考慮に入れると，当該の畑で当然穀物が栽培されたと見なければならない。

4．果樹栽培における農作業

　果樹栽培における農作業について言及しているいくつかの碑文史料を取り上

げて見よう。

　アモルゴスの賃貸借碑文27行以下で，賃借人は植樹のために穴を掘ることが義務付けられている。すなわち，「彼は穴を掘るであろう，エイラピオーンの月に，4プースと3プースの穴を，また樹木(ピュタ)[105]を彼は植えるであろう，神殿管理役立会の下で，ブドウの木20本，神殿管理役が命じている間隔を空けて，イチジクの木10本，毎年」。この規定の直前（26―27行）に，切り取られた（あるいは引き抜かれた)(エクコプトメナス)[106]ブドウの木々を神殿管理役が売却する旨を記しているので，この規定における植樹はそれを補うためのものであったと考えられる。賃借人は，まず，ブドウとイチジクの苗木を植えるための穴をそれぞれ4プースと3プースの深さに掘らねばならなかった[107]。植樹は毎年神殿管理役立会の下で行なわれる。ブドウの木は神殿管理役が命じている間隔を空けて20本，イチジクの木は10本植えられる。神殿管理役が命じているブドウの樹列間のスペースがどの程度であったかは明示されていない。しかしながら，これは間作のためではないかと推定される[108]。エイラピオーンの月はアモルゴスの第6月に当たるので，ブドウとイチジクの植樹は11―12月に行なわれた。規定に反して果樹を植えなければ罰金が課される。賃借人は「各々につき1ドラクマ」を支払わなければならなかった（34―35行）。

　また，同碑文の規定によれば，「賃借人はブドウの木を2度掘り返すであろう ἀμπέλους δ[ὲ｜σκ]άψει，最初にアンテステーリオーン月に，2度目の掘り返しをタウレイオーン月の20日目以前に，イチジクの木を1度（8―11行目)」。この農作業はブドウの木の根元を掘り返す作業で σκάπτω という語が用いられている。2度掘り返すことになっているが，その時期は1度目がアンテステーリオーン月，2度目がタウレイオーン月の20日目以前と指定されている。アモルゴスの月名でアンテステーリオーン月は第8番目の，タウレイオーン月は第10番目の月に当たるので，前者は1―2月，後者は4月上旬ということになろう。これに対してイチジクの木の根元の掘り返しは1度だけ行なわれたが，その時期は明示されていない。この農作業を怠った場合には罰金が課された。つまり，賃借人は「ブドウおよびイチジクの木それぞれにつき1オボロスを（11―13行目)」支払わねばならなかった。

　同様の規定はデュアレイスの賃貸借碑文ならびにラムヌースの賃貸借碑文の中に見出すことができる。前者の規定では，「賃借人にブドウの木を2度掘り

第6章 古典期ギリシアの農業　139

返すこと σκάψει τὰς ἀμπέλους δὶς（20—21行目）」が命じられている。ここで用いられている「掘り返す」という動詞はアモルゴス碑文の用語と同じ σκάπτω である。後者の規定は次のように読むことができる。つまり，「毎年2度，また最初の年に土地に盛土を造るであろう，イチジクの木を掘り返すであろう，また別の果樹も同様に（15—18行目）」。「盛土を」と訳出した語 κορθίλας は IG II^2 2493_{16} の注釈によれば，知られていない単語で，κόρθυς ＝ σωρός と同じ意味であると考えられている。「イチジクの木を掘り返すであろう」と訳出した原文は [τὰς συκᾶ]ς περιορύξ[ει] であり，「イチジクの木」の復元は次に考察するヘラクレイア碑文からの類推による[109]。農作業としてはイチジクの木の周りを掘り返す作業であろう。この作業が動詞 σκάπτω で示されている作業と同じであるかどうかは不明とする他ない。掘り返しの作業はイチジク以外の別の果樹も同様に行なわれたようである。「毎年2度」は復元ではないので，掘り返しの回数を言っているものと思われる。

　次にヘラクレイア碑文。ディオニソス神殿領第4区画は他の三つの区画と同様の取り決め（168行以下）に従って耕作されるが，この区画には他の区画と違って24スコイノスのブドウ畑が存在していた[110]。さらにこの区画の賃借人に「オリーブの木やイチジクの木およびこの区画に現存するすべての果樹の根元を掘り返し，盛土を造って，しかるべく剪定すること περισκαψεῖ καὶ ποτισκαψεῖ καὶ περικοψεῖ（I 173）」が命じられている。「この区画に現存するすべての果樹」には当然ブドウの木も含まれる。「イチジクの木」の用語 συκία（＝συκέα）は συκῆ のドーリス方言である。περισκαψεῖ, ποτισκαψεῖ, περικοψεῖ もドーリス方言の直説法能動相未来形3人称単数である。通常の形は，περισκάψει, προσσκάψει, περικόψει となり，意味はそれぞれ，「周りを掘り返す」，「周りを掘ることによって土地を盛り上げる（＝盛土を造る）」，「周りを切る（＝剪定する）」となる[111]。προσσκάψει がそのような農作業を示しているとすれば，先に考察したラムヌースの賃貸借碑文中の「盛土を造る」はこれと同様の農作業を表わしているのかもしれない。

　ブドウの木の剪定と掘り返しについてわれわれに貴重な知見を与えてくれるのは，やはりヘシオドスである[112]。ヘシオドスにおいて剪定を示す語は περιτάμνω ＝ περιτέμνω であり，根元の掘り返しを表す語は σκάφος である。剪定と根元の掘り返しは同時期の仕事で，春到来の直前に行なわれた。アモルゴス碑

文ではブドウの木を2度掘り返すことになっているが、その時期は1度目が1ー2月、2度目が4月上旬以前であった。この時期はヘシオドスが勧めている時期とほぼ符合する。

アモルゴス碑文およびデュアレイスの賃貸借碑文中のσκάπτω、ヘラクレイア碑文のπερισκάπτω およびヘシオドスの用語σκάφοςは、おそらく、同一の農作業を示していると思われる。また、ヘラクレイア碑文のπερικόπτω はヘシオドスの用語περιτάμνω ＝ περιτέμνω と同義と見て差し支えなかろう。

結論

ホメーロスから古典期に至るまで、農法および農業技術に本質的な大きな変化はなかったと考えられる。古代エジプトのムギ作技術体系[113]と非常によく似通った[114]農耕技術体系は、ギリシアにおいてホメーロス乃至ヘシオドスの時代までに達成されていた。古代地中海沿岸地域では、夏の暑さのため春作物の栽培が困難なので、古来、冬栽培と休閑を一年毎に交互に行なう二圃式輪作が広く行なわれていたのである。ギリシア世界でもホメーロス以来休閑地を前提とする二圃式輪作が行なわれていた。通常、耕地は二分され、栽培と休閑が交互に行なわれた。栽培地では冬作物のムギが栽培されていた。プレーイアデスが日の出前に沈む10月末から11月中旬が、まさに播種期で、プレーイアデスが日の出前にはじめて昇る頃が（5月11日）、刈り入れ（収穫）の季節である。ギリシアの場合、播種から収穫までの期間は7・8か月であった。春作物の播種期は、冬作物が青々と芽を出している頃に当たり、したがって、同一圃場で1年のうちに2回作物を栽培することは事実上不可能であった[115]。テオプラストスが体系的な作物輪作 crop rotations をどこにも記していないのは[116]そのためである。栽培地での農作業の様子もホメーロス以来ほとんど変わりがなかった。耕耘には組み立て式の犂が用いられ、犂の轅が一対の牛やラバの軛に繋がれた。収穫期にはδρέπανον と呼ばれる三日月形の刈り鎌が用いられ、脱穀は脱穀場で牛やラバによって行なわれた。

では、ホメーロスから古典期に至るまでの間に農法および農業技術上に進歩あるいは改良の跡は見られないのか。まず、二圃式輪作における休閑地の利用形態について考えてみよう。休閑地は収穫後次の播種までの間（17か月間）に3度犂返された。おそらく、この犂返しの回数に変化はなかったであろう。休

第 6 章 古典期ギリシアの農業　141

閑地の犂返しは一般に除草と保水のためだと言われている。土地の表層近くを浅く耕して土中の毛細管現象を断ち，地表面からの水分の蒸発を防ぐのである[117]。犂返しによる土壌の粉砕は犂返されない土壌の 2 倍ほどの保水効果がある[118]と言われている。地中に蓄えられた水分が，秋に播種されたムギの発芽を促すのである。これがおそらくホメーロス以来行なわれていた休閑地利用の実態である。ところが，古典期になるとこれとは異なるもう一つのタイプが現われる。それは緑肥と関連がある。周知のように，緑肥とは草などを青いまま土に鋤き込んで栽培植物の肥料とするものである。休閑地に繁茂する雑草を土に鋤き込んで肥料としたり，休閑地に豆類[119]を栽培し，花が咲くと土を掘り返したりする方法がクセノポンやテオプラストスによって伝えられている。この二つのタイプの休閑地を Jardé は「死せる休閑地」と「緑の休閑地」と呼ぶ[120]。Richter は，緑肥についてホメーロスに言及がないので，それはアルカイック期まで知られていなかったのではないかと考えている[121]。もしそれが正しければ，休閑地における緑肥の利用はアルカイック期以降ということになろう。

　次に，施肥について考えてみよう。ホメーロス以来，家畜の糞尿が用いられていた[122]。古典期にも基本的には同様であったと思われるが，テオプラストスは人糞を含むあらゆる種類の動物の糞尿をその効果とともに列挙している[123]。肥やしはすべての作物に有益とは限らず，またどんな木にも一様に適合するわけではなく，樹木によって肥やしを使い分ける必要があった[124]。事実，アリストテレスとテオプラストスはアーモンドの木の根に豚の糞尿を掛けると，実が大きくかつ甘くなることを知っていた[125]。さらに，古典期には緑肥とともに焼畑の技法が知られていた[126]。自然施肥は公有地賃貸借では禁止されているが，一般農民が休閑地に自己の家畜を放つことは，収穫後畑に残されていた茎を食ませるために，あるいは雑草を食ませる目的[127]で，一般に行なわれたのではなかろうか。

　最後に，農具について考えてみよう。ホメーロスの記述[128]は農耕牧畜における鉄器の使用を想起させる。ヘシオドスにおいて刈り鎌は ἅρπη と呼ばれているが，奴隷に刈り鎌研ぎを命じる際，鉄 σίδηρος を研げと述べられていることから[129]，この道具が鉄製であることが分かる。ホメーロス以来，鉄製農具が用いられたと考える場合，唯一の問題は犂に取り付けられる鉄製の刃（ヒュニス）の使用

142　第2部　農事と暦

がいつ始まったかということである。「組み立て式の犂」はヘシオドスの記述を基に復元されているが[130]、のちの時代のものと酷似しており、改良されたようには思えない。但し、ヘシオドスの犂はすべて木製である。Athanasakkisは上述の鉄を「犂刃」と解釈している[131]。がしかし、刈り入れ（収穫）の季節に研ぐように命じられた農具は、犂刃ではなく、刈り鎌だったはずである。ὖνιςの語はホメーロスにもヘシオドスにも現われない。したがって、この時代に犂に鉄製の刃が装着されていたかどうかは不明とするほかない。530年頃のアッティカ黒絵キュリックスに犂刃を固定するための掛け紐のようなものが描かれている[132]ので、遅くともこの頃には犂に鉄製の刃が装着されたものと思われる。もう一つの問題は、脱穀用の橇（a threshing-sledge: tribulum）の使用についてである。脱粒はホメーロス以来、牽獣に踏ませることによって行なわれていた。4世紀に脱穀用の橇の使用を認める者がなくはないが[133]、Skydsgaardはこれを疑問視する[134]。碑文に現われるὀκίστιαを橇と見なす者がいるにはいるが[135]、この種の道具がホメーロスにもクセノポンにもまったく触れられていないことは、やはり気になるところである。

　ホメーロスから古典期にかけて、農法・農業技術の進歩・改良がまったくなかった訳ではないが、農耕技術の体系そのものはむしろ幼稚で、その下で行なわれるギリシア農業は集約的というよりもむしろ粗放的であったと言えよう。二圃式輪作が一般的に行なわれたとする説に対して、Garnseyは古典期のアッティカでは小規模ながら集約的な混合農業が標準的であったとする[136]。がしかし、ギリシア農業は古典期になっても決して集約的なものとはならず、農業技術の進歩・改良も農業生産力を爆発的に向上させることはなかった。

注

1) テクストはChantraine 1971およびLoeb (Marchant 1979) 版を、さらに注釈書としてPomeroy 1995を用いる。
2) Pomeroy 1995, 9.
3) Ibid, 19. 以下、年代は紀元前。
4) テクストはLoeb (Hort 1916) 版を用いる。邦語訳としてテオフラストス（大槻真一郎・月川和雄訳）『植物誌』（八坂書房、1988）がある。以下、HPと略記。
5) テクストはLoeb (Einarson and Link 1990) 版を用いる。以下、CPと略記。

第6章　古典期ギリシアの農業　143

6) *HP* 8.7.6; *CP* 3.23.4.
7) Hopper 1979, 156.
8) Pomeroy 1995, 324.
9) *Op.* 463-4.
10) ホメーロスでは休閑地の犂返しに牛，ラバが用いられた。Cf. *Il.* 10.353; 13.703; *Od.* 8.124; 13.32.
11) 犂には2タイプがあった。続きものは一木造りのもの。Cf. *Op.* 432-3. なお，ホメーロスでは通常組み立て式のものが用いられた（*Il.* 10.353; 13.703; *Od.* 13.32）。
12) クセノポン16章12節，17章10節および*CP* 3.20.8参照。
13) Chantraine 1971,118. 二圃式輪作はフランス語で，L'assolement biennal，ドイツ語で，Die Zweifelderwirtschaft また英語で The biennial fallow と呼ばれる。
14) プレーイアデスが日の出前に沈む10月末から11月中旬にかけて，まさに，播種の時期である。Cf. *Op.* 384.
15) ホメーロスでは両端から中央に向かって刈り取っている。Cf. *Il.* 11.67f. なお，アキレウスの楯には穂の刈り取り，束ねおよび落穂拾いの様子が描かれている。穂の刈り取りに鉄製の「鎌」δρεπάνη が使われた。Cf. *Il.* 18.550ff.
16) ヘシオドスによれば，冬至の頃に播いた人のムギの生育は遅く座ったままで刈り取ることになり，茎が短いために双方に穂があるように束ねることになるという。Cf. *Op.* 479ff.
17) いわゆる焼畑である。
18) ホメーロスにおいて同様の方法でオオムギの脱穀が行なわれている。詳しくは，本書60-63頁参照。
19) 脱穀場の形状と立地についてヘシオドスの次の記述は重要である。すなわち「風通しのよい所で，きれいに丸く作られた脱穀場で εὐτροχάλῳ ἐν ἁλωῇ（*Op.* 599, 806）」。この記述より脱穀場の形は円形であるということ，また風通しのよいことが脱穀場にとって必須の条件だったことが分かる。パイニッポスの所領には二つの脱穀場があった。Cf. [Dem.] 42.6. さらに，脱穀（場）の詳細な説明については *Gp.* 2.26を見よ。Cf. Chantraine 1971, 119.
20) 箕の形状はオールの形に似ていた。Cf. *Od.* 11.128. おそらく，柄の長いスコップ状のもの。本書48頁の図参照。
21) ホメーロスでは同様の方法で穀粒と殻の篩別が行なわれた。詳しくは，本書63頁参照。古代エジプトの同様の事例については，中尾1966, 161-5 を見よ。
22) 1プースは約30cm。
23) この作業は δίκελλα と呼ばれる鍬を用いて年に2度行なわれた。本文138頁以下参照。
24) *Gp.* 5.9.6もこの方法を勧めている。これに対して，Col. *RR* 4.4.1は垂直に植える方を選んでいる。
25) *Gp.* 9.6.4によれば，穴の深さは3ペーキュスあるいは2.5ペーキュス以上とされる。ペーキュスは中指の先から肘までの長さを言う，つまり44.4cm。
26) 砂塵が果実に降りかかると，実が早く熟すと言われている。それ故，人々の往来によって砂塵が生じやすい道沿いにオリーブは植えられた。Cf. *Gp.* 3.11.1-2.
27) Cf. *HP* 2.2.5. ブドウの場合も同様である（*HP* 2.2.4）。したがってブドウの繁殖も播種からではなく，若枝の挿し木によって行なわれた（本文123頁以下参照）。
28) Cf. *HP* 2.1.4. ホメーロスにおけるオリーブ栽培については，本書74-75頁参照。
29) この方法については Amouretti 1992, 80f. を見よ。Cf. *Gp.* 9.11.8-9. この語は Lys. 7.19 に現われる。したがって，ここでオイケタイが伐ったオリーブ樹の木株は繁殖可能な吸根を含む幹ないし株であったと考えられる。
30) この語が Dem. 53.15において列で植えられたオリーブの樹木に用いられている。おそ

31) *HP* 8. 1. 1-4. 以下，本章中において *HP* からの引用はアラビア数字のみで示す。
32) Cf. Plin. *HN* 18. 61.
33) *CP* 4. 6. 3 ではオートムギとゼイアにポリュキトーンの語が用いられている。
34) Jardé 1925, 5ff. 但し，ζειά をスペルトコムギに比定するのは誤り。エンマーコムギ Triticum dicoccum が正しい。Loeb 版の解釈を見よ。
35) Cf. *CP* 4. 8. 3.
36) Jardé 1925, 33.
37) クセノポンも同様のことを述べている（17章11節）。
38) Cf. Plin. *HN* 18. 120.
39) Cf. Jardé 1925, 86 n. 3, 89.
40) *CP* 3. 20. 7.
41) Cf. Plin. ibid.
42) 脱穀場での豆類の脱穀については *Il*.13.588ff. を見よ。詳しくは，本書61頁以下参照。
43) Jardé 1925, 48. アッティカにおける穀物生産高については，次章参照。
44) Garnsey 1988, 101,103は不作の年だったと見なす。Jardé 1925, 47は不明とする。
45) この点については，次章参照。
46) ホメーロスの時代の農業に関しては，Richter 1968を参照。同氏はホメーロスの時代に二圃式輪作が行なわれていたことを認めている（100ff.）。これについては，本書48-50頁参照。
47) Jardé 1925, 81ff. 唯一の例外はヘラクレイア碑文のアテナ・ポリアス神殿領の5年である。Ibid, 83は5年のもつ意味について説明していないが，5年はブドウ栽培に要する年月ではないかと推定したい。ディオニソス神殿領における地代軽減の期間がやはり最初の5年間となっているのも，同じ理由による。両神殿領においてブドウ栽培は確かに重視されていた。ヘラクレイア碑文については，伊藤 1999，第3部第7章参照。以下，テクストは *IJG* no. 12, 193-234を用いる。
48) *SIG*³ 963.
49) *GHI* 284.
50) Kamps 1938, 90f.
51) *GHI* 286.
52) Kamps 1938, 90f.
53) 休閑地のエピセットとして，「三たび犁返された τρίπολος」の語がホメーロスに2度（*Il*. 18. 541; *Od*. 5. 127）現われる。但し，碑文の用語とは異なることに留意せよ。
54) *GHI* 285.
55) Ibid. 286. アンドロティオンは農業に関する著作を残している。Cf. *HP* 2. 7. 2-3; *CP* 3. 10. 4.
56) *SIG*³ 966 (= *IG* II² 2492)
57) Behrend 1970, 81.
58) *SIG*³ 965 (=*IG* II² 2498)
59) ラミア戦争（323/2年）終結とマケドニア駐留軍によるムーニキア占領のわずかのち。
60) アンテステーリオーン月は2・3月に当たる。
61) 公有地賃貸借のように期間限定の場合，賃借人はその期間中できるだけ多くのものを土地から収穫しうるように土地を休ませることなく酷使しようとした可能性がある。Cf. Osborne 1987, 41; Pomeroy 1995, 327f. さらに，Garnsey 1988, 94; Pomeroy 1995, 325は狭い土地しか持たぬ貧農は毎年土地の半分を休ませておく余裕はなく，すべての農民がこの休閑システムに従ったわけではない，とする。
62) *IG* II² 1241.

第 6 章　古典期ギリシアの農業　145

63)　*CP* 3. 20. 7.
64)　この語は *IG* I³ 252 (= I² 38) vv.12-13に ὁ]σπρεύε として復元されている。
65)　*HP* 8. 1. 2; 2. 6.
66)　*IG* II² 2493.
67)　Jameson 1982, 66-74.
68)　本文130頁のペイライエウスの賃貸借のケースを参照。
69)　Rostovtzeff 1941, 1617f. n.142は ἐναλλάξ が二圃式輪作を示すテクニカル・タームであるとする。
70)　Burford 1993, 125は半分と二つの 4 分の 1 に分けているが，半分ずつでなければならない。半分にコムギとオオムギは一緒に播けないので。
71)　ソラマメの緑肥に関しては本文127頁と注38-39参照。緑肥としてのシロバナルピナスの利用については *Gp*. 3. 5. 7; 10. 8を見よ。Cf. Jardé 1925, 28, 28 n.12.
72)　*IG* II² 2494.
73)　石碑の出土地より推定。
74)　従来，畠作地，牧草地，休閑地という三圃式輪作が行なわれたとする根拠としてクセノポンの記述（16章12-15節）が援用されていたが，Jardé はこの記事は牧草地について語っているのではなく，そこで人が土中に埋め込んでいる草は休閑地に繁茂している雑草にすぎない，とした。Cf. Jardé 1925, 86 n.5.
75)　*CP* 3. 20. 8. Jardé 1925, 24; Pomeroy 1995, 325は 4 回と見る。
76)　原語は ὁ πρῶτος ἄροτος。これは，最初の播種期，すなわち「プレーイアデスの沈む頃（11月上旬）」を指す。Cf. *HP* 8. 6. 1; 8. 1. 2. Jardé 1925, 24は「最初の休閑地の耕作」と解釈し，それは収穫物の刈り入れのあと行なわれたと見る。但し，それが夏か秋かは定かではない，とする（Ibid. 24 n.1）。
77)　したがって，11月上旬以降ということになる。なお，*HP* 8. 6. 3で休閑地の冬の犂返しの有効性が語られている。Cf. *CP* 3. 20. 7.
78)　本文121頁参照。
79)　*IG* II² 2493, vv. 23-25.
80)　Jardé 1925, 28.
81)　注目されるべきはアモルゴス碑文の次の規定である。すなわち「何人も家畜をテメノス内に入れることはあたわず。で，もし入れたる場合は，家畜はゼウス・テメニテースの聖財たるべし（35-37行）」。この規定はテメノス内での家畜放牧禁止を謳っている。このような規定はヘラクレイア碑文にも見出される（128行）。
82)　Jardé 1925, 26-7.
83)　間作については，伊藤 1999，第 1 部第 2 章参照。
84)　Jardé 1925, 94 n.3; Behrend 1970, 81 n.139.
85)　オリーブの老木を切り倒してその切り株から若い幹（若枝）を生じさせる方法については Isager and Skydsgaard 1992, 38f.; Amouretti 1992, 80を見よ。Cf. *HP* 2. 7. 2ff.
86)　ブドウとイチジクの木に関する同様の規定ついては，*SIG*³ 963₃₂ と 963²² 参照。
87)　Behrend 1970, 81 n.139.
88)　Cf. Schultheß 1932, 2101, 2123; Burford 1993, 135. ブドウ栽培における 5 年という期間のもつ意味については，注47参照。
89)　*CP* 3. 10. 3; 15. 4. Cf. Isager and Skydsgaard 1992, 32; Burford 1993, 135. ブドウ畑での間作については，*Gp*. 4. 1参照。それによれば，アナデンドラス（蔓ブドウの木）は列で植えられるが，列と列との間は15ペーキュス（約6.7m）隔てるとされ（4. 1. 11），その樹間の土地には，果樹ではザクロ，セイヨウリンゴ，マルメロを植えることが可能で（同12），穀物はその樹間の土地に 2 年毎に種を播くことができる（同1，15），とある。「 2 年毎」の播種は二圃式輪作を想起させる。

90) LSJ s. v. μετόρχιον. Cf. Ar. *Pax* 568, *fr.* 120.
91) Col. *RR* 5. 8. 7.
92) Id. 5. 9. 7. なお，*Gp.* 9. 6. 5は間作の際の樹間を50ペーキュス（約22m）とする。
93) Jardé 1925, 105; 伊藤 1999, 126頁。
94) Col. *RR* 5. 9. 13.
95) Id. 5. 8. 7.
96) vv. 114-116.
97) Jardé 1925, 103, 103 n. 2.
98) v.103.
99) 伊藤 1999, 125頁。オリーブの収穫は10月からで，穀物の耕耘・播種は10月末から11月中旬にかけて行なわれる。コムギとオオムギではコムギを早く播くので（*HP* 8. 1. 3），後に播かれるオオムギの方が時間的に余裕が取れる。したがって，間作にはオオムギの方が好まれたのではないかと考えられる。
100) Jardé 1925, 94, 94 n. 3.
101) 注89参照。
102) テオプラストスはブドウの樹間にオオムギや豆が播かれたことを伝えているが，その際，彼はブドウが「切り枝」の場合を想定している。Cf. *CP* 3. 10. 3; 15. 4: slips.
103) 伊藤 1999, 126頁参照。
104) Jameson 1977-8, 129-30の *IG* I²94（= I³84）に関する指摘を見よ。ネレウスとバシレーのテメノスの賃貸借を記すこの碑文は賃借人に200本を下らぬオリーブの樹木の植え付けを命じている（32行以下）。Jameson はこの場合穀物との間作を想定している。賃貸期間20年（37-38行）。418/ 7 年の決議文。なお，φυτευτήριον については注30参照。
105) τὰ φυτά についてはクセノポン19章 3 - 4 節参照。
106) Cf. *IJG* 506: arrachés.
107) 本文123頁のクセノポンの記述と比較せよ。*Gp.* 5. 12. 1によれば，4 プース乃至 3 プースとある。
108) ブドウの間作については，本文136頁および注89-90および102参照。
109) 「別の果樹」の語句も ἥμερα しか残っておらず，デュアレイス賃貸借碑文24行目からの類推に基づく復元である。注目すべきは次の規定，つまり「[イチジクの木が] 欠けている [ならば]，イチジクの木を彼は植えるであろう，[10本を下らない数を]，毎年（26行以下）」。残欠があるが，「イチジクの木を彼は植えるであろう」の部分は何とか読めるので，植樹に関する規定と見てよい。但し，[10本を下らない数を] の部分は δέκα の 2 文字 εκ しか残っておらず，アモルゴス碑文31行からの類推に基づく復元である。
110) v.169.
111) Arangio Ruiz and Olivier 1965, 30. Cf. Uguzzoni and Ghinatt 1968, 71.
112) 詳しくは，本書68-69頁参照。
113) 注21所引の中尾氏の文献に加えて，中尾 2004, 164-170頁参照。
114) 相違点はヒツジの蹄で種子を覆土させる点である。中尾 1966, 161-3; 中尾 2004, 168参照。
115) Cf. Jardé 1925, 88f.
116) Osborne 1987, 41.
117) Garnsey 1988, 93; Osborne 1987, 40.
118) Pomeroy 1995, 325.
119) 豆類は植物が利用できる窒素を土壌に固定する能力をもつ。根についた根粒に窒素が保持されているので，開花後それを土壌に鋤き込む。
120) Cf. Jardé 1925, 85f.
121) Richter 1968, H105.

122) Cf. *Od.* 17. 292ff. ここで家畜の糞尿は ἡ κόπρος と呼ばれている。異なる家畜の糞尿が区別されることなく一緒に用いられたものと思われる。
123) *HP* 2. 7. 4. 肥やしの種類およびランク付けに関する詳細な説明については，*Gp.* 2. 22-23参照。
124) Cf. *HP* 8. 7. 7; 2. 7. 1, 4; 7. 5. 1.
125) Cf. *Gp.* 3. 3. 4. 伝アリストテレス『植物について』1巻7章3節ではザクロになっている。
126) 注17参照。Cf. Jardé 1925, 28.
127) Cf. Jardé 1925, 87; Richter 1968, H41.
128) Cf. *Il.* 23. 834f. 農具については，本書38-48頁参照。
129) *Op.* 573, 387.
130) 本書38-44頁参照。
131) Athanassakis 1993, 98.
132) 本書42頁図 d 参照。
133) Pomeroy 1995, 332; Lohmann 1992, 42.
134) Ibid. 42 n. 39.
135) Cf. Pomeroy 1995, 332 n.302. しかし，Pritchett 1956, 297-8 は碑文中（*IG* I^3 422, 135）に現われる ὀκίστια を sledges ではなく harrows と見なす。
136) Garnsey 1988, 93f. これに対する批判は Isager and Skydsgaard 1992, 108-14を見よ。

第7章　アッティカにおける穀物生産高

はじめに

　筆者はかつて古典期ギリシアの農業について，一文を草したことがある[1]。その中で引用したクセノポンの『オイコノミコス』16章9節におけるソクラテスのイスコマコスへの問い掛けは，農業を行なうに当たって，どのようにすれば穀物畑で最大量のオオムギとコムギを生産できるかということであった[2]。この問い掛けは穀物栽培の重要性を物語ると共に，アッティカにおいてこの時期に穀物に重点が置かれていたこと[3]を物語っている。クセノポンは自著の中で，なぜこのような問い掛けを行なう必要があったのか。そもそも，クセノポンはどのような意図を持ってこの書を著したのか。
　トゥキュディデスは「ペリクレスの指示に従い，田園(アグロイ)に住んでいた大多数のアテナイ人は城壁内に移り住んだが，この集団移住は田園の生活に慣れ親しんでいた彼らにとって耐え難いものであった」と伝えている[4]。ペロポネソス戦争がアッティカ農業に与えた影響がいかなるものであったかは，学者によって見解が分かれるところではあるが，デケレイア戦争以降，田園部に深刻な打撃を与えたであろうことは疑い得ない[5]。さらに，敗戦によるアテナイ帝国の瓦解は，アテナイへの食糧供給を大幅に低下させたに違いない。したがって，アテナイへの食糧供給の問題は前5世紀よりも前4世紀により一層深刻化した[6]。クセノポンの著作において穀物栽培に重点が置かれているのはそのためであり，アテナイは前4世紀に国内の食糧生産を改善することによって，最大量の食糧を供給する必要に迫られていたのである。ペロポネソス戦争後のアッティカ農業への関心と期待が，クセノポンの執筆動機の一つになったことは，まず，間違いないであろう[7]。
　では，最大量のオオムギとコムギを生産するための農法とはいかなるものであったか。私見によれば[8]，古典期アッティカの農法は集約的というよりもむ

しろ粗放的でプリミティブなものであったと言える。では，そのような農法のもとでの，前4世紀アッティカの穀物生産高はどれくらいだったか。さらに，その生産量でどれほどの人口を養うことができたのか。おそらく，アッティカの穀物総生産量だけでは当時の全人口を養うことはできなかったであろう。その結果，穀物輸入への依存の度合いはより一層高まった[9]。

穀物は古典古代において消費されるカロリーの70—75％を提供したとされる[10]。本章において，古典期ギリシアにおいて二圃式輪作が一般的であったか否か，二圃式輪作が一般的であったと見る場合，前4世紀アッティカにおいて耕地面積と播種面積の割合はどのようになっていたのか，またオオムギとコムギの生産高はおのおのどれくらいだったのか，さらに主食はオオムギだったのか，コムギだったのかを，碑文や文献史料を用いて考察する。

I

まず吟味さるべきは，エレウシスの会計文書（IG II² 1672）である。この碑文はアッティカにおけるオオムギとコムギの生産高を知りうる唯一の史料である。ケーピソポーンがアルコンの年（前329/8年）の初穂奉納の記録である。アテナイ市民はエレウシスのデーメーテールとコレーに対して初穂を奉納することが義務付けられていた。この碑文に奉納率は明記されていない。しかし，これとは別の碑文（IG I² 76 = IG I³ 78 = ML no.73，前422年頃）からわれわれはその奉納率を知ることができる。奉納額は喜捨のような随意のものではなく，オオムギについてはその生産高の600分の1，コムギについてはその生産高の1200分の1と規定されていた[11]。もしその規定がほぼ100年後にも用いられていたとすれば[12]，前329年のコムギおよびオオムギの全生産高を知ることができよう。

奉納地域区分は10部族，ドゥリュモス，アンピアラオス地区，島嶼として，サラミス島，スキュロス島，レムノス島（ミュリナとヘパイスティア）およびインブロス島である。サラミス以外の3島は，周知の通り，アテナイのクレルーキアである。これに雑地が加わる。碑文には各地域からの奉納穀物の量が，その用途ともに，オオムギとコムギに分けて記載されている。各地域の奉納額をオオムギとコムギに分けて一覧表で示すと次頁の表のようになる。

前329年のアッティカの生産高合計は402,512.5メディムノス。内訳39,112.5メ

表 エレウシス初穂碑文（*IG* II²1672, vv.263）

	オオムギ		コムギ	
	初穂	総量（×600）	初穂	総量（×1200）
エレクテイス	3<u>3</u>m	19,800	<u>6</u>h 2ch	650
アイゲイス	84m	50,400	2m 7ch	2,575
パンディオニス	51m 7h 3ch	30,987.5	1m 6h 2ch	1,850
レオンティス	8<u>7</u>m 11h	52,750	3m 10ch	3,850
アカマンティス	68m 5h	41,050	3m 2ch	3,650
オイネイス	47m 2h 3ch	28,337.5	2m 11h 2ch	3,550
ケクロピス	38m 3h	22,950	1m	1,200
ヒッポトンティス	56m 6ch	33,675	4m <u>6</u>h <u>4</u>ch	5,500
アイアンティス	43m 4h	26,000	2m 1h	2,500
アンティオキス	5<u>7</u>m 8h 2ch	34,625	1m 9h 2.5ch	2,162.5
ドゥリュモス	1m 2ch	625	2m 5h 1ch	2,925
アンピアラオス	20m	12,000	5m 9h	6,900
		(363,400＊)		(39,112.5＊)
サラミス	40m 10h 2ch	24,525	—	—
スキュロス	48m	28,800	8m	9,600
ミュリナ	162m	97,200	23m 5h	28,100
ヘパイスティア	252m 2h 2ch	151,325	23m 10h 2ch	28,650
インブロス	43m 4h	26,000	36m 10h	44,200
計	1135m 1h	681,050m	123m 2h 2.5ch	147,862.5m

1メディムノス（m）＝12ヘーミエクテイス（h）＝48コイニクス（ch）
＊の数字には，雑地のオオムギ10,200mとコムギ1,800mが加算されている
下線部の数字の読みはJardé 1979, 36-41に従う

ディムノスがコムギ，363,400メディムノスがオオムギ。コムギの生産高はオオムギのそれの1割程度にしかすぎない。

　古代の著作家は生産高を体積の単位で表わしていた。それを重さの単位に直す必要がある。Jardéはプリニウスのコムギの重さの分類を基に，ヘクトリットル78kgの平均重量を導き出している[13]。1メディムノスは52.5リットルであ

るから，40.95kg ということになる。前329年のアッティカの生産高をヘクトリットルで示すと，合計211,319ヘクトリットル，うちコムギは20,534，オオムギは190,785ヘクトリットルとなる[14]。

　Jardé はアッティカの耕作可能な面積はアッティカの面積の20%，すなわち二圃式輪作の場合毎年播種地として10%，と見積もっている[15]。アッティカの面積は，Beloch によれば[16]，オロポス領を含め2,553km^{2}である。これらの数値を用いて，アッティカにおける1ヘクタール当たりの生産高を算出すると，8.28ヘクトリットルとなる。但し，これらの数値はコムギとオオムギの異なる収穫率を考慮していない平均値である。Jardé は古代ギリシアの農業を考える際に現代ギリシアとの比較の有効性を説いている。特に，刈り取り機，脱穀機および化学肥料導入以前のギリシアは農業の特徴において古代ギリシアのそれをよく保っていたとされる。つまり，農民は，ホメーロスの時代の彼らの祖先たちのように，三日月形の鎌で刈り取り，脱穀場でラバや牛によってムギ穂を踏ませたのである。現代ギリシアのオオムギとコムギの収穫率の比はおよそ2：1。この比率を認めると，アッティカにおける前述の平均値8.28ヘクトリットルはオオムギ9.08，コムギ4.54ヘクトリットルに分解し得る。現代ギリシアにおいて，コムギの平均生産高は1ヘクタール当たり13ヘクトリットル，オオムギは20—24ヘクトリットルである。古代ギリシアにおいて，Jardé の提案するコムギ1ヘクタール当たり8—12ヘクトリットル，オオムギ16—20ヘクトリットルの生産高は，真実とあまりかけ離れていない妥当な数値と言えよう[17]。

　Jardé のこの研究成果は村川，Michell 両氏によって逸早く紹介された[18]。村川は Jardé の穀物生産高に関する一覧表の一部を転載し，Jardé が算定したアッティカの穀物生産額を示した上で，前4世紀末においてアッティカのコムギの生産額はオオムギのそれの約10分の1であったということができる，さらに，これはわずか1年の記録に過ぎないけれども，実際は前6，5世紀においても事情に大差はなかったと見て差支えない[19]，とする。Michell もまた穀物生産高に関する Jardé の数値を示して，これらの数値はおそらく最低の数値であり，前329年は深刻な不作の年であった[20]，と推定している。肥やしの十分な供給なしに，また化学肥料なしに，穀物生産高はすこぶる低かった。その結果，外国穀物との競合はアッティカ農民にとってほとんど不可能だった。オオ

ムギが広く栽培されていた，コムギの10—12倍。これは痩せた土壌と未発達の農業技術のためである，と言う[21]。

Osborne によれば，エレウシスの初穂記録は単一年に生産されたコムギとオオムギの絶対量の算定を可能にするとし，前330年頃の穀物生産高をオオムギ120,000キンタル，コムギ16,500キンタルと算定する。また，Osborne はこの年は不作の年であったと見る[22]。

次に，Garnsey はこの碑文をどのように解釈しているのだろうか[23]。Garnsey の一覧表[24]に示されている数値と先に示した表の数値とを比較してみると，若干の違いが見られる。オイネイス部族のオオムギ47m 1 h 3 ch は47m 2 h 3 ch の，コムギ 2 m 11ch 2 ch は 2 m 11h 2 ch の誤記と思われるが，それ以外に 3 箇所相違が見られる。明らかに復元による違いと思われるものは，エレクテイス部族のコムギの数値とレオンティス部族のオオムギの数値である。ヒッポトンティス部族のコムギのコイニクスの数値が 4 ではなく 3 となっているのは復元の観点から言っても説明不能で，もしかしたら単なる誤記かもしれない。したがって，明確な誤差はオオムギ 1 メディムノス，コムギ 4 ヘーミエクテイアということになる。Jardé はメディムノスをヘクトリットルに換算しているが（この場合 1 メディムノスは40.95kg），Garnsey は kg に換算している[25]。この場合，コムギ 1 メディムノス＝40kg，オオムギ 1 メディムノス＝33.4kg。アッティカの生産高総計を算定するに当たって，Jardé はアッティカ領内の10部族にドゥリュモス，アンピアラオス領および雑地を入れるのに対して，Garnsey は10部族のみに限定している。しかしてその総計は，オオムギ339,925，コムギ27,062.5メディムノスとなる。この双方の穀物で，年間 1 人当たり175 kg を消費する[26]としておよそ53,000から58,000人を養えたと推定している[27]。

Ⅱ

Jardé と Garnsey の方法論上の違いはどこにあるのか。決定的な違いは，Garnsey が耕作可能な土地を全体の35—40％と推定していることと，二圃式輪作を考慮に入れていない点である[28]。前述のように，Jardé は耕作可能な土地を全体の20％と推定し，二圃式輪作を考慮に入れて，毎年の播種面積は半分の10％と推定している。

アッティカの面積は，前述のように，オロポス領を含め2,553km^2。オロポス

領は110km²である。平野としては，アテネ近郊ケピソス河流域の「平野」(ペディオン)(200km²)，ヒュメットス山東側のメソゲイア (150km²)[29]，エレウシス一帯のトリア平野 (95km²)[30]，マラトン平野 (30km²)[31] およびドゥリュモス領スクールタ平野 (28km²)[32] があり，合計およそ500km²となる。耕作可能な土地は平野に限られたことではないので，Busolt[33] は耕地面積をおよそ600km²と見積もっている。これらの数値を総合して考えると，耕作可能な土地面積は全体のおよそ19.6―23.5％ということになろう。どんなに広く見積もっても25％を超えることはあるまい。したがって，現代ギリシア，アッティカ県(ノモス)における耕地面積の割合から類推した Garnsey の数値 (35―40％)[34] は予想を上回る非常に高い数値ということができよう。Osborne[35] は古典期アッティカの面積を2,400km²とし，そのうちの約40％ (=960km²) は農地であったとする。その結果，アッティカは自らの農地でおよそ150,000の人口を養うことができたとする。さらに彼は市民数60,000―80,000，在留外人20,000，奴隷数20,000以上，おそらく50,000と推定し，アッティカは合計150,000の人口を有したとし，これはアテナイの全人口をアッティカの農地だけで養うことができたことを示す，と述べる。しかし，約40％ (=960km²) の数値の根拠は薄弱であり，その数値は彼が算定したアッティカ人口から逆に推定した耕地面積であったとも考えられる。

次に，二圃式輪作の是非について考えてみよう。Jardé は古代ギリシアにおいて広く二圃式輪作，栽培と休閑の交代，が行なわれていたと主張した。村川[36] は逸早くこの見解にしたがっている。これに異議を唱えたのは Heichelheim[37] である。彼は施肥，休閑および輪作技術の合理的な利用は三圃式にまで発展していたとし，その決定的な証拠として，一碑文 (IG II² 2493) を挙げている。Heichelheim のこの見解に対して，まず，Rostovtzeff が，次に Finley が批判している。Finley はこの碑文に基づく彼の見解はありそうにないとし，二圃式輪作が一般的であったことは，クセノポンが『オイコノミコス』においてこのシステムを当然のことと思っていた事実を示せば十分である[38]，とする。Rostovtzeff[39] は碑文そのものについて，7行以下の復元には疑わしい部分がなくはないが，全体的な意味は明瞭である，とする。決定的な単語は ἐναλλάξ 「交互に」であり，この語は二圃式輪作を示すテクニカル・タームである，と見なす。もしこの主張が正しければ，この碑文は二圃式輪作が行なわれたことの証拠となる[40]。その後，この見解は，Richter[41]，Behrend[42]，Hopper[43] およ

び Osborne[44]によって受け継がれた。これに対して，Garnsey[45]は二圃式輪作に反する見方が，歴史家や考古学者の間で優勢になりつつあるとして，Halstead, Jameson および Gallant の名を挙げている。彼らの研究によると，古典期の，人口密度の高かったアッティカでは小規模で集約的な混合農業が標準的であった，とする。しかしこれらの研究は，Garnsey の見解を含めて，Skydsgaard[46]によって批判されている。

　耕地の半分を休閑地とし，地力の回復を図るこの農法（＝二圃式輪作）[47]はホメーロス以来伝統的に行なわれてきた。土地の半分を一年交代に休ませて大気中の養分を土地に与え，生産力を回復させるこの農法は，地中海沿岸地域で一般に行なわれた[48]。夏季の乾燥と冬季の湿潤という地中海性気候にこの農法はすこぶる適合的だったと言える。休閑地は保水のために数回犂返される。土地の表層近くを浅く耕して土中の毛細管現象を断ち，地表面からの水分の蒸発を防ぐのである。地中に蓄えられた水分が，秋に播種されたムギの発芽を促すのである。さらにクセノポンは春の休閑地の犂返しの際に雑草を土中に鋤き込むことを勧めている[49]。これはいわば腐植土の形成[50]であり，当然のことながら，地力の回復につながった。もし，休閑せず毎年耕作し続けると，畑は干上り，ついには不毛になってしまう。Garnsey はこのことを認めた上で，とは言え，狭い土地しか持たぬ貧農は毎年土地の半分を休ませておく余裕などなかったであろう[51]，と言う。また，クセノポンの『オイコノミコス』の注釈書の著者 Pomeroy は，イスコマコスは十分な穀物を蓄えることができるほどの富裕者であり，それ故彼は隔年休閑システムを実施しえたが，すべての農民がこの休閑システムに従ったわけではない[52]，とする。彼はその根拠として20章3節を挙げるが，むしろその箇所は農民が休閑地を自明のことと考えていたことを証明する。おそらく農民は，貧富の差に関わらず，毎年耕し続けることよりも，地力の維持・回復のために，伝統的なこのシステムを原則として選択していたのではあるまいか。但し，公有地賃貸借のように期間限定の場合，賃借人はその期間中できるだけ多くのものを土地から獲得しうるように土地を休ませることなく酷使しようとした形跡がある[53]。このような場合を想定して，賃貸借碑文のあるものは賃貸の最後の年に全耕地を利用することなくその半分を休閑地としておくように規定している[54]。この規定は，当時隔年休閑システムが一般的であったことの，いわば左証となろう。

もう一つ見逃してはならない点がある。それは前4世紀公有地賃貸借碑文の賃貸契約[55]に「土地の半分に穀物を栽培し、もう半分の休閑地に豆類を植えること（21行以下）」という規定が見出されることである。すなわち、二圃式輪作には二つのタイプ、(a) 穀物と休閑の交互と (b) 穀物と豆類の交互、が存在した。(a) のタイプについては前段落で考察した。問題は (b) のタイプをどのように解釈するかである。古典期にアッティカで小規模な集約的混合農業が標準的であったと見る人々は、これを飼料用乃至食用としての豆類の栽培と見なし、シンプルな輪作システム simple rotation systems が行なわれていたと考えている。果たしてそう言えるだろうか。もう一つの可能な解釈は、飼料用であれ食用であれ収穫を目的とした栽培ではなく、豆類の緑肥としての利用を目的としたものではないかということである[56]。緑肥とはソラマメなどが開花したら土に鋤き込み、翌年栽培される穀物の肥料として用いることを言う。ソラマメは冬作物で秋に播種され春3月頃に開花する。ソラマメのようなマメ科植物は大気中の窒素を土壌に固定する能力があり、固定された窒素は次に植える、通常自分では窒素を固定できない作物によって活用される。休閑地にソラマメを植えることは土壌に窒素を固定することが目的であり、決して収穫を目的としたものではなかった。このように休閑地に緑肥を施すことは、化学肥料のなかった時代に、休閑地の地味の回復につながった[57]のみではなく、次期に栽培される穀物の生長に大きく寄与したものと思われる。しかしその碑文は、休閑地に豆類を植えることを必ずしも強制してはいなかった。碑文は次のように述べている、つまり「その者が望むならば（23行以下）」と。したがって、賃借人が休閑地をどのように利用するかは賃借人自身に任されていた。つまり、二圃式輪作の二つのタイプのいずれを選択するかは賃借人次第であったということができる[58]。いずれにせよ、これはシンプルな輪作システムといったものではなく、あくまでも休閑地利用のあり方の問題だったのである。前4世紀後半アッティカにおいて、このような土地耕作法が一般に行なわれていたと見て大過あるまい[59]。

　このシステムが事実行なわれていたとすれば、2年に1回の穀物栽培があるに過ぎず、実際の播種面積は耕地面積の半分ということになる。

III

　次に，パイニッポスの地所について考察しよう[60]。キュテールロス区[61]にある彼の地所はエスカティアと呼ばれ，町から遠く離れた所にあった。エスカティアと呼ばれているにもかかわらず，そこには穀物畑，ブドウ畑ならびに森林が存在し，さらに複数の農業用建築物(オイケーマタ)と二つの脱穀場があった[62]。原告が語るところによれば，被告パイニッポスは当該の地所を2人（父と養父）から相続していたという[63]。原告はキュテールロスにある彼のエスカティアに赴いて，周囲40スタディオン以上あるエスカティアの周りを歩いて回り，そこに抵当標石(ホロイ)が設置されていないことを確認している[64]。農業用建築物に封印を施し，見張りを置いてロバを駆る人々にエスカティアから木を持ち出さぬように命じている[65]。原告の語るところによれば，「1年中6頭のロバ(オネーラタイ)が木を運んでいる。1日に12ドラクマ以上を儲ける」[66]という。ところが，被告であるパイニッポスは農業用建築物の封印を開けて，その中から穀物，ブドウ酒とその他のものを持ち出し，さらに彼は毎日木[67]を運び出したという[68]。原告はかつて銀山から多額の収益を上げていたことを認めているが，いまやそのほとんどを失ってしまったという。一方，パイニッポスのエスカティアは1,000メディムノス以上の穀物と800メトレーテース以上のブドウ酒を産出するとされ，1メディムノスにつき18ドラクマでオオムギを，1メトレーテースにつき12ドラクマでブドウ酒を売りさばいているという[69]。原告曰く，明らかに彼は自分より裕福だった[70]。

　この地所は肥沃なメソゲイアのまさに 縁(エスカティア) にある土地である。一まとまりの広大な土地で，その土地の最も重要な生産物は穀物である。この場合，オオムギ。その地所は周囲40スタディオン，ほぼ7km。仮に，この地所が円形であるとすれば，その面積はおよそ3.9km^2（390ha）である。但し，面積は円の場合に最大になるので，実際の面積はおよそ3.9km^{2}以下である。しかし，地所がどんな形だったかによって，面積は大いに異なってくる。方形に近い形か，円に近い形かあるいは入り組んだ形か，最後のケースにおいて面積はかなり小さくなる。de Ste. Croix は当該の土地が面積単位のプレトロンではなく，周囲の長さという普通ではない方法で表現された理由として，面積を広く見せるためではなかったかと推定している[71]。確かにそう取れるかもしれないが，実はそう

ではなかった。つまり，原告が土地をその周囲の長さで表わしているのは，土地の広さを問題にしているのではなく，実際にその土地の周囲を歩き回ってホロイが立っていなかったことを確認した事実を述べたかったからに他ならない。ここで[73]κύκλῳ の語が用いられていることを考慮に入れると，その土地は円あるいはそれに近い形の一まとまりの広大な土地であると言うことができよう。

アッティカの面積は，Beloch によれば，オロポス領を含め2,553km^2。Belochのこの数値を用いると，パイニッポスの地所，3.9km^2 はアッティカの面積の655分の1の広さになる。この地所は1,000メディムノス（525ヘクトリットル）以上の穀物を産出する。したがって，単純に1,000メディムノスを655倍してアッティカの穀物生産高を算出することが可能となる。しかし，Jardé[74]はその地所の実際の生産高の総額を691ヘクトリットルと見積もっている。すると，アッティカの穀物生産高は452,600ヘクトリットルということになるであろう。オオムギのヘクタール当たりの産出量を16ヘクトリットルとすれば，オオムギの播種面積は28,287ha。コムギの栽培面積はオオムギの栽培面積のおよそ21.5％。したがって，コムギが播かれた面積は約6,082ha となる。結果，播種地総面積は34,369ha。これに休閑地を加えて，耕作可能な土地面積は68,738ha。耕作可能な土地面積はアッティカ総面積の約27％になる。

Jardé は地所の実際の生産高を691ヘクトリットルと見積もっているが，筆者は1,000メディムノス（525ヘクトリットル）のままでよいのではないかと考える。というのは，原告はパイニッポスが自分よりも裕福であることを示す必要があった。したがって，原告がパイニッポスのエスカティアは1,000メディムノス以上の穀物を産出すると述べるとき，それはその地所の最大生産量に近かったのではないかと考えられる。そこで，その数値を基にしてもう一度計算しなおしてみると，アッティカの穀物生産高は343,875ヘクトリットル，耕作可能な土地面積はアッティカ総面積の約20％になる。

では，パイニッポスの所領内における耕作可能な土地と未耕地の割合はどうなっているのだろうか。パイニッポスの所領は穀物畑，ブドウ畑および森林からなっている。穀物畑は525ヘクトリットル以上のオオムギを産出している。オオムギのヘクタール当たりの産出量を16ヘクトリットルとすれば，オオムギの播種面積は32.8125 ha。二圃式輪作を考慮すれば，65.625ha。さらに800メト

レーテース以上のブドウ酒を産出するとされている。1 メトレーテースは約39リットル。したがって，800メトレーテースは312ヘクトリットル。ブドウ酒のヘクタール当たりの産出量を30ヘクトリットルとすれば[75]，ブドウ畑の広さは10.4haということになる。パイニッポスの所領の総面積は390ha。森林などの未耕地の面積は314ha。したがって，耕作されていない土地は80.5％，耕地（穀物畑とブドウ畑）は19.5％となる。

IV

初穂碑文から算定される前329年のアッティカの穀物生産高の合計は402,512.5メディムノス。うち39,112.5メディムノスがコムギ，363,400メディムノスがオオムギ。この穀物生産高で何人養えたか。コムギ1コイニクスは通常成人男子の1日に食べる穀物の量と考えられている[76]。1コイニクスはアッティカ単位で1.094リットルに当たるので，これに基づいて成人男子の年間消費量を算出すると，約7.4メディムノス（＝約303kg）となる。人が食糧によって摂取するエネルギー必要量の70—75％を穀物がまかなうとすれば，年間1人当たり約212—227kgの穀物が必要である[77]。402,512.5メディムノスは16,482,886kgなので，その数を212—227で割ると約72,612—77,750人ということになる[78]。一方，パイニッポスの所領のオオムギの生産高に基づいて算出された前328/7年[79]アッティカの穀物生産高は343,875ヘクトリットル＝655,000メディムノス＝26,822,250kgである。この生産高で養える人数は約118,160—126,520人となる。以下で考察するように[80]，オオムギのみを栽培した場合は通常の1.5倍の生産高になることが判明している。パイニッポスの所領ではオオムギのみが栽培されたと考えられるので，通常の生産高はおよそ667メディムノスとなる。そこで，パイニッポスの所領のオオムギの生産高を1,000メディムノスではなく，667メディムノスとして算出し直すと，アッティカの穀物生産高は229,250ヘクトリットル＝17,881,500kgとなる。この生産高で養える人数は約78,773—84,347人となる。われわれは後者の数値の方を採るべきであろう。

前329年は不作の年か通常の年か。豊作の年でなかったことは確かであろう。Garnseyは不作の年であったと考えている。Jardéはこの前329年の前後の年は明らかに不作の年であったとするが，当該年については不明とする[81]。パイニッポスは自分の地所で産出したオオムギとブドウ酒を以前の3倍以上の価

格で[82]，つまりオオムギ1メディムノスにつき18ドラクマ，ブドウ酒1メトレーテースにつき12ドラクマで[83]，売りさばいている，と原告は証言している。このことは，前329年が不作の年か否かは別として，当時穀物不足が深刻な情況にあったことを示唆している[84]。

　前329年のアッティカのコムギの生産額はオオムギのそれの1割程度にすぎなかった。オオムギの生産額のこの高さはいったい何を意味するのか。ギリシア人は古くは一般にオオムギを常食としていた。しかるにしだいにコムギのパンが食されるようになると，前5・4世紀にはオオムギが貧民や奴隷の食物となり，家畜の飼料に充てられるようになったとされる[85]。果たしてそう言えるであろうか。前4世紀においてアテナイ人は，貧富の差に関わりなく[86]，オオムギを常食としていたのではなかろうか。前329年のコムギとオオムギの生産額のこの比率がそれを暗示せしめるし，事実，アッティカの風土はコムギよりもオオムギ栽培に適していた[87]。テオプラストスはアテナイではオオムギからどこよりも多量の ἄλφιτα が採れ，そこはオオムギの産地として最も優れていると述べている[88]。プラトンは『国家』の中で次のように言っている，つまり，「身を養う食べ物としてはオオムギからはオオムギ粉（アルピタ），コムギからはコムギ粉（アレウラ）を作って，それを焼いて，あるいはそのまま捏ねて‥‥‥出来上がった極上の菓子（マーザ）やパン（アルトス）を‥‥‥差し出すであろう（372b）」と。さらに，伝アリストテレス『アテナイ人の国制』51章3節に「彼らは第一に市場（シートス）において加工しない穀物が正当な価格で売られるように，次に粉ひきがオオムギの価格に応じてオオムギ粉（アルピタ）を売り，またパン屋がコムギの価格に応じてパン（アルトイ）を売る（村川訳）」とある。ここでオオムギ粉と訳出されている ἄλφιτα とは挽割りオオムギのことであった[89]。これらの史料を見る限りにおいて，オオムギとコムギの関係は対等かそれ以上であり，オオムギがコムギに劣るとはこれらの文脈からは言い難い。アリストパネスの喜劇において穀物（シートス）の供給に関してオオムギ5メディムノスの配給[90]や全貧民への（穀物）3コイニクスの無償提供[91]があったことを知る。後者において無償提供した人々は ἀλφιταμοιβοί と呼ばれている[92]ので，ここで提供された穀物は ἄλφιτα ということになる[93]。喜劇中に ἄλφιτα への言及は数多く見られる。すなわち，オリーブ油やブドウ酒と並んで主要な食料として[94]，日々の生活の糧として[95]。またその欠乏は貧困の証[96]とされた。人々はそれを市場（アゴラ）で購入したにちがいない[97]。挽割りオオムギを売る人々

はἀλφιταμοιβοί[98]と，挽割りオオムギを売る市場はἀλφιτόπωλις στοιά[99]と呼ばれている。これに比べるとコムギに関する言及はわずかである[100]。ただ，『女の議会』547行以下より，前4世紀初頭のアテナイにおいてコムギの価格が1メディムノス3ドラクマだったという貴重な知見を得る[101]。

　トゥキュディデスによれば，スパルタ兵士1人当たりの食糧がアッティカの枡目による2コイニクスのἄλφιταと2コテュレー(テラポーン)のブドウ酒と肉，その奴隷にはその半分と記されている[102]。また，ヘロドトスによれば，スパルタの2人の王が公式の会食に出席しないとき，1日分の食糧として支給された量は，それぞれ2コイニクスのἄλφιταとブドウ酒1コテュレーであった[103]。先の例はペロポネソス戦争中のことであり，あとの例では時代は限定されていないが，スパルタ王の平時における特権の一つとして述べられている。このことはスパルタにおいて一般兵士も奴隷も王もオオムギを常食としていたことの証となる[104]。

　もう一つの理由は脱穀の方法に関係があった。脱穀の方法はホメーロス以来クセノポンの時代に至るまで基本的に変化はなかったように思われる。すなわち，脱穀は円形の脱穀場でムギの穂束を牛に踏ませるという方法で行なわれていた。このような方法においては，種子が多くの層に包まれているコムギよりも種子がむき出しになっているオオムギの方が明らかに脱穀し易かった[105]。これがアッティカにおいてオオムギ栽培が優位を占めた理由である。コムギ栽培が広く普及するためには，コムギ栽培に適した土壌に加えて，脱穀方法の改良が不可欠であった。ローマ時代に一般に用いられた脱穀用の板(tribulum)[106]が古典期アッティカで用いられた形跡はない[107]。コムギの脱穀にはこの道具が大いに力を発揮したものと思われる。

　アッティカの耕作可能な土地面積はアッティカの総面積の2割と考えた場合，可耕地内の穀物畑と果樹園(ブドウ，オリーブおよびイチジク畑)の内訳はどのような比率になるのか。パイニッポスの所領の耕地(穀物畑とブドウ畑)面積は全体の20％で，約76ヘクタールである。うち穀物畑65.625ha，ブドウ畑10.4ha。この場合の比率はブドウ畑，約13.7％，穀物畑，約86.3％となる。もう一つの事例はヘラクレイア碑文[108]アテナ・ポリアス神殿領のケースである。アテナ・ポリアス神殿領区域Bは私的蚕食を被っていた地域で，収公後12の区画に分けて新たに貸し出された。新契約において，各区画につき，

「さら地」(=耕作可能な土地)とブドウ畑の面積が，賃貸料とともに記されている。「さら地」(ブシィロス)の割合は，区画ごとに算出してみると，最小78％から最大97％の間で変動する。全体として，89％の数値を得る[109]。

ヘラクレイア碑文ディオニュソス神殿領において，賃借人は「可耕地」にオリーブとブドウの植樹が義務付けられていた[110]。このように「可耕地」におけるオリーブあるいはブドウの植え付けは，かならずしも，そこから穀物栽培を完全に排除するものではなかった。耕作地における植樹が穀物栽培にもたらす害やそれに由来する生産力の低下にもかかわらず，人はオリーブあるいはブドウの樹間に穀物を播いていた[111]。いわゆる間作がそれである。では，この場合の穀物生産高はどのくらいだったのだろうか。Osborneは穀物とオリーブが同じ土地で栽培されている場合，双方の生産高は低下するが，それらを合わせた生産高はどちらか一方が単独で栽培された場合の生産高よりも10乃至20％程度多くなる[112]，と推定している。サラミス島はオオムギのみを産出している。播種面積を総面積（93km^2）の10％と仮定すれば，ヘクタール当たり13.8ヘクトリットルを生産する。おそらくこの額はオオムギのみを栽培した場合であったろう[113]。アッティカで唯一コムギの生産高がオオムギを上回っている地域はドゥリュモスである。オオムギの4.68倍。この地域にはスクールタ平野があり，可耕地2,800haの面積を有す[114]。したがって播種面積は半分の1,400ha。コムギとオオムギの生産高合計は約1,864ヘクトリットル。穀物生産高はヘクタール当たり約1.33ヘクトリットルとなる。ここにオオムギとコムギの収穫率の比2：1を当てはめて算出し直すと，オオムギとコムギのヘクタール当たりの生産高は約1.565と約0.78ヘクトリットルに分解される。この生産高の低さ[115]はいったい何を意味するのか。間作の場合の穀物の生産高ではなかったか。われわれは間作の場合の穀物の生産高がどのくらいだったかを正確に言うことはできない。がしかし，これらの穀物生産高も当然のことながら初穂の中に含まれたにちがいない。

おわりに

再び，エレウシス会計文書に戻ろう。この文書の252行目以下より，ラリアと呼ばれる女神の土地財産が貸し出されていることが分かる。このラリアの賃貸借は前332/1－329/8年に年代付けられる。賃借人はコッリュトス区所属の

グラウキッポスの息子ヒュペレイデース[116]。賃貸料は現物で支払われた。その額は1年間でオオムギ619メディムノス，4年間で（619×4=）2,476メディムノス，さらにコムギ256メディムノス，合計2,732メディムノスであった。注目すべきは，賃貸料におけるオオムギとコムギの比率である。すなわち，およそ10：1の割合。われわれは第1節でアッティカにおけるオオムギとコムギの生産比を10：1と算出していたが，この比率は図らずも賃貸料におけるオオムギとコムギの比率にほぼ合致する。このことからわれわれが結論として言えることは，少なくとも，前4世紀後半のアッティカにおいてオオムギ栽培がコムギ栽培に比べて圧倒的に優位であったということである[117]。

前329年の生産高が凶作だったか，豊作だったか，あるいは通常の生産高だったかは，他の年度との比較ができないので，不明とするほかないが，この年の生産高だけではアテナイの全人口を養うことは明らかに不可能だった。では，実際どれほどの人口を養うことが可能だったか。Osborneは当時の総人口を150,000人と算定し，アテナイは自国の農地でこの数の人口を養うことができたとするが，前329年の穀物生産高をオオムギ120,000キンタル，コムギ16,500キンタルとすると，この生産高で養える人口は約60,132—64,387人となる。この数は推定総人口の4割程度である。そして彼はこの年を不作の年と見た。またGarnseyは前329年の生産高を10部族に限定して算出し，およそ53,000から58,000人を養えたと推定している。この数はOsborneの推定総人口の3分の1強である。Garnseyも，やはりこの年は不作だったと見る。いずれにせよ，コムギで作られたパンは扶養可能人口の1割程度の人々の口にしか入らなかった。筆者は前329年の穀物生産高で養える人数はOsborneの推定総人口の半分以上であると見なしているので，その数値はGarnsey, Osborneのそれよりも高いということになる。

前4世紀半ばの一弁論[118]によれば，アテナイは他のどんな国よりも大量の輸入穀物を消費したとされる[119]。アテナイに輸出される穀物（シートス）の最大の生産地は黒海沿岸地域であった。黒海（ポントス）からアテナイに輸出される穀物の量は，他のすべての輸出地から輸入される穀物の総量に匹敵するとされ，黒海からアテナイに輸入される穀物の量は，およそ40万メディムノスである，とされている[120]。注目すべきは，40万メディムノス（＝16,380,000kg）という数値のもつ意味である。この量で養うことのできる人数は72,158—77,264人である。この数

値が前329年の穀物生産高と図らずも一致するという事実は見逃せない。150,000人の人口を養うには最低80万メディムノスの穀物を必要とした。アテナイに輸入される穀物の量が40万メディムノスであるとすれば，残りの半分はアテナイで生産可能だったということになる。とすれば，前329年の穀物生産高は通常の生産高であった可能性が高いということになろう。

では，アッティカにおける主食はオオムギかコムギか。Garnseyは，富裕なアテナイ人と都市住民の南ロシア産のパンコムギ[121]を好む傾向が全般的に強まり，このような嗜好の変化が輸入を促進する役割を演じることになった，と述べている[122]。しかしながら，この見解にとっての障壁は，史料において単に穀物としか記されていない点である[123]。確かに，コムギの輸入増加によって，コムギのパンが食卓に上る機会は多くなったかもしれない。しかしながら，それによって主食がオオムギからコムギに代わったとか，オオムギが貧民や奴隷の食物となり，家畜の飼料に充てられるようになったとか言うことは，既述したように[124]，無理があるといわざるを得ない。古典期のアテナイにおいてオオムギは貧富の差に関わりなく常に市民の主食の一つであったと言うことができよう。

注

1) 伊藤 2010（= 本書第6章）。
2) ムギの栽培種については，Sallares 2007, 31ff. を参照。
3) Hopper 1979, 156.
4) Thuc., 2. 14. さらに，アリストパネス『平和』632行を見よ。
5) スパルタ軍のアッティカ侵入による耕地の破壊および果樹の伐り倒しについては，Thuc., 2. 19-21,『アカルナイの人々』183, 226, 233, 512および『平和』628-9; Lys. 7. 6参照。
6) 食糧供給および食糧危機の問題については，Garnsey 1988, chs. 8-10参照。この書については，筆者による書評（『西洋古典学研究』38, 1990）と松本宣郎・阪本浩両氏による翻訳書（『古代ギリシア・ローマの飢饉と食糧供給』，白水社，1998年）がある。穀物輸入の必要性を述べているものとしては，Lys. 6. 49を見よ。
7) Pomeroy 1995, 46-50.
8) 本書第6章142頁。
9) Cf. Garnsey 1988, chs. 9-10. 穀物商人による黒海沿岸を含む穀倉地帯からの穀物輸入については，Xen. *Oec*. 20. 27-8を見よ。
10) Cf. Foxhall and Forbes 1982, 41-90, esp. 74.

11) vv. 4-7.
12) Garnsey 1992, 147ff.
13) Jardé 1925, 32.
14) Ibid., 48.
15) Ibid., 52-53, 90.
16) Beloch 1886, 32.
17) Jardé 1925, 60.
18) 村川 1940; Michell 1940.
19) 村川 1940, 64-65.
20) Michell 1940, 50.
21) Ibid., 50-51.
22) Osborne 1987, 46.
23) Garnsey 1988, 89-106.
24) Ibid., 98 Table 5.
25) Garnsey 1992, 148.
26) Ibid., loc. cit.
27) Garnsey 1988, 99.
28) Ibid., 93f., 102.
29) Busolt 1926, 758.
30) Jardé 1925, 72.
31) Isager and Skydsgaard 1992, 15.
32) Jardé 1925, 53.
33) Busolt 1926, loc. cit.
34) Garnsey 1988, 92.
35) Osborne 1987, 46.
36) 村川 1940, 62-63.
37) Heichelheim 1935, 834.
38) Finley 1952, 250f. n. 38.
39) Rostovtzeff 1941, 1617f. n. 142.
40) この碑文については，本書第6章132-3頁を見よ．この碑文はHeichelheimが推察しているような三圃式が行なわれていたことの根拠にはならない．
41) Richter 1968, 100ff.
42) Behrend 1970, 83f. nos. 152-154, 121f. n. 105.
43) Hopper 1979, 161.
44) Osborne 1987, 41,45.
45) Garnsey 1988, 93.
46) Isager and Skydsgaard 1992, 108-114.
47) これについては，本書第4章48-50頁ならびに第6章120-1, 128-34頁参照．
48) 地中海沿岸地域の農耕については，中尾 1966, 141-78を見よ．
49) Xen. *Oec.* 16.12.
50) Hopper 1979, 162.
51) Garnsey 1988, 94.
52) Pomeroy 1995, 325.
53) 本書第6章144頁注61参照．
54) 同129-30頁参照．
55) デュアレイスの賃貸借碑文（*IG* II^2 1241）．この碑文の解釈は同131頁参照．
56) Garnsey 1992, 151f.

57) HP 8.7.2にソラマメによって休閑地は最良のものとなる、とある。Cf. HP 8.9.1.
58) このことを裏付ける史料として、ラムヌースの賃貸借碑文（IG II² 2493）を挙げることができる。この碑文の解釈については、同131-3頁参照。
59) Hopper 1979, 161.
60) ［Dem.］42.
61) パンディオニス部族の沿岸の区の一つ。現在のアッティカ東岸の町ブラウローナ(パラリア)から南西に約3kmのところにその区の所在地が比定されている。Traill 1986, Mapを見よ。
62) 6節。脱穀場の大きさが分かる唯一の文献史料。農業用建築物については、Isager and Skydsgaard 1992, ch. 4参照。ヘレクレイア碑文によれば、ディオニソス神殿領の賃借人は借地内に牛小屋、麦藁小屋および納屋を建てることを義務付けられていた。詳しくは、伊藤 1999, 334を見よ。
63) 21節。
64) 5節。
65) 6-7節。
66) 7節。
67) Hopper 1979, 162は ὕλη を腐植土を作るための雑草などの植物と見る。
68) 19および30節。
69) 20節。
70) 24節。
71) de Ste. Croix 1966, 112.
72) 丘を周囲の長さで表現した例として、メナンドロス『気むずかし屋』117行以下を挙げることができる。このケースにおいて面積は問題になっていない。丘の周囲3km（15スタディオン）。クネモーンは奴隷を追跡してその周りを走り回った。(ロポス)
73) 注64参照。
74) Jardé 1925, 49.
75) Ibid., 78.
76) クセルクセース麾下の一兵士の場合。Cf. Hdt. 7. 187. また、アリストパネス『蜂』716行以下には、穀物の分配に当たって、5メディムノスのオオムギを「1コイニクスずつ κατὰ χοίνικα」与えたとある。
77) Foxhall and Forbes 1982, 74f. なお、ibid., 86-7 Table 3 によれば、コムギ1コイニクスの量は通常の成人男子 <moderately active adult male> の1日に必要なカロリー（2852カロリー）のほぼ100％（2803カロリー）をまかなう、という。人が穀物によって摂取する熱量を全体の70-75％と仮定すれば、年間1人当たりの穀物消費量は303kgの70-75％、つまり212-227kgとなる。
78) 前329年のアッティカの穀物生産高では、当時のアテナイの全人口を養うことはできなかった。そのため海外の穀物に対する依存度はおのずと高まったに違いない。ボスポロス王国の穀物に対するアテナイの依存については、Garnsey 1988, ch.9および篠崎2013, 21ff. 参照。
79) この弁論の年代は前328/7年の食糧危機の時代に最もよく合致する。Budé版のGernet 1957の概要76-7頁に従う。
80) 本文161頁および注113参照。
81) 本書第6章144頁注44参照。
82) 31節。初穂碑文（IG II² 1672 vv. 282-287）から、民会が穀物価格の設定を行なったことを知る。設定価格は、1メディムノスにつき、オオムギ3ドラクマ、コムギ6ドラクマであった。この価格はパイニッポスの売却価格に比べてかなり低く設定されている。
83) 注69参照。
84) 前330/29年に穀物の価格が1メディムノス16ドラクマにまで高騰した。Cf. Dem. 34.(シートス)

166　第 2 部　農事と暦

　　 39. この弁論の年代は前327/ 6 年。Budé 版の Gernet 1954の概要150-51頁に従う。
85)　村川1940, 65; Jameson 1977-8, 130; Sallares 2007, 31. 村川1940, 223f. n. 6 はアリストパネス『平和』447行以下を「槍や楯の商人で，商売の故に戦争を欲する者は盗人等に捕えられて大麦を喰うようになれ」と訳出し，オオムギが下等な食物と見える，とする。しかし，449行目の κριθὰς μόνας，すなわち，'unmilled barley alone' は μᾶζα を作るための ἄλφιτα ではなく，単に「挽いて粉にされていない（＝未加工の）生のオオムギ」を意味する。Cf. Olson 1998, 168. つまり，この箇所は生のままでオオムギを食べさせられることを言っているのであり，オオムギが下等な食物であることを示すものではない。そうではなく，逆にこの箇所はオオムギが一般に食されていたこと，またその際 ἄλφιτα として調理されたことを暗示している。また，『女の平和』1203ff. では奴隷や貧しい人々の食物としてコムギやパンが言及されている。なお，『鳥』622, 626では生のオオムギやコムギが鳥の餌として挙げられている。
86)　富裕者の主食もオオムギだった。アリストパネス『福の神』806, 1155行を見よ。
87)　Garnsey 1992, 148; Sallares 2007, loc. cit.
88)　HP 8. 8. 2. さらに，『平和』1324行参照。
89)　Cf. Foxhall and Forbes 1982, 53. 「クリータイ＜アルピタ＜マーザ」および「ピュロイ＜アレウラ＜アルトス」双方に対応関係が見られる。クリータイとマーザ，ピュロイとアルトスの対応関係は Xen. Oec. 8. 9 にも認められる。ヘシオドスにおいても μᾶζα が常食であった。Cf. Op. 590. μᾶζα への言及は喜劇中にしばしば見られる。『アカルナイの人々』732, 835;『騎士』55, 1105, 1166;『平和』853;『蛙』1073;『女の議会』606, 665, 851;『福の神』192, 544. さらに，『騎士』1101ff. にクリータイがアルピタに加工されマーザが作られるまでの工程が示されている。
90)　『蜂』718行。コムギの配給については『鳥』580を見よ。
91)　『女の議会』424-5 行。
92)　同上，424行。
93)　前 4 世紀後半における市域（アステュ）およびペイライエウスに住む市民たちへの穀物の供給については，Dem., 34. 37参照。市域の住民には ἄλφιτα が，ペイライエウスの住民には 4 コイニクスの ἄλφιτα と，1 オボロス分のパン（アルトイ）が配給された。
94)　『雲』106, 648, 788;『蜂』301;『平和』368;『女だけの祭』420.
95)　『騎士』1100-4, 1359;『平和』477.
96)　『平和』636;『福の神』219, 628, 763.
97)　『騎士』1009;『女の議会』817-9.
98)　『雲』640;『鳥』491;『女の議会』424.
99)　『女の議会』686.
100)　『蜂』1405;『平和』1144-5;『女だけの祭』813;『福の神』986. コムギ粉から作られたパンへの言及はしばしば見られるのに（『騎士』282;『雲』1383;『平和』853;『蛙』505;『福の神』190, 320, 543, 1136），コムギ粉そのものの言及が見当たらないのは，いかなる理由によるものか。アテナイ市民はコムギ粉ではなく，パンをパン屋から購入したのか。
101)　約60年後．コムギの価格は 1 メディムノス 5 ドラクマに設定された。Cf. Dem. 34. 39. さらに，注82を見よ。
102)　Thuc., 4. 16. Id. 7. 87によれば，シラクサにおけるアテナイ人捕虜には 8 か月間，1 日水 1 コテュレーと穀物 2 コテュレーが与えられた。この史料には穀物がオオムギかコムギかは明記されていない。これについて，プルタルコスはオオムギである（Nic. 29）とし，ディオドロスは ἄλφιτα である（13. 20）とする。後者はコテュレーではなく，コイニクスを用いている。
103)　Hdt., 6. 57.

104) Plut. *Lyc.* 12によれば，スパルタ人の共同食事の仲間は，各人毎月 ἄλφιτα 1 メディムノス，ブドウ酒8クース，チーズ5ムナ，イチジク2.5ムナを持ち寄った。この史料については，Foxhall and Forbes 1982, 58参照。
105) 本書第6章125頁参照。
106) ウェルギリウス『農耕詩』164行。Cf. Schneider 2007, 149.
107) Amouretti 1986, 108.
108) ヘラクレイア碑文に関しては，伊藤 1999, 321-50を見よ。
109) 伊藤 1999, 332 表2より算出。
110) 同上，335参照。
111) *Gp.* 4.1.15によれば，ブドウ畑ではブドウの樹間に2年毎に種を播く間作が行なわれているが，その播種によってブドウの木が害を被ることはなく，むしろその畑から良いブドウ酒が産出されると言われている。
112) Osborne 1987, 45.
113) 通常の約1.5倍。本文151頁を見よ。
114) Jardé 1925, 53.
115) オオムギ，コムギ共に通常の約6分の1。本文151頁を見よ。
116) 有名なアテナイの弁論家。彼はエレウシスに自分の家と地所を有していた。Cf.［Plut.］*Mor.* 849d. ヒュペレイデースについては，Davies 1971, 517-20参照。
117) Sallares 2007, 31.
118) Dem. 20.
119) 31節。同様の記述は Dem. 18. 87にも見られる。オオムギ（アルピタ）の輸入については『騎士』857を見よ。
120) Dem. 20. 31-2. Cf. Кругликова 1975, 55-8.
121) 学名は，Triticum aestivum (= Triticum vulgare)。*HP* 8. 4. 5 において，非常に軟らかく，最も軽い特徴をもつとされるポントス種の秋播コムギは，黒海北岸地域産ではなく，南ロシア産だった，と考えられる。Jasny 1944, 81f. を見よ。Cf. Sallares 2007, 32. この品種はアッティカでは生産できなかった。
122) Garnsey 1988, 131f.
123) 注119-20所引のデモステネスの箇所に加えて，Isoc., 17. 57; Str., 7. 4. 6 を参照。さらに，前347/6年に年代付けられるボスポロス諸王顕彰碑文（*GHI* no. 64）においても，穀物と読める（v. 15）。Cf. Dem. 34. 36. 穀物がオオムギ（アルピタ）とコムギ（パン）双方であった例としては，id., 34. 37を見よ。
124) 本文159-60頁参照。

第 8 章　古代ギリシアの農業 —— 段々畑は存在したか？

はじめに

　古代ギリシア語にはテラス[1]に当たる言葉がない。現代ギリシア語にはテラスを示す二つの言葉が知られている。一つは，stepped terraces を示す *skala*[2] と，もう一つは，narrow high terraces を示す *skamata*[3] である。Rackham and Moody はテラスのタイプを三つに分類している[4]。Lohmann によれば，古典期に建設されたテラスは parallel-step タイプであったとされるが[5]，これは Rackham and Moody の分類では，stepped terraces に当たるもので，現代ギリシア語の *skala* と呼ばれるタイプのものである（図1[6]参照）。このタイプのものは，わが国において棚田あるいは段々畑と呼ばれているものである。このタイプの農業用テラスはわが国に限らず，世界の至る所で，あらゆる時代に確認できる。本章では，古代ギリシアにおける農業用テラスについて考察する。

碑文史料と文献史料に見るテラス

　注目すべきは，古代の史料にテラスに関する言及がないという事実である。農業について多くの知見を与えてくれるヘシオドスやクセノポンにもテラスに関する言及はないように思われる。そもそも古代ギリシア語にテラスに当たる言葉がないということは，そのような農業そのものが存在しなかったことを示しているのであろうか。それともそれ以外の言葉でそのような農業が表現されていたのだろうか。以下，テラスに関わりがあると推定される碑文および文献史料について検討してみよう[7]。

　アモルゴス碑文[8]の中に，テラスに関する言及があると言われている。碑文17行目以下を読んでみよう，つまり「賃借人は自分の費用で崩れ落ちているすべての壁を再建すべし，もし彼がそれらを再建しなければ，オルギュイアにつき1ドラクマの罰金を支払うべし。また，道路沿いにすべての壁を巡らすべ

図1　メサナの段々畑の景観

し，また彼がその土地を立ち退くとき，それらの壁を残しておくべし（17―20行）」と規定されている。ここでは，2種類の壁が言及されている，つまり，倒壊した壁と道路沿いの壁。双方共に，壁は τειχία である。GHI の注釈者は，倒壊した再建さるべき壁を（テラス）壁と，道路沿いに巡らされた壁を境界用の囲い壁と見なしている[9]。また，32行目に別の壁についての言及がある，つまり，植樹規定に続いて，「また，賃借人はその土地上に壁を積み上げるべし」と。ここでの用語は τειχίον である。GHI の注釈者はこの壁と植樹との何らかの関連を想定している[10]。SIG^3 963^{22} によれば，この壁は拾い集められた石で作られ，植えられた若木を保護するためのものであったとする[11]。また，倒壊した壁と道路沿いの壁については，IJG 505―6; SIG^3 963^{11-12} 共に，境界用の囲い壁と考えている。倒壊した壁を境界用の囲い壁と考える場合，この壁はゼウス・テメニテース神殿領と賃借人の農地を仕切る隔壁ではなかったかと推定される。35行以下の家畜放牧禁止規定は神殿領内への家畜の侵入を禁止しているので。道路沿いの壁については19行目の動詞 φράσσω をめぐり解釈が分かれる。Osborne および GHI no.59はこの動詞をそれぞれ to repair, to strengthen の意味とし，「道沿いのすべての壁を修繕する，補強する」と訳出する[12]。これに対して，Foxhall は Osborne の訳出を誤りとし，自身は「道沿いのすべての壁を囲む」と訳出する。これは既存の壁の頂上にとげのある枝などを置き，それを飛び越えようとする動物の侵入を防止するためであるとする[13]。但し，こうしたことが φράσσω，すなわち to fence に当たると言えるかどうか疑問が

なくはない。SIG^3 963^{12} は φράσσω が本来他のものを囲むという意味を持つので，ここでのこの語の使用は通常とはやや異なるとするが，この規定の意図はこの語を用いることによってこの壁が φραγμός（φράσσω の派生語）であることを明示することにあったとする。つまりこの壁はゼウス・テメニテース神殿領への外部からの侵入を防ぐための隔壁であったと。確かに，アモルゴスのような景観のエーゲ海の島々[14]では，農業用テラスの重要性は否定できないが，この箇所をもって，アモルゴスのゼウス・テメニテース神殿領で，前4世紀中葉に，テラスの建設が行なわれていたと言うことは難しいと思われる[15]。

　次に，テラスに言及していると思われる文献史料を吟味してみよう。Jameson は文献史料に現われる αἱμασιά が「テラス壁 terrace walls」として解釈さるべきであると考えている[16]。彼はとりわけ傾斜地において，土砂の流出による土壌の浸食作用を防ぐためにテラス壁を作ることが重要であったとし，『オデュッセイア』の次の2箇所にテラス壁作りの様子が描かれていると解釈する。一つは，*Od.* 18. 357f. であり，もう一つは，*Od.* 24. 224である。前者は，エスカティアの開墾による果樹園化を示している。労働力としてテースが用いられたが，彼の仕事は「石垣を作ること αἱμασιάς τε λέγων と丈の高い果樹を植えること δένδρεα μακρὰ φυτεύων」であった。後者は，ラーエルテースの果樹園に関する記述である。この果樹園も，おそらく，エスカティアの開墾によって獲得されたものであった。この箇所で，奴隷たちは「ブドウ畑の垣を作るために石ころを拾い集めに αἱμασιὰς λέξοντες ἀλωῆς ἔμμεναι ἕρκος」出かけていた，と記されている。双方の箇所で用いられている αἱμασιὰς λέγω は「垣を作る材料の石を集めること（＝石垣を築くこと）」を意味するので，αἱμασιά はテラス壁というよりもむしろ果樹園に巡らされた囲い壁ではないかと考えられる[17]。また，「アキレウスの楯」に描かれたブドウ園にも垣 ἕρκος が巡らされている[18]。

　ヘロドトスはエジプトのブバスティス女神の神殿の構えについて次のように記している。つまり，「神殿の周囲には彫刻を施した垣が巡らされている」[19]と。ここで，αἱμασιή は明らかに浮き彫りが施された石の壁である。

　われわれはプラトンに次の一句を見出す，つまり「その次の段階では，もっと大勢の人間がひとところに集合し，もっと大きな集団（ポリス）を作ります。そして，初めて山麓で農耕に向かい，また野獣のために防禦壁として，石垣のような囲いを作る」[20]と。ここでは，αἱμασιά ではなく，その派生語の αἱμασιώδης（ハイマシオーデイス）が

用いられ，περίβολος を修飾している。おそらく，これは野獣を防ぐための石垣状の囲い壁であろう。

境界を示す壁の例として，われわれは次の一碑文を挙げることができる。スーニオン区東北部のポルトモスに所在したサラミニオイ氏族の神殿領に関する一碑文[21]。サラミニオイ氏族は「ヘプタフューライに属する人々」と「スーニオンの人々」との二集団に分かれていたが，氏族所有の神殿領を「スーニオンの人々」が不当利用したため，「ヘプタフューライに属する人々」が抗議し和解が成立した。この碑文には，その神殿領に関する境界明示と両者の利用権限の規定が記されている。われわれにとって重要なのは次の規定[22]，すなわち「残余の神殿領は，北には，第1の石垣が，日の昇る方には，地境(タ・コーリア)に設置されたる境界標石(エンバテーレス)が，没する方には，海沿いの岸壁とその上方にある岸壁が，境界の印たるべきこと（11—17行目）」。問題は「第1の石垣」と訳出した ἡ αἱμασιὰ ἡ πρώτη である。この箇所を Ferguson は 'the first stone wall'[23] と，岩田氏は「第1の石垒」[24]と訳出する。おそらく，この場合も石垣状の境界壁と見てよいであろう[25]。

さらに，αἱμασιά の実態を知る上で極めて有益な史料として，デモステネス弁論55番を引用することができる。この弁論はアッティカの自然的景観と田園における農民の生活を垣間見させてくれる作品である。原告と被告は隣人同士で，原告の土地と被告の土地の間には公道があり，山が周りを取り囲んでいる。被告の父テイシアスは被告が生まれる少し前に自分の「土地を囲い込んだ」と語っている。そのとき原告カッリクレスの父カリピデスはまだ存命で，土地を囲い込んだ経緯をよく知っていた，一方，原告カッリクレスは成人して市域(アステュ)に住んでいた，と言う（3, 15節）。被告の父はその地で15年以上にわたって生活してきたが，その間，告発されることは一度もなかった（4節）。「土地を囲い込んだ」理由は，「隣人が放牧をし，その土地に侵入してくる」からであり，したがって，父はそれを防ぐ目的でその土地に「石垣を巡らした」のである（11節）。被告の父テイシアスが「囲い込んだ土地」は，元は原告が所有していたものであったが，田舎(アグロス)での暮らしを嫌い市域で生活していた原告は，その土地を被告の父に譲渡したものと思われる。その土地が被告のものであることを原告も認めている（9節）。さらに，「カラドラを壁で塞いで」損害を与えたという原告の主張に対して，そこには「植樹された木，ブドウとイチジク

の木および墓（ムネーマタ）」があるので，カラドラではあり得ない．しかも，その古い墓は「われわれがその土地を獲得する以前に存在していた」と反論している（12―14節）．

　原告は自分の土地が浸水して，穀物が水浸しになった損害賠償を被告に求めている．つまり，被告が「土地を囲い込んだ」ことによって，水が隣の原告の土地に流れ込んだというのである．「土地を囲い込んだ」と訳出した語句は，περιοικοδομέω τὸ χωρίον であるが[26]，別の箇所では[27]，περιοικοδομέω τὴν αἰμασιάν と言い換えられているので，双方は同義であると考えられる．後者は「石垣を巡らして土地を囲い込んだ」，つまり「土地に囲いを巡らす」の意になる．とすれば，αἰμασιά は囲い用の石垣以外ではあり得ない．

　また，2人の土地の間に公道があり，その道を私的に蚕食しようとする企てが語られている．その方法は，ἐξαγαγὼν ἔξω τὴν αἰμασιάν[28] や τὴν αἰμασιὰν προαγαγόντες[29] といった言葉で表現されている．前者は「囲いを外側に拡張する」ことであり，後者は，「囲いを前方に移す」ことである．いずれの場合も，囲いを道の方に移動することによって，道の一部を囲い込むことを示している．とすれば，αἰμασιά は石垣のような囲い以外のなにものでもない[30]．さらに注目すべきことは，この同じ「石垣」のことが，別の箇所[31]で「壁」と言い換えられていることである．すなわち，「（父が）古い壁を τειχίον παλαιὸν 積み上げた ἐπῳκοδόμησεν としても，そのこと（浸水したこと）を私の責任に帰するべきではない」と．とすれば，αἰμασιά = τειχίον ということになる．さらに，別の箇所から当該の「壁」ないし「石垣」が「大きな石」[32]を用いて作られたことを知る．

　メナンドロスの一句[33]，'τὴν αἰμασιὰν ἐποικοδομήσω γὰρ τέως ἐγώ' は，デモステネスより得られた知見に基づいて，次のように訳出し得る．すなわち，「その間に私は石垣を積み上げるでしょう」と．この仕事は，他の農作業と同じく，奴隷の仕事であった．また，テオクリトスの『牧歌』[34]に，子供（＝奴隷）がブドウ園で石垣（ハイマシアイ）[35]に座って見張りをしている様子が描かれている．ブドウ園には2匹の狐がいて食べごろのブドウの実を狙っている．この二つの史料も，おそらく，ハイマシアがテラス建築用擁壁ではなく，畑やブドウ園に巡らされた囲い壁（石垣）であることを示している[36]．

　以上の史料を総合的に考えると，われわれは Jameson の先の解釈をそのまま

受け入れることはできないということになろう[37]。

考古学に見るテラス

1．テラスの痕跡

　Boardmann はキオス島において，農地と解釈されている郊外の二つの遺跡を発掘した[38]。それらは前5世紀後半に遡るが，双方の遺跡は注意深く設計されたテラスの明白な痕跡を示している。エンポリオン近くの遺跡からはオリーブ圧搾用石臼 trapetum の碾臼石 orbis の一つが発見されていて[39]，オリーブ栽培が行なわれたことを暗示している。さらに，カンポス平野北の高地でいくつかの農場が発見されている。

　Bradford は半世紀以上前に，英国の航空写真を使って，アッティカ県(ノモス)グリファザ近郊の西ヒュメットス地域に，棄てられた広大なテラスが存在することを示した。のちの調査で彼は，このテラスはおそらく古代に遡り，ヒュメットス周辺のこの集約農業は古代世界にその起源をもつ[40]，とした。かつてこの辺りにはアイクソーネー区があり，その北にエウオーニュモン，ハリムース，その南にハライ・アイクソーニデスの諸区があった。Pečírka はこの地域の農民は各区の中心の村[41]に住んでいて，そこから毎日彼らの農地に出かけていた[42]，と推定している。では，テラスはどのような栽培に適していたのか。現代の農民は，そのようなテラスはオリーブ栽培に最も適しており，その樹間にはオオムギが栽培され得る[43]，と考えている。アイクソーネー区の賃貸借碑文に同様の栽培が確認できることは[44]，偶然とはいえ，すこぶる興味深い。

　棄てられたテラス群がいつの時代のものか，それを決定するには，考古学的な発掘を抜きにしては考えられない[45]。Rackham and Moody[46]は「年代付けは次のような特殊な状況においてのみ可能である」と言う。つまり，それは「テラス化された地域が単に一つあるいは二つの限定された時代にのみ定住の証拠を有すとき」であると。そして彼らは，年代付け可能なテラス・システムの最古の例として，クレタ島東部モクロス西方に浮かぶ小島プセイラのケースを挙げ，残存しているテラス・システムがミノス中期のもの（前1750年頃）であったことを指摘している[47]。また，南アッティカで確認されているテラス・システムが，年代付け可能なもう一つのケースに当たるとして，Lohmann の研究[48]に言及している。

174　第2部　農事と暦

地図1　南アッティカの地図

　アッティカ南西先端部，ハラカ渓谷，アヤ・ポティニおよびスィマリ地方に及ぶ約20km^{2}の地域（地図1 [49]参照）。古典期の区アテーネーの所在地付近に，村あるいは区の中心は見つかっていないが散居定住型の30を超える古典期の孤立農場 farmstead の跡が発見されていた。それらの農場の多くは塔を持つ家屋，脱穀場およびオイル圧搾機（ミルとプレス）を備えている。この農場は，その付近に墓を有することから，永住型と見なされる。そこではテラス栽培が行なわれており，テラスではオリーブが栽培されていた。そこでは自給用ではなく大規模な市場向け[50]のオリーブ油生産が行なわれていた。それらの農場の多くは塔と中庭と羊小屋と脱穀場を備えた複合建築物を有し，前4世紀に年代付けられる[51]。

　レグレナ北方2km，パレア・コプレシア（地図1参照）と呼ばれる丘上に古典期の二つの大きな農場の屋敷跡（LE16とLE 17）がある。LE16は中庭の石造壁の様式に基づいて，前4世紀前半に年代付けられる。屋敷跡の北東約60mの所にある直径22mの大きな脱穀場は，そこで穀物栽培が行なわれたことを，

第 8 章　古代ギリシアの農業　175

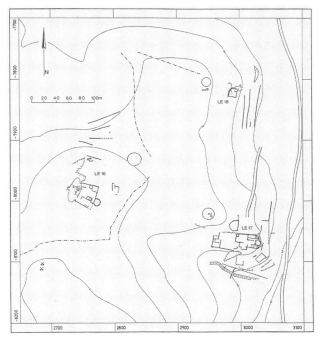

地図 2　レグレナ，パレア・コプレシアの古典期農家の遺構（LE16と LE17）

　また，その農場の北側斜面にある農耕用テラスではオリーブ栽培が行なわれたことを証明している（地図 2[52]参照）。農場の中庭でオリーブ圧搾用石臼の中央円柱部分 miliarium が1985年に発見されたが，それ以来消失している[53]。LE17には中央北側に塔が，その下の中庭にオリーブ・プレス，東側に居住用家屋，二つの大きな脱穀場[54]と複数の家畜用の檻がある（地図 2 参照）[55]。

　33の古典期の農場のうち八あるいは九つは大土地所有者に属した。農場は，およそ25haの広さを有す[56]。ハラカ渓谷の傾斜地でさえほぼ完全にテラス化され，可耕地面積をおよそ25—30haにまで増やした。このように所有者は一つの谷を丸ごと占拠することもあった。これらのテラスのほとんどが，おもにオリーブ栽培に利用された。これらの巨大なテラス栽培は奴隷の使役なしには考えられない[57]。これらのスィマリあるいはハラカ渓谷で発見されているテラスは古典期に年代付けられる。この地域の定住史について考える場合，テラスの建設がヘレニズム期，ローマ帝政期，中世あるいは近代初頭に行なわれな

176　第2部　農事と暦

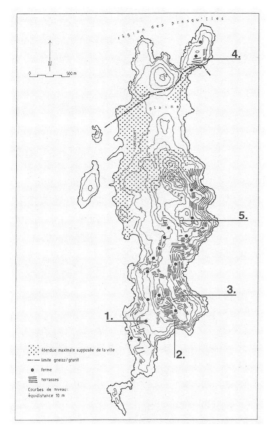

地図3　デロス島の発掘調査位置　2-4は段々畑

かったことは，確かである。なぜならば，これらすべての時代にこの地域に定住の痕跡が認められていないので[58]。

最後に，デロス島における古代のテラス（地図3[59]参照）について考えてみよう。ここでは三つの古代の畑が発見されている[60]。

畑2（地図3中の番号に符合）はカト・バルジアの南に位置し，その規模は幅3－5m，長さ150m。支持壁の高さ1.15m。畑のほぼ1mの深さに花崗岩の土台がある。この畑は一から造られた。土止め用の支持壁が作られた際に，厚さ0.6mの土が盛られ，畑が形成された。この畑の最下層で炭，古植物の遺物および陶片が発見された。陶片（アッティカ黒釉式スキュフォスの取っ手と縁）は前6世紀末―前5世紀初めに年代付けられる。その上の地層は黒曜石の破片とかなり多くの陶片を含んでいる。これらはヘレニズム期に属す。この畑の表面を0.35―0.4mの層が覆っていた。これは2000年にわたって徐々に畑を覆った斜面の崩積層である。

畑3はカト・バルジアの東側下方に位置する。この畑は完全に保たれた支持壁を有す。高さ1.25m，ざらざらした多角形の石で造られている。この壁はピラミッド型である。古代の畑の表面は，畑2とは異なり，堆積物で覆われてはいなかった。地層上部0.25m中に比較的豊富なヘレニズム期の破片が発見され

第8章　古代ギリシアの農業　177

ているが，それらの破片はあまりにも破損がひどく，畑の整備の年代を決定するには至っていない。

　畑4はパティニオティ半島の東側，古代の片麻岩の石切り場付近の断崖の淵，標高16mの所に位置する。その規模は幅9.5m，長さ60m。支持壁の厚さ，0.7m，高さ0.8m。土壌は砂泥土を含み，深さ0.3m。地表面にヘレニズム期の破片がかなり多く見られる。この土壌は穀物栽培，特にオオムギに適している。

2．古代にテラス栽培は存在したか

　以上のような考古学的な発掘調査の成果をどのように解釈すべきか。棄てられたテラス群はいつの時代のものか。

　Bradfordによるテラスの発見と主張はしばしば事実として引用されている[61]が，Foxhallは当該のテラスを古代のものと同定することに否定的である[62]。農業用テラスの建設年代を正確に特定することができる唯一の例はメサナの場合である。メサナ半島は1805年には居住されておらず未開の地だった。19世紀の最初の数十年にそのほとんどが開拓された。半島の人口は19世紀を通して増加し続けた。1896年には1830年の2倍以上となり，1907年のピーク時には1830年の2.47倍に達した。しかしながら，Miliarakisの記述によれば，1880年代初頭に急斜面の広大な地域は未だテラス化されていなかったという。したがって，今日半島の急斜面にその痕跡をとどめるテラスの多くは，19世紀末あるいはそれ以降に建設されたことになる[63]。現在，人工的な遺物の有無による農業用テラスの年代付けの信頼できる方法はない。

　テラスを古典期のものと見なすLohmannの研究はテラスの年代決定においてやや無理があるように思われる。仮にLE16が前4世紀前半に年代付けられるとしても，これをもって周辺の放棄されたテラスが古典期のものであるとは言える筈がない。またテラスでは大規模なオリーブ栽培が行なわれたとするが，その根拠となるオリーブ圧搾機の出土状況はメサナと比較して低く[64]，また年代もローマ末期（LR）のものであり，古典期のものは出土していない。LohmannはLE16とLE17の農場の遺構が古典期とローマ末期双方の要素をもつとするが，これらの遺構はむしろメサナで発見されたR-LRの様式(パターン)に一致するとされる[65]。仮にテラスが古典期に建設されたものであるとすれば，テラス

は建設以来2300年以上風雨に晒されたことになる。それにもかかわらず，テラス壁の崩落は少なく，壁自体の保存状態もよい。古代のテラスであったとすれば，石の表面はより以上に風化していたに違いない。Lohmann によって言及されているテラスは比較的最近放棄されたように見え，古代に造られたもののようには思えない[66]。Whitelaw はケオス（ケア）島の実地調査において遺跡の位置と傾斜角との間に明らかな関連があると指摘する。彼によれば，傾斜角10度以下，10―15度および15度以上ではこの間に重要な相違があるという。つまり，10度以下の傾斜地では農業テラスなしに栽培可能，10―15度のスロープでは農業テラスなしに栽培可能であるが，深刻な土壌浸食を被りやすい，そして15度以上の急斜面では農業テラスなしに栽培は不可能である，と。そして彼の調査によれば，古典期の小農場跡のほとんどが15度以下のスロープ上に位置していたという[67]。この研究は古代の農民が広大なテラスを必要とするスロープを避ける傾向があったことを示している[68]。

　デロス島の三つの畑は土壌層より出土した人工物によって古代の畑と比定され，これらの畑は前1世紀末以前のものと推定されている[69]。Brunet and Poupet によれば，畑2は支持壁建設と畑の造成が一貫して行なわれたとするが，これには疑問の余地がなくはない。つまり，畑の盛土の層序と壁との間に明白な層序学的関係が存在しないのである。Brunet and Poupet はテラス壁を持つ三つの畑について考古学的試掘を行なったが，実はこの地域には棄てられた広大なテラス群が広がっていた。すなわち，標高112mのキュントス山の東と南の山腹から標高82mのカト・バルジア南の山塊周辺に至るまでの同島東部地域（地図3参照）。この広大なテラス群のうちカト・バルジア東斜面のテラス群が20世紀初頭の写真（図2[70]参照）に記録されており，これらのテラスは当時なお栽培に利用されていた[71]。さらに，19世紀の旅行家は，島の中央に横たわるキュントス山の北の平野がミコノス島の農民によって耕作されていたこと[72]，またキュントス山以外の一部の土地は牧場として囲い込まれ，畜産でかなりの収益を上げる幾人かの牧人がいたこと[73]を記している。もしこれらの記録が正しければ，Brunet and Poupet によって発掘されたテラスは，他のテラス群とともに比較的最近開発されたものと言えよう[74]。畑の支持壁の保存状態の良さ[75]がその証と言えるかもしれない。おそらく，これらのテラス群はミコノス島から渡ってきた農民によって19世紀最後の数十年間に開発され，20世紀初

図2　カト・バルジア東斜面に広がる段々畑の景観

頭のある時点まで利用されていたものと思われる[76]。

　Price and Nixon は残存しているテラス壁の年代付けのための九つの基準を設けている。彼らはこれらの基準に基づいて，先に吟味したデロス島の事例を含めて，いくつかのテラス壁を古代のものと断定している[77]。しかしながら，Foxhall は九つの基準そのものに疑問を呈する[78]。考古学者にとって，最も関心がある時代がそのテラス壁の年代に当てられる傾向があり[79]，研究者による年代付けの基準も主観的かつ恣意的なものになっているように思われる。

おわりに

　テラスあるいはテラス壁に関する言及が古代の史料に欠如していることは，やはりその存在自体を疑わせるし，αἱμασιά がテラス壁であるとする Jameson の解釈も正鵠を得るもののようには思えない。古代ギリシア語にテラスに当たる言葉がないという事実にはやはりそれなりの理由があるのではないだろうか。最大の問題はテラス壁の考古学的な年代付けにある。該当地域における定住の歴史を検証することによって，テラス壁の年代付けが可能であるとする者もいるが，しかしこれは単なる一見解にしか過ぎず，考古学的な意味での確証に欠ける。つまり，テラス壁の建設年代を決定する確かな方法は今日なお見出されていないのである。現在，skala タイプのテラスの明白な痕跡は存在するが，それが確かに古代に由来するものであるとは必ずしも言い切れない。同タイプの棄てられたテラスの痕跡はギリシア各地で確認できるので，それらとの

180 第2部 農事と暦

比較検証が不可欠となろう。現段階で言えることは,残存する棄てられたテラスの多くは,それほど古いものではなく[80],メサナの場合同様,19世紀末以降のものである可能性も排除できないということである。

このように,古代ギリシアにおいてテラス栽培が広く一般に行なわれていなかったとすれば,傾斜地の農耕利用の観点からそれに代わる何か効果的な方法・手段は存在したのか。この問題については次章において考察する。

注

1) 古代ギリシアにおけるテラス壁に関する基礎的研究は,Rackham and Moody 1992, 123-30である。
2) Ibid., 131によれば,σκάλα は staircase, steps, ladder の意。現代ギリシアにおける農業テラスの建築法については,Foxhall 1996, 52f. を見よ。
3) skamata は σκάβω に由来する。Rackham and Moody 1992, 133を見よ。
4) Ibid., 123.
5) Cf. ibid., 132.
6) Isager and Skydsgaard 1992, 16より転写引用。
7) テラス壁に関わる碑文および文献史料を入念に検討したものに,Foxhall 1996, 45-51とPrice and Nixon 2005, 665-94がある。
8) SIG^3 963; GHI no. 59参照。
9) GHI 285; Rackham and Moody 1992, 128.
10) GHI 287.
11) Cf. IJG 506-7. SIG^3 966^{16}には,ブドウとイチジクが植えられる穴は若木を保護するために小さな壁で囲まれる,とある。これと異なる解釈については,Foxhall 1996, 51を見よ。
12) Osborne 1987, 37; GHI 283.
13) Foxhall 1996, 49f.
14) クレタ島およびアモルゴス島におけるテラスの景観については,Rackham and Moody 1992, Figs. 2-4参照。
15) Price and Nixon 2005, 668.
16) Jameson 1977-8, 128 n. 32, 132. なお,αἱμασιά の意味については,LSJ と Frisk 1973, 39参照。
17) Foxhall 1996, 45f. は Od. 18. 357f. のみを取り上げ,文脈から農業用テラス壁か別の種類の壁かを決定するのは不可能とする,またこの箇所が農業用テラスを表わしていると見る場合,pocket terraces と見ることも可能とする。われわれはこの箇所からテースが労働力として用いられたことを知るが,彼の仕事は「石垣を作ることと丈の高い果樹を植えること」であった。Gp. 9. 6. 1 に,オリーブ園を造るに際して,オリーブが植えられる場所を清掃し,他のすべての植物を取り除き,そこに壁で囲いを巡らす,とある。Od. 18. 357f., Od. 24. 224および Gp. 9. 6. 1 から総合的に判断して,『オデュッセイア』に現われる αἱμασιά はテラス壁というよりもむしろ果樹園に巡らされた囲い壁と見てよいであろう。Cf. Isager and Skydsgaard 1992, 81; Price and Nixon 2005, 666.

18) Cf. *Il*. 18. 564-5.
19) Hdt. 2. 138.
20) Pl. *Lg*. 681a.
21) Ferguson 1938, 1-74参照。
22) Ibid., 9f., Inscr. 2.
23) Ibid., 10.
24) 岩田 1962, 37.
25) Young 1941, 177によれば，この地域にはテラス壁を有す広大なテラス群があり，最近まで（おそらく，1930年代まで）そこで穀物が栽培されていたという。彼はそのテラス群が古代のそれの上に建てられたと推定し，古代のテラス壁が残存する場所があるとするが（190, cat. no. 8a），確証に欠ける。現代のものか古代のものかの判別は事実上不可能であると思われる。
26) 3, 4, 8, 15, 20, 26, 29および32節。
27) 11, 14節。
28) 22節。
29) 27-28節。
30) Price and Nixon 2005, 666f.
31) 25節。
32) ἀμαξιαίους λίθους（20節）と μεγάλοις λίθοις（30節）の2箇所。前者は「荷車に積む程の，重い，大きな（石）」の意。
33) *Dysc*. 377.
34) 1歌47行。
35) この語は，同じく複数形で，7歌22行にも現われる。
36) Price and Nixon 2005, 666.
37) Ibid., 686-91は Texts 37例中7例（Texts 27-33）がテラス壁であるとする。Text 27は Gai. *Dig*. 10. 1. 13である。この箇所で境界に関するソロンの法が引用されている。これに関しては Plut. *Sol*. 23. 7-8に同様の記述があるので，双方合わせて吟味する必要がある。双方を比較すると，『ソロン伝』には αἱμασιά, ὀφρυγῆ, τειχίον に関する記載がない。*Digesta* で述べられている αἱμασιά, ὀφρυγῆ, τειχίον は他人の地所との境界を明示するために地境に（ここで前置詞 παρά が用いられていることに留意せよ）建てられるものであることは明白なので，αἱμασιά, ὀφρυγῆ, τειχίον は実体として境界用の壁あるいは盛土のごときものであると言えよう。Price and Nixon 2005, 666f. はデモステネス（Text 5）の吟味を通して，境界に関するアテナイ法の存在を想定し，Text 5の αἱμασιά を正しく境界壁であると解釈しているのに（667），なぜかこの箇所の αἱμασιά をテラス壁と見なす。これは牽強付会の解釈と言わざるを得ない。ここで言及されている αἱμασιά はホメーロスとデモステネス（Texts 1-2 および 5）の αἱμασιά に相当するものと思われる。後者において，αἱμασιά = τειχίον であることについては本文172頁を見よ。

Text 27についての以上の解釈が正しければ，Text 31もテラス壁についての言及とは言い難くなる。また，Texts 26, 28, 30および33の事例は，αἱμασιά の名で呼ばれるある種の土地が存在したことを示している。詳しくは，Robert 1945, 79-81を見よ。おそらく，それはホメーロス（Texts 1-2）で話題になっているような，エスカティアにおける開墾のための「囲い地」（Robert 1945, 80の用語では «enclos»）ではあるまいか。対象となる土地はあらかじめ石垣で囲い込まれ，そこでは果樹，とりわけブドウが栽培されたと考えられる。Text 29は本文171頁で述べているように境界壁である。残り1例，Text 32は αἱμασ[ιά とあるのみなので判定不可能である。結局，αἱμασιά および τειχίον をテラス壁と明確に判断できる史料は皆無ということになる。同じく，Price and Nixon の解釈については，Foxhall 2007, 66-8の批判を見よ。

38) Cf. Boardmann 1956, 41-54; id. 1958-9, 295-309; Isager and Skydsgaard 1992, 71-2.
39) Boardmann 1958-9, 304. このタイプの trapetum は前4世紀に発明されたとされる。ここで発見された trapetum は最古の事例に属す。Cf. Foxhall 1997, 259.
40) Bradford 1956, 172-80. Cf. Pečírka 1973, 133-4 n.4; Lohmann 1992, 51; Isager and Skydsgaard 1992, 81; Rackham and Moody 1992, 128-9.
41) アノ ヴーラで発見された古典期の村はハライ・アイクソーニデス区の村の一つと考えられる。Cf. Lohmann 1992, 35ff. Figs. 7-13. そこで，鍛冶屋とレスケー（Figs. 12-13.）が発見されている。鍛冶屋とレスケーはヘシオドスが住んでいる村にもあった。Cf. *Op.* 493, 501.
42) Pečírka 1973, 134.
43) Bradford 1956, 175.
44) アイクソネー区の賃貸借碑文については，本書第6章135-6頁を見よ。
45) Pečírka 1973, 133-4 n. 4.
46) Rackham and Moody 1992, 128-9.
47) その他に青銅器時代のテラスとしては Berbati-Limnes テラスがある。このテラスの調査については，Wells, Runnels, and Zangger 1990, 207-38 参照。
48) Lohmann 1992.
49) Lohmann 1992, 31 より転写引用。
50) Osborne 1992, 22-3. Cf. Lohmann 1992, ns. 52, 54.
51) Ibid., 39 Figs.14-15.
52) Ibid., 46 より転写引用。
53) これがここでオリーブ油が生産されたことの証拠とされる。CH31で，ローマ末期に属す圧搾機が出土している。古典期のものは皆無。Foxhall 1996, 62を見よ。
54) LE17の北側の遺構は形状から見て必ずしも脱穀場跡とは言えないように思われる。なお，二つの脱穀場を有している例としては，パイニッポスとティメシオスの場合がある。LE17の所有者が二つの脱穀場を有していたと仮定すれば，パイニッポスとティメシオス同様，富裕な農民であったと考えられる。Lohmann 1992, 48の指摘を見よ。「ティメシオスの農場」には，二つの脱穀場が，一つは塔の南東に，もう一つは西側に存在した。Young 1956, 124はプリンセス・タワー近くで発見された直径約20mの遺構を古代の脱穀場であると見なすが，この年代付けに関しては疑義がある。Pečírka 1973, 136 n. 1 の指摘を見よ。パイニッポスの農場には各々およそ1プレトロンの大きさの二つの脱穀場があった（[Dem.] 42, 6）。直径と見れば約29m，面積と見れば840m²ということになる。Ferguson 1938, 10 Inscr. 2, vv. 18-19, 23には，ヘプタフューライのサラミニオイに属する脱穀場が言及されている。メサナの現在棄てられた脱穀場跡については，Isager and Skydsgaard 1992, 54 Pl. 3. 5を見よ。
55) Cf. Lohmann 1992,42. LE17の復元模型については，ibid., 48 Fig. 23を見よ。
56) Foxhall 1992, 156-7 は富裕な農民は60プレトロン（5.2ha）の4倍ないし5倍の土地所有者であると指摘し，アッティカの富裕市民2,000人がアッティカの耕地面積の約半分を所有していたと推定している。
57) 家内農耕奴隷の数については，本書第13章参照。
58) Lohmann 1992, 51.
59) Brunet and Poupet 1997, 777 より転写引用。
60) Ibid., 778-9.
61) Pečírka 1973, 133-4 n. 4; Isager and Skydsgaard 1992, 81.
62) Foxhall 1996, 60.
63) Forbes 1997, 110-1.
64) メサナで発見された R-LR の pressing installations の数は25基。1基につき500本と仮定

すれば，LR にメサナで栽培されていたオリーブの木は最低10,000本。各々の木から2年毎に2 kg のオイルを生産するとすれば総量は20,000kg となる。この規模のオイル生産は国内消費のためではなく大規模な市場向けのものであった，とされる。詳しくは，Foxhall 1997, 263を見よ。

65) Foxhall 1996, 62.
66) Ibid., 63.
67) Whitelaw 1998, 234.
68) Foxhall 1996, 64. パンティカパイオン西10km のオクチャブリスコエ村近くでパンティカパイオン市民のクレーロスと屋敷跡が発見された。小さな屋敷跡はアンフォラやキュリックスの陶片およびアンフォラに残る印章押印などより前4-3世紀に年代付けられる。クレーロスと屋敷跡は小さな台地上に位置する。屋敷跡はその頂付近にあり，そこからクレーロスを眼下に見渡すことができる。クレーロスの広さは4.5-5 ha で，穀物畑とブドウ畑から成る。クレーロスの周りには厚さ1-1.45m の装甲壁が巡らされていた。また台地の南斜面にあるブドウ畑とその上部に位置する穀物畑は装甲壁（北壁）で仕切られていた。この壁は穀物畑の土壌の流出を防止する役目を果たしたが，クレーロス内にテラス壁の痕跡は確認されていない。北壁から10.5m 離れたところに北壁に平行して南の囲壁があり（この10.5m 幅の空間がブドウ畑），そこから急な斜面がはじまる。このブドウ畑下の急な傾斜地はあらかじめ取っておかれた土地で，耕作には用いられなかった。また，ブドウ畑の植樹用の穴の大きさは深さ0.5m，直径0.3-0.45m だった。詳しくは，Кругликова 1975, 55-8を見よ。
69) Brunet 1999, 9, 11.
70) Cayeux 1911, 204 Fig. 107より転写引用。Fig. 107のテラス群建設については，ibid., 206参照。
71) Foxhall 2007, 65の指摘を見よ。Cf. Cayeux 1911, 198 Fig. 100.
72) Tozer 1890, 11. Cf. Brunet 1999, 5.
73) Bent 1885, 230. Cf. Brunet 1999, loc. cit.
74) Foxhall 2007, 65.
75) Brunet 1999, 10. 1584年作製のデロス島古地図から，16世紀までは地形的にテラス壁を必要としない風土であったことが分かる。またこの古地図にはテラスらしきものは描かれていない。Ibid., 40, 41 Fig. 27参照。
76) また，テラス群の一部は戦後の食糧増産の時期に開発された可能性がある。馬場1984, 34の指摘を見よ。戦後の同島南部の開発については，Brunet 1999, 6参照。
77) Price and Nixon 2005, 670-4. さらに，Price and Nixon はスパキアに残存するテラスのほとんどはヴェネチアあるいはトルコ時代のものとするが（674-5），それ以外のいくつかのものは古代，おそらくローマ期/ローマ末期あるいはそれ以前の時代のものと推定している（675-83）。
78) Foxhall 2007, 62f.
79) Id., 1996, 64.
80) Cf. ibid., 44.

第9章　Irrigation Holes in Ancient Greek Agriculture

Agricultural stepped terraces are a characteristic feature of the modern rural landscape of the Mediterranean.[1] Nevertheless, it is unclear how extensively the ancient rural landscape was terraced. Some scholars have believed that the past landscape was very like the modern one, in other words, that the terrace systems can be trace back to classical antiquity,[2] while others have denied that agricultural terraces were much used in antiquity.[3]

The author has already written on agricultural terraces.[4] In that paper he considered the question whether agricultural terraces can be projected back into classical antiquity. First, the article looked carefully at ancient terminology (αἱμασιά and τειχίον), using both literary texts and inscriptions (41-44). Second, it investigated the evidence from archaeological fieldwork (44-49). Through these examinations the author concluded that claims to have discovered ancient terracing systems in Greece are doubtful, and that there are no ancient written references to terrace walls (49-51). In this paper the author considers irrigation holes (i.e. the γῦρος)[5] on sloping land, using the *Geoponika*[6] compiled in the tenth century by the emperor Constantine Ⅶ, and demonstrates that there were holes, not terraces, on sloping land in antiquity.

1

First, let us consider the lie of the land. Whitelaw in a notable article has attempted to correlate the location of agricultural sites with the angle of slope on Keos:[7]

'There is a clear relationship between site location and slope angle. ...The key distinctions are between slopes less than about 10° which could have been cultivated without terracing, slopes between about 10° and 15° which might have been cultivated without terraces, but which would probably have been subject to severe soil erosion, and slopes steeper than about 15°, which could not have been cultivated without agricultural terraces...Within the survey area overall, some 780 ha. (42%) have slopes lower than 15°, while within the catchments of the sites, 420 ha. (79%) are lower than 15°.'

If so, on Keos most of the small farmstead sites in the classical period were situated on slopes of less than 15°, which might have been cultivated without terracing. It seems to me that ancient farmers preferred to avoid slopes that needed extensive terracing.[8]

Second, let us consider how sloping land is expressed in the *Geoponika*:

    2. 3. 1: ἐν τοῖς ἀνακεκλιμένοις τόποις

    5. 2. 13: ἐν ξηροῖς καὶ κεκλιμένοις τόποις

    5. 2. 14: ἐν τοῖς πλαγίοις καὶ ἠρέμα ἀνακεκλιμένοις...τόποις

    5. 4. 1: τὰ πρὸς ἄρκτον νεύοντα

9. 3. 2: τὰ τῆς γῆς σχήματα προσκλινῆ καὶ ὑψηλά

9. 3. 7: τὰ προσκλινῆ καὶ ἀνάντη

'Sloping' is expressed by ἀνακεκλιμένος, κεκλιμένος, νεύων, πλάγιος, and προσκλινής. Three of them are participles, two are adjectives, and three modify τόπος (place). It is probable that the τόπος modified by these words is sloping land between about 10° and 15°, and that the τόπος further characterized by ἠρέμα (gentle) is sloping land of less than about 10°.

Third, let us consider the agricultural use of sloping land. What kind of cultivation is sloping land suitable for? There are two important places concerning this in the *Gp.*:[9]

5. 2. 13-14: οἶνος δὲ κάλλιστός ἐστιν ὁ ἐν ξηροῖς καὶ κεκλιμένοις τόποις, καὶ πρὸς ἀνατολὰς ἢ μεσημβρίαν βλέπουσι φυτευθεισῶν ἀμπέλων. τὰς δὲ δενδρίτιδας ἀμπέλους ἐν τῇ πεδιάδι καὶ κοίλῃ καὶ ὁμαλῇ, ἐπιτηδειότερον φυτεύειν. μεμνῆσθαι γὰρ πανταχοῦ, καὶ δικῶς παρατηρεῖν δεῖ, ὅτι γῇ πρὸς φυτείαν χαμαιζήλοις μὲν ἀμπέλοις ἐκείνη ἐστὶν ἐπιτηδειοτέρα, ἡ ἐν τοῖς πλαγίοις καὶ ἠρέμα ἀνακεκλιμένοις καὶ ὑψηλοτέροις καὶ ξηροτέροις τόποις, αὕτη γὰρ τὸ θέρος εὐμαρέστερον ἕξει, διαπνεομένη καλῶς.

The finest wine is that made from vines grown on dry and sloping terrain facing east and south. It is better to plant tree-trained vines in plains, valleys and level terrain. In every case the rule must be remembered and observed that the more suitable terrains for planting *ground-trained vines* are *sloping lands*, gentle slopes, relatively high and relatively dry sites, which will have a milder and well-aired summer.

9. 3. 7: διὰ τοῦτο γὰρ καὶ τὰ προσκλινῆ καὶ ἀνάντη σφόδρα πρὸς ἐλαίαν ἐπιτήδεια ὑπάρχειν εἰρήκαμεν, διότι δέχεται ἀεὶ εὔδιον ἄνεμον, ὡς μηδὲν διαπνεῦσαι, ἀλλὰ καθ᾽ ἕκαστον δένδρον ὁμαλῶς διιέναι καὶ τρέφειν καὶ διεγείρειν τὴν αὔξησιν τοῦ φυτοῦ.

This, then, is why we said that sloping and *uphill* sites are very suitable to olives; they welcome gentle winds, which do not go to waste but penetrate each tree alike, nourishing them and awakening the growth of the plant.

Two kinds of vines appear in the *Gp.*; ἀναδενδράς = ἄμπελος δενδρῖτις (tree-trained vines) and χαμῖτις ἄμπελος (ground-trained vines).[10] On the one hand tree-trained vines were planted in plains, hollow and even terrain; on the other hand the more suitable terrains for planttating ground-trained vines were sloping lands and gentle slopes, relatively high and dry sites, which make summer heat milder, and where fresh air blows. The mild air contributes to the thriving of all plants, and particularly to that of olives; warm and dry air is adapted to olives. A contribution to the suitableness of the air is made by the sloping and elevated configuration of the land. Olive trees in such locations make the best oil, while olives in the plains produce thick oil. Sloping and high sites are very adapted to olives, because they always receive temperate winds. Thus we conclude that sloping lands are suitable for vines and olives.

2

Next we consider the landscape of the lands of Dionysus and Athena Polias as attested in

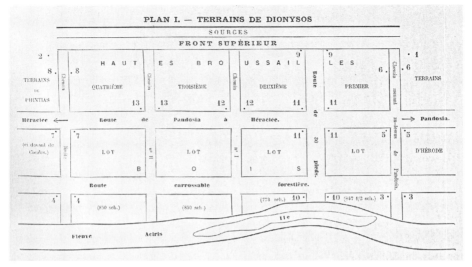

Plan 1: Land of Dionysus (after *IJG* 222)

the Heraclean bronze Tabulae.[11] The temple lands having been encroached on by private parties, the commissioners restored them to Dionysus and Athena Polias; two commissions were appointed to define and mark their boundaries, survey them, and divide them into lots. Tabula Ⅰ contains the report of the commission dealing with the lands of Dionysus, Tabula Ⅱ contains their report on the lands of Athena Polias.

A. On the lands of Dionysus.

What was the landscape of the lands of Dionysus as revealed by Tab. Ⅰ? There were barren lands and arable lands. The extent of barren land[12] (line 19) is 2225 *schoinoi*, of arable land (36-37) 1095. It is notable that the percentage of thicket and forest, the barren land, was quite high compared with the percentage of arable land; approximately 2 to 1.

As to the geography (see Plan 1): located on the slope of the south side of the valley formed by the Akiris river which flows west to east, the lands face north,[13] and are disadvantageous to cultivation.[14] There is a spring at the top.[15] There are wooded hills near no.6 and no. 8,[16] a trench and marshlands overgrown with papyri near no.2,[17] and a cheese press near no. 8.[18] Downward near nos.3, 4 and 10 oak forest and swamp spread along the Akiris.[19] When we take into consideration these situations together, it is possible to say that the conditions of the land were quite bad, and that this area was unsuitable for cultivation, and in fact was suitable entirely for stock breeding.[20] The lands that had been encroached on by private parties were restored to Dionysus, divided into four lots, and lent out to four persons (see Table 1). The fourth lot had 2.4 hectares of vineyard.[21] A lessee had to plant vines in land over not less than 10 *schoinoi*,[22] and also had to plant more than four olive trees per

第 9 章 Irrigation Holes in Ancient Greek Agriculture 187

Table 1: The lands of Dionysus

Lots	Total	Arable lands (*schoinoi*)			Barren lands (*schoinoi*)			Rents in barley.		
		Temple	Encroached	Total	Temple	Encroached	Total	Temple	Encroached	Total
1	847s.	125s.	76s.	201s.	461s.	185s.	646.{5}s.	35M.1k.	300M.	57M.1k.
4	850s.	81s.	227.5s.	308.5s.	291.5s.	250s.	541.5s.			278M.
2	773s.	273s.	–	273s.	500s.	–	500s.	40M.	–	40M.
3	850s.	312.5s.	–	312.5s.	537.5s.	–	537.5s.	35M.	–	35M.
Total	3320s.	791.5s.	303.5s.	1095s.	1790s.	435s.	2225s.	110M.1k.	300M.	410M.1k.

1σχοῖνος = 32.7m   10 σχοῖνοι = 10692.9m² (32.7 m × 327 m)
M.= μέδιμνος = 52.50 or 52.40 litres   k.= κάδδιχος = 1/24 M. = 2.189 litres

schoinos in land suitable for olive cultivation.[23] When a lessee judged that the land was unsuitable for olive cultivation, it was possible to make an objection to the state.[24]

B. On the lands of Athena Polias.

The land consists of two districts(see plan 2). One district (= A in Table 2) is the land that has not been encroached on and is not comprehended in the new contract. There is a stream where cattle drink. The extent of this district is 35 guai (= 1750 *schoinoi*).[25] The other district (B) is the lands that had been encroached on, were restored to Athena Polias by the commissioners, divided into 12 lots, and lent out to 12 persons. This district is located in the plain,[26] is very good land suitable for cultivation,[27] does not include barren lands, is mostly arable,[28] and has vineyards of more than 102 *schoinoi*.[29]

On the one hand the lands of Dionysus are sloping, so the type of vine is ground-trained, and on the other hand the lands of Athena Polias are in plains, and so planted with tree-trained vines.

3

It is clear that slopes between about 10°and 15°might have been cultivated without terracing, but would probably have been subject to severe soil erosion. If terrace farming was not done widely in ancient Greece, did any effective farming for it exist—through which soil erosion is reduced, water stays in the same place longer, and thus penetrates to deeper levels and is less likely to be lost through evaporation? We can see it in the *Geoponika*: it is the technique called γύρωσις.[30]

The repeated digging of fallow land was effective for weeding and reducing moisture loss through capillary action. In the same way, it was an important operation for arboriculture— olives, figs and especially vines. It is evident from the *Geoponika* and inscriptions that the soil around each tree was dug several times a year. According to the *Geoponika* (4.3.1), mature vines were dug twice, and we can see from *Geoponika* 3 that the soil around vines was dug at several particular times a year (see Table 3).

An inscribed contract of the fourth century B.C. from Arcesine on Amorgos includes

188　第2部　農事と暦

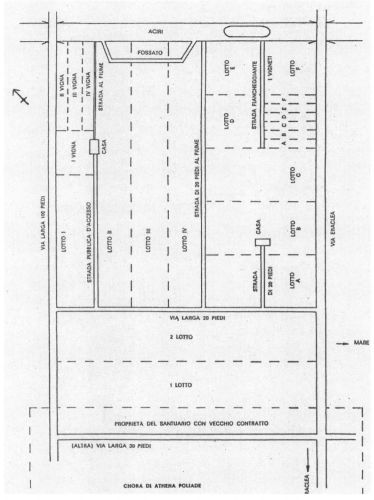

Plan 2: Land of Athena Polias (after Uguzzoni and Ghinatti 1968, 176)

第 9 章　Irrigation Holes in Ancient Greek Agriculture　189

Table 2: The lands of Athena Polias

A	1750 *schoinoi* (35 × 50s.)			
B	Total	(γῆ) ψιλή	Vineyards	Rents (for 5 years)
1 τρίγυον	138s.8o.	133s.26o.1p.	4s.11o.3p.	269M.1ch.2c.
2 τρίγυον	139s.	123s.	16s.	695M.
I	59.5s.	51s.7o.	8s.8o.	446M.4k.
II	72s.8o.2p.	63s.12o.	8s.26o.2p.	632M.1ch.
III	74s.2o.	66.5s.	7s.17o.	630M.2k.2c.
IV	83s.20o.	68s.13o.	15s.7o.	630M.
A	68.5s.	62s.	6.5s.	856M.4k.
B	66s.	59.5s.	6.5s.	458M.14k.2c.
C	70s.	63.5s.	6.5s.	306M.4k.
D	54.5s.	48s.	6.5s.	235M.15k.
E	70s. ⟨1⟩ 7o.2p.	64s.	7s.17o.2p.	580M.15k.
F	38.5s.	30s.	8.5s.	
Total	935s.26o.	833s.13o.1p.	102s.12o.3p.	5739M.15k.+α

g. = γύης (area) = 50 *schoinoi* = 53464.5m^2 (32.7×1635 m)
o.= ὄρεγμα =1.111 or 1.092 m　　p.= πούς =0.2777 or 0.2736 m
ch.= χοῦς = 1/16 M. = 3.283 litres　　c.= χοῖνιξ = 1/48 M. = 1.09 litres

Table 3: Agricultural activities: dates and terminology

Plant	Months / Terms	Geoponika
Vines	March / περισκάπτω.	3.3.6
	May / σκάπτω=σκάφος	3.5.4
	July / σκάπτω	3.10.1
	October, after harvest / σκάπτω	3.13.7
Young vines	First(?), December / περισκάπτω.	3.15.4.
	Second, April / σκάφος	3.4.5
Cleft-grafted vines	June / περισκάπτω.	3.6.1
Mature vines	December / περισκάπτω.	3.15.4.
Unripe vines	August / περισκάπτω.	3.11.1

these details:[31]

ἀμπέλους δ[ὲ]
[σκ]άψει δὶς τὸμ πρ[ῶ]το[ν μ]ηνὸς Ἀνθεστηριῶνος, τ[ὸν]
δεύτερον σκαφη[τ]ὸν [μηνὸς] Ταυρειῶνος πρὸ εἰκάδ[ος]·
συκᾶς ἅπαξ.

(the lessee) will dig round the vines twice, the first digging in
Anthesterion (February), the second before the twentieth of
Taureion (April); and round the fig trees once.

A decree of an Athenian phratry of the end of the fourth century stipulates: κα[ὶ] σκάψει τὰς ἀμπέλους δὶς κατ[ὰ πα]σῶν τῶν ὡρῶν, the lessee "will dig round the vines twice every year (or season)" (IG II²1241. 20-21). Moreover, Hesiod recommends pruning vines before swallow arrives, and advises not to dig round the vines after the house-carrier (the snail) climbs up from the ground.[32] Perhaps digging and pruning were done at about the same time,[33] probably just before the arrival of spring. The technical terms for "digging (round)" are σκάπτω, σκάφος, περισκάπτω. This last is identified with γυρόω at Gp. 4. 3. 1 (γυροῦν, τουτέστι περισκάπτειν); "digging" is part of γύρωσις (see Table 4).

Table 4: Agricultural activities

Month	γύρωσις	Reference
October	γυρόω	Gp. 3. 13. 3.
February	First σκάπτω	SIG³ 963. 8-11.
April	Second σκαφητός	

According to LSJ, γύρωσις is "making of a γῦρος," γυρόω is "make a γῦρος round a tree." Thus it seems that γῦρος as a technical term is a round hole, "not a trench or ditch,"[34] and that γύρωσις is the act of "digging a hole around a tree." The γῦρος is different from the hole for plants. The latter is βόθυνος/βόθρος and τράφη, not γῦρος, and "to dig a hole" for plants is ὀρύσσω. Xenophon says that the hole for plants are less than 2.5 feet deep and less than 2 wide, and that the hole for olive-trees is deeper than that for vines.[35] The Arcesine contract offers (27-32): τὰς τράφα[ς] ὀρύξει ἐμ μηνὶ Εἰραφιῶνι (...) τετράποδας καὶ τρίποδας, καὶ τὰ φυτὰ ἐμβαλεῖ (...) ἀμπέλους εἴκοσιν (...) συκᾶς δέκα, καθ' ἕκαστον τὸν ἐνιαυτόν, the lessee "will dig holes in the month Eiraphion[36](...)4-foot ones and 3-foot ones, and will put in the plants(...) planting each year twenty vines (...) and ten fig trees". The holes for vines and fig trees were in depth 4 feet and 3 feet respectively. These depths are also recommended for vine-plants in Gp. 5. 12. 1, 5 (see Table 5).

The *Geoponika* supplies important evidence for the use of γῦρος on sloping lands:

2. 46. 2: καὶ τὸ πλέθρον δὲ τῶν παλαιῶν ἀμπέλων, ἐν τῇ εὐέργῳ, καὶ βοτάνας μὴ ἐχούσῃ, καὶ πλαγίᾳ γῇ ὑπὸ τριῶν πολλάκις ἐργάζεσθαι, ἐν δὲ τῇ σκληροτέρᾳ καὶ βοτανώδει ε΄.

A *plethron* of old vines, in easily worked ground, with no weeds, even *on sloping land*, is often worked by three people, or if more difficult and weedy by five.

2.46.4: γυροῦσθαι δὲ τὸ πλέθρον ὑπὸ τεσσάρων ἐργατῶν δύνασθαι, διαβεβαιοῦνται οἱ πείρᾳ παραλαβόντες, τῆς γυρώσεως γινομένης τὸ μὲν πλάτος ἐπὶ δύο ἥμισυ πόδας, τὸ δὲ

第 9 章 Irrigation Holes in Ancient Greek Agriculture   191

βάθος ἄχρι
ποδός· τοῦτο
γὰρ αὐτῆς τὸ
κάλλιστον
εἶναι μέτρον
παρατετήρηται.
Four men can
hole a *plethron*,
so the experts
assure us, if

Table 5: Holes for plants

Dimensions	Vines	Figs	Olives	Reference
Depth	4 feet	3 feet		SIG³ 963. 27-32.
	4p. or 3 feet			Gp. 5. 12; 2. 46. 1.
			2.5-3 cubits	Gp. 9. 6. 4.
	less than 2.5 feet			Xen. Oec. 19. 3.
Diameter	less than 2 feet			

the width of *the hole* is two and a half feet, the depth one foot; this is prescribed as the best measure.

There is no reference to terrace farming here; terrace walling is never mentioned as a measure for sloping lands. This means that γύρωσις, not terrace farming, was general on sloping land.

Moreover, the chapter entitled Περὶ γυρώσεως (*Gp.* 5. 20) begins: γυρώσομεν δέ, τουτέστι περισκάψομεν, διετεῖς ἤδη γενομένας, εἰς βάθος δύο ποδῶν, πλάτος δὲ τριῶν. In 2.46.2 (above), old vines were the object of γύρωσις, but here it is two-year-old vines. As mentioned above, περισκάπτω has the same meaning as γυρόω; here is meant "digging a γῦρος round a vine", not simply "digging round," and the dimension of the γῦρος is two feet deep and three wide. The dimensions differed depending on the degree of maturity of the vines (see Table 6).

It is natural that the hole for trees is deeper: otherwise, the tree would be uprooted when disturbed.[37] According to *Gp.* 5. 26. 1, in such waterless places as Libya and Anatolia they do

Table 6: The hole for γύρωσις

Dimensions	Old / mature vines	Two-year-old vines
Diameter	2.5 feet	3 feet
Depth	1 feet	2 feet

not replace the soil immediately after digging holes all around vines, γυρώσαντες τὰς ἀμπέλους, but leave the holes (τοὺς γυρούς) during a whole winter.[38] The γῦρος probably was a basin-like round hole. The soil was banked around the outer edges of the hole to hold water and to allow rain to penetrate to the roots.[39] γύρωσις was done in October, at or just before the start of the autumn rains, the rainy season:[40] τῷ αὐτῷ μηνὶ (i. e. Ὀκτωβρίῳ) γυροῦν τὰς ἀμπέλους καλόν, καὶ περὶ τὰς ῥίζας στακτήν, ἢ κόνιν, ἢ τέφραν ξηράν, ἢ οὖρον ἀνθρώπειον παλαιόν, ἢ τρύγα οἴνου, ἢ ἄχυρα περιτιθέναι (*Gp.* 3. 13. 3). At this time vines were manured; lixivium, or dust, or dry ashes, or old human urine, or the lees of wine, or chaff were put *about the roots*. The title of *Gp.* 5. 26 is Πῶς δεῖ ἐν τῷ καιρῷ τῆς γυρώσεως κοπρίζειν. We can see from *Gp.* 5. 26. 3 that mature vines are manured in the hole (πρὸς τῷ γυρῷ) with the dung of oxen or sheep or swine, or of other cattle.

To return to the Heraclean inscription: the fourth lot had 2.4 hectares of vineyard. The lessee had to plant vines in lands of not less than 10 *schoinoi*, and at least four olive trees per *schoinos* in lands suitable for olive cultivation. He was ordered to dig round, pile up earth around,[41] and prune olives, figs, and indeed all fruit trees that were in this lot: τὰς δὲ ἐλαίας καὶ τὰς συκίας καὶ τὰ ἄλλα δένδρεα τὰ ἥμερα τὰ ὑπάρχοντα πάντα ἐν τᾶι μερίδι ταύται περισκαψεῖ καὶ ποτισκαψεῖ καὶ περικοψεῖ τὰ δεόμενα (Tab. l.172-173). The vineyard clearly was included in the "other fruit trees" in the lot. Dareste, Haussoullier, and Reinach 1891, 211 translate: "Quant aux oliviers, figuiers et autres arbres fruitiers qui se trouvent dans ce lot, le preneur y creusera les rigoles et les cuvettes nécessaires et pratiquera les ébranchages qu'il faudra." Arangio-Ruiz and Olivieri 1925, 30 interpret the terms: "περισκάψει = effodiet circumcirca; προσσκάψει = accumulabit terram fodiendo, confirmabit terrae acervis; περικόψει circumcidet." Sartori translates:[42] "Quanto agli olivi e ai fichi e a tutti gli altri alberi da frutto che esistono in questo lotto, scaverà attorno le buche e i rincalzi di terra e praticherà le necessarie potature."

Three terms are crucial: περισκάψει, προσσκάψει, περικόψει. The meanings of περισκάψει and περικόψει are clear. As discussed above, the operations of digging and pruning are done at about the same time. The words used by Hesiod (570ff.) for "dig round" and "prune" are σκάφος and περιτάμνω (Ion./Ep. for περιτέμνω). The word for pruning vines in *Gp*. 2. 46. 5 is κλαδεύω. According to *Gp*. 3. 14, the operation of pruning vines was practiced two times a year: ἡ μετοπωρινὴ (autumn) κλαδεία and ἐαρινὴ (spring) κλαδεία. The pruning referred by Hesiod is that in spring. The term περικόπτω in the Heraclean inscription is to be equated in meaning with Hesiod's περιτάμνω. As to σκάφος, We have seen that σκάπτω in two inscriptions, σκάφος in Hesiod, and περισκάπτω in the Heraclean inscription are synonymous: they have the same meaning as περισκάπτω in the *Geoponika*. Finally, προσσκάπτω: what kind of operation was this? As mentioned earlier, γυρόω is "make a γῦρος" round a tree; γῦρος is a basin-like round hole; and soil was banked around the outer edges of the hole. It is likely that προσσκάπτω means the same as γυρόω. These three operations were very important for viticulture.

Conclusion

To sum up, it seems that slopes between about 10° and 15° might have been cultivated without terracing, but would probably have been subject to severe soil erosion. However, erosion was reduced by γῦροι on those slopes, but not on very steep slopes (steeper than about 15°). And γύρωσις also had the effect of slowing runoff. It is likely that γύρωσις was normal on sloping land, rather than terracing. In short, we can conclude from these considerations that there were γῦροι and not terraces on sloping land in classical antiquity.

Appendix: *Odyssey* 24. 220-227

οἱ μὲν ἔπειτα δόμονδε θοῶς κίον, αὐτὰρ Ὀδυσσεὺς
ἆσσον ἴεν πολυκάρπου <u>ἀλωῆς</u> πειρητίζων.
οὐδ' εὗρεν Δολίον, μέγαν ὄρχατον ἐσκαταβαίνων,
οὐδέ τινα δμώων οὐδ' υἱῶν· ἀλλ' ἄρα τοί γε
<u>αἱμασιὰς λέξοντες ἀλωῆς ἔμμεναι ἕρκος</u>
ᾤχοντ', αὐτὰρ ὁ τοῖσι γέρων ὁδὸν ἡγεμόνευε.
τὸν δ' οἶον πατέρ' εὗρεν ἐϋκτιμένῃ ἐν ἀλωῇ,
<u>λιστρεύοντα φυτόν·</u>

They thereafter went quickly to the house; but Odysseus drew near to the fruitful vineyard in his quest. Now he did not find Dolius as he went down into the great orchard, nor any of his slaves or of his sons, but as it chanced they had gone to gather stones for the vineyard wall, and the old man was their leader. But he found his father alone in the well-ordered vineyard, digging about a plant. (transl. Murray, Loeb 1919)

In LSJ αἱμασιά is translated as "wall of dry stone" and αἱμασιάς τε λέγειν as "to lay walls"; ἕρκος is "fence, enclosure"; ἀλωή is "garden, orchard, vineyard, etc."—particularly vineyard, because the vineyard of Alcinoos (*Od.* 7. 122) and the vineyard represented in the shield of Achilleus (*Il.* 18. 561) are so called. In this case, αἱμασιά seems to indicate a stone wall (= fence, enclosure) round the vineyard of Laertes. And also the great orchard of Alcinoos (7. 113) and the vineyard on the shield of Achilleus (18. 564) are each enclosed by a ἕρκος. We cannot see the extent of the vineyard of Laertes, but he has promised to give Odysseus fifty rows of vines (*Od.* 24. 341-342). Odysseus found his father alone in the well-made vineyard, λιστρεύοντα φυτόν. λιστρεύω is hapax, from λίστρον (*Od.* 22. 455, hapax), a tool for levelling or digging: spade, shovel. Thus it is clear that λιστρεύω means "dig." φυτόν, in the lexica, is understood as "plant" in a broad sense. Nevertheless, we learn from several sources (Hes. *Op.* 570ff.; *Syll.*[3] 963. 27ff.; Xen. *Oec.* 19. 2 and 12) that φυτόν is typically a vine in a narrow sense. λιστρεύοντα φυτόν probably means the same as φυτὸν ἀμφελάχαινε (*Od.* 24. 242, hapax). λαχαίνω is to "dig," so ἀμφιλαχαίνω is "dig round."[43] Thus, it seems that λιστρεύω corresponds to σκάπτω and ἀμφιλαχαίνω to περισκάπτω.

NOTES

1   On the types of terraces, Rackham and Moody 1992, 123.
2   Rackham and Moody 1992, 129; Lohmann 1992, 51; Isager and Skydsgaard 1992, 81-82; Burford 1993, 109, 111; Price and Nixon 2005, 665-694.
3   Foxhall 1996, 45-52, 60-65 and Id. 2007, 66-68.
4   Ito 2014, 41-57 (in Japanese).
5   So cited by Foxhall 1992, 131.

6   *Selections on Agriculture* (Περὶ γεωργίας ἐκλογαί) compiled originally by one Cassianus Bassus in the sixth century are generally named *Geoponika*. Early editions are by Brassicanus 1539, by Needham 1704, and by Niclas 1781, then Beckh 1895; the most recent edition is Lelli 2010. Translation and commentary: Owen 1805; Μαλαίνου 1930; Dalby 2011.
7   Whitelaw 1998, 234.
8   Cf. Foxhall 1996, 64.
9   Dalby's translation, with amendments italicized.
10 On tree-trained vines, see *Gp.* 3. 1. 1; 3. 6. 3; 5. 20. 2; Dem. 53. 15; Aesop. *Fab.* 15 Perry; on ground-trained vines, *Gp.* 3. 1. 5.
11 *IG* XIV 645; *IJG* no. 12; Arangio-Ruiz and Olivieri 1925, no.1; Sartori 1967, 37-76.
12 Barren lands consist of σκῖρος (brushwood), ἄρρηκτος (unploughed land), and δρυμός(thicket).
13 See *IG* XIV 645, p.172.
14 Kamps 1938, 76; Uguzzoni and Ghinatti 1968, 204.
15 Tab. 1 lines 17, 21, 27, 32, 56, 87-8.
16 Line 65.
17 Lines 58-9, 92.
18 Line 71.
19 Lines 60-1, 72-3, 78-9.
20 Guarducci 1969, 278; Uguzzoni and Ghinatti 1968, 191.
21 Lines 169-71. On this vineyard see Uguzzoni and Ghinatti 1968, 95; Kamps 1938, 80. For the units of measurement used in the inscription see *IJG* 227-8; Uguzzoni and Ghinatti 1968, 179-84; Sartori 1967, 41-5 nn. 113-6, 51 n.122, 53 nn.124-5.
22 Lines 114-5.
23 Lines 115-6.
24 Lines 116-9.
25 Tab. 2 lines 10-19.
26 Line 7.
27 Uguzzoni and Ghinatti 1968, 177.
28 Tab. 1 line 74, Tab. 2 line 33. Cf. LSJ s. v. ψιλός.
29 Cf. Kamps 1938, 76.
30 Foxwall calls γύρωσις "trenching" in 1996, 53-60, 2007, 121-4.
31 SIG^3 963=*GHI* no.59 lines 8-11.
32 *Op.* 570-2: τὴν φθάμενος οἴνας περιταμνέμεν · ὡς γὰρ ἄμεινον. / ἀλλ' ὁπότ' ἂν φερέοικος ἀπὸ χθονὸς ἄμ φυτὰ βαίνῃ / Πληιάδας φεύγων, τότε δὴ σκάφος οὐκέτι οἰνέων.
33 Athanassakis 1993, 102-3; West 1978, 302.
34 Cf. Isager and Skydsgaard 1992, 29.
35 Xen. *Oec.* 19. 3, 19. 5, 19. 13. Cf. *Gp.* 9. 6. 4.
36 November/December; Cf. *Gp.* 3.14-5.
37 Cf. Xen. *Oec.* 19. 4.
38 On filling up with earth (προσχῶσαι, aggerari), see *Gp.* 3. 6. 5 and Col. *RR* 11. 2. 46.
39 Foxhall 1996, 56; 2007, 122.
40 Μαλαίνου1930, 71 specifies 14 October to 13 Novenber.
41 Cf. LSJ s. v. προσσκάπτω.
42 Sartori 1967, 49; Cf. Uguzzoni and Ghinatti 1968, 71.
43 Richter 1968, 126; Russo, Fernández-Galiano, and Heubeck 1992, 386.

第3部　土地と耕作者

第10章　初期ギリシアにおける山林藪沢（山林原野）
—— 共有地（共同利用地）としてのエスカティア

はじめに

　ホメーロスの土地制度に関する我が国における優れた研究としてわれわれは村川堅太郎氏の論攷「ギリシア人の財産観念についての一考察」[1]を挙げることができる。この論文は本来そのタイトルが示す如くギリシア人の財産観念について考察したものであるが，その中で，同氏はホメーロスの詩の中に耕地共有制の存在を認めた Ridgeway の学説[2]を批判し，「ホメーロスの全詩篇を通じて，牧場はともあれ，耕地の共有制を物語る詩句はない（238頁）」とし，結論として，当時の土地所有形態は「切り取り地」(テメノス)と「割り当て地」(クレーロス)の二形態であり，「割り当て地の時々の割り替えや共同耕作などは詩篇の上からは証明されぬ（240頁）」とされた。その後，村川論文に触発されて1955年に太田秀通氏の論文「ホメロスにおける共有耕地の問題」[3]が公にされた。この中で，同氏は村川氏の結論を基本的に認めつつも，*Il.* 12. 422に現われる epixynos aroure は「共有耕地」と読むのが妥当であるとし，何らかの意味の共有耕地の存在を認め，次のように結論している。共有耕地は「a クレーロスと併存し，b クレーロス所有者たる共同体の成員に分割使用され，c しかも共同体のものとされているようなものであった可能性がいちばん大きい。しかしそれはまた，大家族の分裂の時に，またはクレーロス所有家族の相続の時に，生じたものであるかもしれない（32頁）」と。爾来，半世紀にわたってこの問題を真正面から捉えた論攷は，残念ながら，我が国では公にされていない。本章ではホメーロスの土地問題に関する考察を皮切りに，初期ギリシアの土地制度のあり方を明らかにすることを目的とする。その際，epixynos aroure をどのように解釈すべきか。さらに，何らかの意味の「共有地」が存在したとみる場合，それは実態としてどのようなものであったか等が，考察の対象となるであろう。では，この問題に関して各国の研究者はどのように考えていたのか，まず，この点か

ら論を進めることにしよう。

1．学説史の整理

ホメーロスにおける共同耕地制の存在を推定させる史料としてわれわれは次の二つの詩句を挙げることができる。

Il. 12. 421ff.「それはあたかも2人の男が，共有の耕地(エピクシュノス アルーレー)で手に手に測量の棹を握り，境界石(ウーロイ)をめぐって揉めているよう，僅かな土地で，公平な分配(エリゼートン ペリ イセース)をせよと言い争う」

Il. 18. 541ff.「次に神が楯の表に鋳出したのは，三たび鋤いて(トリポロス)柔らかく(マラケー)肥沃になった広い休閑地(ネイオス，アロテーレス)，ここには多数の耕し手が，番いの牛をこなたへかなたへとぐるぐる牽き回す。牛を返して田の端に行き着くたびに，蜜の如く甘い酒の盃を手にした男がそれを迎えて，盃を手渡す。彼らは再び土深い畑の端に行き着こうと必死になって，畝づたいに牛を返してゆく。鋤の通ったあとの土は黒ずんで，いかにも鋤き終わったあとのように見える。」

これらの史料を根拠に Ridgeway はホメーロスの詩の中に共同耕地制の存在を認めた。その際，彼はこれらの詩句を中世ヨーロッパの開放耕地制から類推して説明している。そこでまず，中世の開放耕地における共同耕作について，概説的に説明してみよう。中世の開放耕地制のもとにおいては「住宅」と「菜園」をもつ「宅地」が heredium として永続的に囲い込まれ，唯一私的なものとして保たれた（Sondereigentum 特有財産）。宅地および庭畑地の周辺には「共同耕地」が広がっている。村民たちの「耕地」はこの「共同耕地」の諸所に分散する小地片を自己の耕地として，一定の共同体規制を受けつつ私的に占取する。「共同耕地」はいわゆる複数の「耕区」に分かれていて，各村民はこの各「耕区」にいくばくかの大きさの「耕地片（地条）」を私的に占取し，この各「耕区」に分散している耕地片の総体が彼の占有する耕地を形成する。これがいわゆる「混在耕地制」で，それぞれの耕区についてみると，その内部では各村民の占取する耕地片の大きさは「平等」に配分されており，かつ耕作や収穫その他，利用のあらゆる面にわたって，きびしい「耕区強制」（＝「共同体規制」の耕地に対する現われ）のもとに置かれている[4]。このように中世においては「耕区強制」のもとで「共同耕作」が行なわれたこと，また，耕地の保有形

態における「開放耕地制」と「混在耕地制」さらには収穫終了地における「共同放牧，入会」の慣行がその特徴ということができる。

　Ridgeway によれば，アキレウスの楯の描写はまさに「共同耕地」における共同耕作を想起させる（p.331）。また，比喩に現われる「共有耕地（エピクシュノス アルーレー）」は「共同耕地」制の証拠と見なすことができる（p.320）。さらに，ウーロイは「共同耕地」の「耕区」内における「耕地片」の各村民への配分を示すための地境，他方，ウーロンは地条の幅を示す単位（pp.320—6），エピゼートン　ペリ　イセースは「耕区」分けに際しての平等の原理を示す。したがって，ここにおける 2 人の男の諍いは共同耕地における配分の同等性をめぐる争いと見なし得る。

　これに対して，Pöhlmann[5] はアキレウスの楯の描写に関して以下のように解釈している。つまり，ここに描かれている耕作の描写は大地主による多数の労働力を用いた農業経営を表わしているのではないか，また収穫の場面（Il. 18. 550—60）に王（バシレウス）を登場させることによって大農場経営を示そうとしたのでないか，と。『イリアス』の別の箇所[6]における大地主の畑での刈り入れの比喩がこのことの傍証となる。収穫の場面で収穫地はテメノスと表現されているが（Il. 18. 550），確かにテメノスは，のちに考察するように，バシレウス特有の属性ではなかった。したがって，耕作の場面の畑を共同耕地と，また収穫の場面の畑を王領地（バシレーイオンテメノス）と見なすべきではない。むしろ，ここには，季節折々の農事が，つまり，秋の休閑地耕作，初夏の刈り入れ，秋のブドウ収穫（Il. 18. 561—572）および収穫後の放牧（Il. 18. 573—86）といった具合に順次描写されているのであり，したがって，この描写は共同耕地と肥沃な耕地（バシレーイオンテメノス）とを対照させたものではない。さらに，ホメーロスの農業システムのもとでは休閑地の放牧地としての利用はもはや行なわれてはいなかった，と考えられる。村川[7]，Erdmann[8] および Hennig[9] はこの見解に従っている。村川は，Pöhlmann 同様，ここに，作者は土地所有制の差別ではなくて，農民の四季の農事をその行なわれる順に記したと見る方がより穏当であるとし，さらに，ここに現われるバシレウスは貴族が王の名を僭称したものに過ぎず，耕作の描写も貴族の所有地内の農事に他ならないとする[10]。次に，Erdmann は耕作の場面のマラケー，トリポロスの表現を根拠に，ホメーロスの農業システムは das System der vollen und schwarzen Brache に移行していたこと，換言すれば，休閑地あるいは開放耕地

の放牧地としての利用はもはや行なわれてはいなかった，と見なしている[11]。

比喩に現われるエピクシュノス　アルーレーに関してはどうであろうか。Pöhlmann は *Il*. 12. 421に現われるウーロイは共同耕地内の境ではなく，のちの時代における私有地を示す terminus，つまり境界石である[12]，とし，その根拠として『イリアス』の次の箇所（21. 403ff.）を挙げている。

「アテーナーは石を摑んだ頑丈な手に，野に横たわる黒くぎざぎざした大きな石を，それは昔の人々が耕地の境としておいたもの」
アルーレース ウーロン

この史料を同様に解釈するのは，村川[13]，Erdmann[14]，Richter[15]および Hennig[16]である。もし以上の解釈が正しければ，この箇所は私有地の分配の際に生じる争いであるということになろう。

ではこの場合，エピクシュノス　アルーレーはどのように解釈されるのか。村川は「共有の耕地」について，Jebb や Finsler に従い，エピクシュノスを「共有」の義ではなく，二つの所有地が「隣接するところ」の義，あるいは「共有」と解しても二つの所有地間に未分割のまま残された「帯状の空地」という風に解すこともできる[17]，とする。Erdmann は共有財産 Miteigentum の通常の分配と考えている。つまり，相続財産は兄弟などの複数の相続人にとっては共有財産と見なされたのであり，まさにここでの争いは分割相続の際に見られる共有者 Miteigentümer 間のそれと考えられている[18]。これはヘシオドスの『仕事と日々』に見られる分割相続の際の諍いを想起させる[19]。Finley は共同耕地，すなわち耕作のためにとっておかれた公有地 public land の蓄えは存在しなかったと考え，もしあったとすれば，農奴のような土地に縛られた農民の存在は詩篇に確認されないので，いったい誰がそれを耕作したのかと問うている。結局，彼は公有地を維持し管理するための機関はなかったとする。（エピ）クシュノスいう語は特定のグループ内における何らかの共有を示すものであり，したがって，当該箇所のエピクシュノスの意味は「共同体全体にとっての共有」ではなく「（特定のグループ内の）2人にとっての共有」ではないかと見なし，ちょうど古典期にコイノス（＝クシュノス）という語が相続財産に関してこのように用いられていたことを事例として挙げている[20]。Richter はこの箇所では当事者間で境界をめぐる争いが起こっているので，境界監督官の制度はホメーロスの時代には存在しなかったとする。エピクシュノスの意味に関しては，原義はエピコイノスの場合の如く，「共有に属している」の意であるが，
ホロピュラケス

この場合は単にホモロスの意味, つまり「双方にとって一つの共通の境を持つ土地 (Land mit einer für beide gemeinsamen Grenze)」の意味であるとする[21]。Свенцицкая はこの箇所についての諸学者の見解をまとめ, ホメーロスの詩句を再吟味して, 土地の再分配を伴う村落共同体の存在を否定し, この箇所はその根拠にならぬとする。また, 定期的割り替え制はこのような諍いを引き起こすことはあり得ない。というのは, 土地の割り替えは共同体規制のもとで行なわれたはずなので, このような個人的な口論は起こり得ない, 起こったとすれば, 口論は寄り合いの場で行なわれたはず, と述べ, この箇所は Richter の説でなければ, 「誰のものでもない (無主の)」土地の分配か, 分割相続の際の共同相続人の口論か, そのいずれかであろうと考えている[22]。Hennig もこの箇所は耕地共有制の手がかりとはならぬとし, ここで言及されている共有は両当事者間に限定されると見なしている[23]。

当該の箇所を Ridgeway と同様に共同耕地における配分の同等性をめぐる争いと見なす見解もなくはないが[24], 以上の反論を総合的に判断すると, 当該二つの詩句はホメーロスにおける共同耕地制の存在を必ずしも証明するものではないということになろう。しかしながら, なお問題は存在する。それはエピクシュノス アルーレーの解釈である。村川氏の解釈は Jebb や Finsler に従ったものであるが, これについては太田氏の批判に耳を傾ける必要がある。同氏は前掲論文の中で, ホメーロスに現われるアルーレーの用例を逐一吟味し, アルーレーは「耕地」という意味に使われる場合が最も多いとし, したがって, エピクシュノス アルーレーは「共有耕地」である可能性が最も大きいと見なしている[25]。太田氏の吟味の妥当性はそれなりに認められるが, アルーレーを「耕地」と言い切ってしまうには多少問題があるように思われる。というのは, 太田氏が列挙している44の用例のうち半数くらいは「土地」あるいは「大地」といった程度の意味であるから[26]。したがってこの語は大地など土地一般 (その中にはもちろん野[27]も耕地も含まれる) を表わす言葉と考える方がより正確であるように思われる。そこで, われわれはエピクシュノス アルーレーをとりあえず「共有地」と訳出しておこう。もしこのように翻訳することができるとすれば, ホメーロスの時代にある種の共有地が存在していた可能性は大きい。では, 存在していたとすれば, それは実態としてどのようなものであったのか。先に引用した Свенцицкая は当該箇所について, 「誰のものでもない (無

第10章　初期ギリシアにおける山林藪沢（山林原野）　201

主の）」土地の分配か，分割相続の際の共同相続人の口論か，そのいずれかであろうと述べている[28]。問題は「誰のものでもない（無主の）」土地の分配がどのようにして起こり，またその際どのようにして口論が生じ得たかであろう。同氏はこれについて何ら説明を加えていないが，さいわいわれわれは岩田拓郎氏の次の見解を有している。すなわち，この箇所は「自由人2人が協力して荒蕪地または森林の開墾を行なったが，いざ各々の分け前を決める段に及んでお互いに欲が出て，相争うこととなった有様」と想像することができる[29]，と。岩田氏のこの見解は今日まであまり顧みられることはなかったが，この見解は当時の共有地の在り方を考える上で極めて貴重な示唆を含んでいる。われわれはいずれホメーロスにおける共有地の実態について考察することになるが，その前に，次節でテメノスとクレーロスについて考えてみたい。

2．テメノスとクレーロス

　クレーロスの語は『イリアス』と『オデュッセイア』に18回現われるが，16回は「籤」の意味に用いられ，単に2回だけ割当地の意味で用いられている[30]。周知のように，クレーロスの原義は籤引のために用いられる「割り裂かれた木片」を意味し，転じて籤引によって分配された持ち分，さらに転じて個人の持分地（割当地）を意味するに至ったものと考えられている[31]。この語から籤引による土地分配の痕跡を推定する者[32]とそうではないと考える者[33]，双方の見解が認められるが，筆者には土地占取後土地測量が行なわれ，まずテメノスが切り取られ，次に各自の持分地が抽籤によって分配されたことを証明するもののように思われる。
　叙事詩における土地所有の意味でのクレーロスを考える場合，まず吟味さるべきはクレーロスが割当地の意味で用いられた次の二つの箇所ということになろう。
　最初の例は Il. 15. 497—9 である。この箇所はヘクトールがトロイア軍とリュキア軍とに対し奮戦するように鼓舞激励している場面であり，次のように読むことができる。すなわち，「国を護って死ぬのは決して不名誉なことではないし，アカイア勢が船と共に国へ引き上げさえすれば，その者の死後，妻子も無事，また家（オイコス）も土地（クレーロス）もそのまま残る（アケーラトス）のだから。」クレーロスを「共同耕地」の用

益割当部分と見なす Ridgeway は，この箇所を戦没者の遺族に「共同耕地」内の同じ広さの割当地の用益権がそのまま留保されるという意味に解釈しているが (p. 331)，この解釈は Pöhlmann が指摘しているように[34]，本当の意味での共同耕地制が別の方法で証明されない限り妥当性を有することはないであろう。

むしろ，この箇所は次の箇所 (Il. 22. 488ff) と比較して吟味さるべきであろう。その箇所で，ヘクトールを亡くして寡婦となったアンドロマケは幼子の行く末を案じ，この子がアカイア勢との戦いを逃れることができたとしても，その後も苦労や悩み事が絶えることはない。「というのは他人が土地を奪ってしまう ἄλλοι γάρ οἱ ἀπουρίσσουσιν ἀρούρας (489)」だろうから，と述べている。ここで「土地を奪う」と訳出した ἀπουρίζω は本来境界石 (οὖρος=ὅρος) を取り除くの意であり[35]，もしそうであるとすれば，この土地には「昔の人々が耕地の境としておいた大きな石 (Il. 21. 405)」があったということになろう。この箇所と先の箇所を比較して言えることは，Ridgeway の指摘に反して，耕地共有の幻は消えて耕地の恒常的分割がより一層事実らしくなってくる[36]，ということである。さらに注目すべきは，当時，貴族を含めて一般兵士がクレーロスの名で呼ばれる土地を所有していたということである。

クレーロスが割当地の意味で用いられたもう一つの例は，Od. 14. 61―4 である。この箇所についてはすでに考察しているので[37]，ここでは繰り返さないが，これらの箇所からクレーロスは譲渡不可ではなかったということが分かる[38]。

では最後にスケリエー島への植民に関する記述 (Od. 6. 7 ff.) を吟味しよう。この箇所は次のように読むことができる。すなわち，ナウシトオス王は「町に城壁をめぐらせて家々を建て，神々の神殿を建立し，そして土地を分配した καὶ ἐδάσσατ' ἀρούρας (9―10)」と。一般にこの箇所はクレーロスの分配を述べたものあるいは暗示した最古の例と考えられているが[39]，もしそうであるとすれば，ここで動詞 δατέομαι が用いられていること自体，極めて重要な意味を持つ。この動詞は本来「分配する」という意味であるが，厳密には，「(私有財産として) 各人に分配すること」を意味している[40]。つまり，植民に際して分配された土地は紛れもなく私有財産だったのである[41]。そうであるが故にクレーロスは，ヘシオドスが述べているように (Op. 37, 341)，分割相続されたば

かりではなく，売買さえもできたのである。

　結局，クレーロスは Ridgeway が考えているような「共同耕地」内の用益割当部分といったようなものではなく，したがって村落共同体によって収公されたり定期的割り替え制の下で再分配されるような，そのような土地では決してなかった。

　では次にテメノスの考察に移ることにしよう。テメノスは動詞 τέμνω の派生語で，「切り取り地」を意味する。ホメーロスの詩篇に現われるテメノスは王や神々のために切り取っておかれた土地，あるいは戦争で功労のあった者に切り取って与えられる褒美(ゲラス)としての土地であった。では，王のテメノスは詩篇の中でどのように描かれているのか，まずこの点を吟味することにしよう。王のテメノスに言及した箇所は，『イリアス』に3回，『オデュッセイア』に3回確認される。Il. 12. 313—4 によれば，リュキエ人の王サルペドンとグラウコスがクサントス河辺に所有している[42]広大なすばらしきテメノスは果樹園と小麦なる耕地からなる。次にアキレウスの楯に描かれている麦の刈り入れの場面（Il. 18. 550—60）。エリトイが麦の刈り入れを行なっている様子をバシレウスが畑の端に立って満足げに眺めている。550行の τέμενος の語は形容詞 βασιλήϊον によって修飾されており，「王のテメノス」と読むことも可能であるが，この箇所には，前述したように[43]，βαθυλήϊον の異読がある。Il. 20. 391によれば，オトリュンテウスの子イピティオンの父祖伝来のテメノス τέμενος πατρώϊον はギュガイエ湖のほとり，ヘルモス河辺にあったと記されている。『オデュッセイア』の二つの箇所（6. 291ff.; 17. 297ff.）から，パイエケス人の王アルキノオスとオデュッセウスがテメノスを所有していたことを知る。アルキノオスのテメノスについては「ここに私の父のテメノスと豊かに実った果樹園(アローエー)がある（6. 293）」と説明されているので，テメノスの実態は耕地である可能性が強い。オデュッセウスのテメノスは肥料が施されていることから（Od. 17. 299）耕地であることが分かる。Il. 20. 391を除くこれらの記述から，王のテメノスが「耕地」あるいは「耕地と果樹園」からなっていたことを知る。

　「父祖伝来の πατρώϊον」の句が示すようにテメノス τέμενος は世襲財産と見なされ，その子孫に受継がれた。これはテメノスの「切り取り」が一時的なものでなかったことを示しているが，「父祖伝来のテメノス τέμενος πατρώϊον」との関連で，Od. 11. 184—5 を吟味する必要がある。この箇所によれば，テレマ

コスは，父の不在中に，テメノスを所有し続けているが，彼は王ではなかったので，彼は自分の父の地所を保持していたことになる。テメノスが王位と共に継承されるものでなかったことは，Od. 1. 402ff. の記述からも明らかである。ここで求婚者の1人エウリュコスはテレマコスに対して，誰か他の者がイタカの王になったとしても，「自分の家財は，自分で保持してゆけ，家屋敷も支配したがいい（402行）」[44]と忠告している。テメノスはいわば私有財産であり，王位と共に継承されるものではなかった[45]。テメノスの「切り取り」といういわば1回の行為が，私有財産を創り出し，王や彼の相続人の所有権を永続的に保障したのである。

次に，神々のテメノスについては如何であろうか。神々のテメノスに関する言及は『イリアス』に3回，『オデュッセイア』に1回確認される。これらの記述より，ゼウス（Il. 8. 48），河神スペルケイオス（Il. 23. 148），アプロディテ（Od. 8. 363）およびデメテル（Il. 2. 695f.）がテメノスを有していたことが分かる。最初の3箇所において「ここにはテメノスと香煙たなびく祭壇がある」というフォーミュラが用いられている。最後の箇所では，デメテルのテメノスは「ピュラケや花咲きにおうピュラソス」であるとされているが，このピュラソスの形容詞アンテモエイスが花咲き乱れる野原を想起させる以外，これらの箇所からテメノスが実態としてどのような土地であったかを窺い知ることはできない（詳細は210頁以下参照）。テメノスの近くに祭壇（社）があり，そこでは，「香煙たなびく」の句が示すように，犠牲が捧げられたものと思われる。

最後に，褒美（ゲラス）として授与されるテメノスについて考えてみよう。テメノスの授与は確かに蓄えられた土地の存在を前提にしているように思われる。これに関して Esmein は「共有財産（共有地）propriété collective」の存在を想定し，テメノスは「共同耕地 l' ἄρουρα commune」から切り取って与えられたと考え[46]，また，村川氏は国有地から切り取って与えられたと考えている[47]。これに対して，Finley は授与のために取っておかれた公有地の蓄えは存在しなかったと考えている[48]。では，テメノスはいったいどこから切り取って与えられたのだろうか。また，誰が誰にテメノスを授与したのか。授与されたテメノスはどのような地目の土地であったのか。これらの問題を考察するために，テメノスの授与に関する三つの箇所を取り上げて吟味することにしよう。

（1）Il. 6. 192—5. リュキエ王はベレロポンテスに娘を娶らせ全王権の半

ばを彼に譲った。「さらにリュキエ人たちは果樹園と耕地からなる他に抜きんでた ἔξοχον ἄλλων 見事なテメノスを彼の所有地として切り取った（194f.）」

（2） Il. 9. 575—80. アイトロイ人の長老たちは，神官たちをメレアグロスのもとに遣わし莫大な褒美を約束し，ぜひ出陣して町を護ってくれと嘆願し，「美しきカリュドーン平野の最も肥沃なところに，広さ50ギュエースのたいへん見事な περικαλλές テメノスを，その半分はブドウ畑，また半分は耕作に適した平野のさら地を[49]，選定して切り取って与えてもよいと言った（577—80）」

（3） Il. 20. 184—5. アキレウスは自分との果たし合いに臨むアイネイアスに向かって言った。「もしお前が私を討ち果たすならば，トロイエー人が果樹園と耕地からなる他に抜きんでた ἔξοχον ἄλλων 見事なテメノスをお前の所有地として切り取って与えると用意してくれたのか」

Esmein は以上の箇所がホメーロスにおける「共同耕作」の証であるとし，（1），（3）で用いられているテメノスを修飾するフォーミュラ ἔξοχον ἄλλων は共同耕作の下におかれている共同耕地からの切り取りを意味するとした[50]。しかし，Pöhlmann が指摘しているように[51]，ἔξοχον ἄλλων は（2）で用いられているテメノスの修飾語 περικαλλές に対応し，それと同じ意味で，それ以外の何か別のものを指し示しているとは到底考えられない。また，彼はテメノスの授与者は農業共同体ではなく，つねに die ganze Völkerschaft 即ち die staatliche Gemeinschaft であるとし，どうしてこれらの箇所が「共同耕作」の証明になり得るのかと疑問を呈する。Erdmann も Esmein の考え方を否定し，ἔξοχον ἄλλων は，Pöhlmann に従い，περικαλλές と同じ意味であるとする。またテメノスの授与者は村落共同体ではなく，人民 δῆμος あるいは die Völkerschaft, 即ち πόλις であり，それがすべての土地の所有者だったのではないかと推定し，このとき，すべての土地はポリスのものであるという概念が出現したとする[52]。Finley はテメノスが共同体の財産 the property of the community だったということを暗示するものは何もないとする[53]。Richter によれば，テメノスは穀物畑と果樹園とからなり，王ではなく種族 Stamm によって授与されたとし[54]，Свенцицкая はこれらの箇所は土地の集団（全種族）所有 коллективная (общеплеменная) собственность の存在を示す例であるとする[55]。Hennig は当該

三つの箇所がすべて『イリアス』の記述であることに着目し，不思議なことに『オデュッセイア』には現われない，これらの箇所はホメーロスの英雄叙事詩の中でも古い構成要素であるとし，このようなテメノスの授与は，人民 das Volk あるいは部族共同体 die Stammesgemeinschaft の統制下で，前10―9世紀に起こり得たとする[56]。

上記三つの箇所から言えることは，王の娘婿（ベレロポンテス）あるいは戦功のあった人々（メレアグロス，アイネイアス）がテメノスを授与されているということ。授与者はリュキエ人，アイトロイ人の長老たち，トロイエー人であり，人民 das Volk 乃至その代表者であったと推定される。テメノスは耕地と果樹園（あるいはブドウ畑とさら地）からなる。いずれも肥沃かつ広大な立派な土地で，未墾地あるいは荒蕪地というような類のものではない。テメノスは国家に功労のあった人に褒美として与えられたので，結果的に国家のために尽力させる効果を持っていたが，このような授与にいかなる義務（例えば，土地を媒介とした封建的主従関係のような）も付随してはいなかった。さらに，授与されたテメノスは私有財産として子孫に受け継がれた。

新たに占取された土地の分配に際して，まず王や神々にテメノスが切り取られ，次に各自に持分地が分配されたであろうことは容易に想像できるが[57]，テメノスの切り取りや持分地の分配がすでに完了し，かなりの時間が経過してのちのテメノスの授与はどのようにして行なわれたのか。この場合，テメノスはどこから切り取られたのか。共同耕地も存在せず，公有地の蓄えもなかったとすれば，それはどのようにして可能だったのか。Erdmann はこれを説明するためにヘロドトスが伝えるアポロニアにおける土地贈与の例[58]を引用している。それによれば，アポロニア人はエウエニオスという男の視力を奪った償いに，彼が希望するアポロニア領内の最も良い二つの地所と最も立派な屋敷をその所有者から買い取って彼に与えたという。テメノスが荒蕪地ではなく最良の土地だったとすれば，必然的にそれは以前に第三者によって農地として利用されていたに違いない。したがって，テメノスの授与はまさにこの事例のように行なわれた可能性がある。そして前所有者には当然その埋め合わせがなされた筈である。Erdmann は『オデュッセイア』の二つの箇所を引いて，埋め合わせの方法として人民（民衆）からの取り立てがあり得たのではないかと推定している[59]。Finley は（2）の箇所で詩人はメレアグロスに授与された土地が公有地

の一部であったとは言っていないとし，メレアグロスは私有地の中から最良のものを選んだに違いないと述べ，Erdmann 説に従っている[60]。さらに，この説は Hennig によっても継承されている[61]。

テメノスに関するデータの大部分が非ギリシア世界からのものであるという事実は留意されねばならない。なぜそうなのかということの検討に加えて，テメノスに関する叙事詩の情報をどの程度ギリシア世界に適用し得るか，また，王政から貴族政へ移行してゆく中で，王のテメノスはどうなっていったのかが問題となろう。

3．ホメーロスにおける共有地の問題

共有地がどのようにして残り得るかを推定させる箇所として，われわれは *Il.* 15.185ff. を挙げることができる。

ゼウス，ポセイドンとアイデス（ハデス）の兄弟3人で全世界が3分配され，兄弟が各自それぞれの権能を割り当てられた。ポセイドンは言う，「籤を引いてわたしは灰色の海にとわに住むことになりアイデスは暗々たる闇の世界を，ゼウスは高天と雲の漂う広大な天空を得た。なお，大地はすべての共有となった，高きオリュンポスの峰も」。

この記述によれば，籤を引いて分配されたものは「とわに αἰεί」の語が示すように永久の私物と見なされ，他方，未分配のものが皆にとって共有のものとして残されたように見える。一度分配されたものが各人の私物と見なされたらしいことは，他の記述からも明らかである。つまり，*Il.* 1.124—6「共有の戦利品がもはやいくらも残っていないことは，われわれ皆が知っていることではないか。町々を陥して捕獲したものは，すべて分配が済んでいる。将兵たちからそれを再び集め直すようなことはすべきでない。」ここで用いられているダテオマイという動詞は，すでに考察したように[62]，私有財産としての「各人への分配」を意味した。

占有地については如何であろうか。おそらく，占有地も戦利品と同じ原理で分配されたにちがいない。本来占有地は占有した共同体（種族であれ，部族であれ）のものであり，共有物として共同体の全成員の手中に帰したであろう。そしてまずデーモスと呼ばれる「全共同体成員」によって王や戦功ある功労者に

テメノスが切り取られ，次に共同体の各成員にクレーロスが分配されたように思われる。このように一度分配されたものはテメノスにせよクレーロスにせよ再び元に戻ることはなかった。そして占有地のうち分配されなかった部分が共有地として残されたのではあるまいか。

大地（とオリュンポスの峰）を修飾している「共有の」と訳出した形容詞クシュノスは『イリアス』に2回（15. 193; 16. 262），またその合成語エピクシュノスは1度だけ，さらにその派生語クシュネーイオスは，上記引用箇所を含めて，2回（1. 124; 23. 809），いずれも『イリアス』にのみ現われる。これらの語は不思議なことに『オデュッセイア』には1度も現われない。未分配のものが皆にとって共有のものであると考えられていたとすれば，各人の間で行なわれる分配という1回の行為が，結果として私有財産を創り出すことになった。「未分配の」に関連して注目されるのはクレーロスの合成語である。それはホメーロスに2回（Od. 14. 211; 11. 490）現われ，それらは接頭辞を伴う合成形容詞で，共に人間を修飾し，「クレーロスを持たない人」，「たくさんのクレーロスを持つ人」を意味した。ところが『ホメーロス讃歌』「アプロディテ讃歌」123行に現われるアクレーロスは明らかに土地を修飾しており，次のように読むことができる。すなわち，その女神（アプロディテ）はヘルメースに連れ去られ，「死すべき人間が耕作したたくさんの畑の上を」また「クレーロスに分配されていない（誰のものでもない）未耕作の広大な土地の上を」飛び回った，と。この記述からわれわれは，一方において，耕作された土地は分配されていたということ，即ち，これがクレーロス，他方において，未耕作の土地は分配されておらず，即ち，これがアクレーロス，無主の状態にあったということを知る。Hennig はこの箇所を根拠に，この時代の森林と放牧地は無主の土地として共同用益のもとに置かれていた，前7世紀に耕地は分配され，耕作されていない土地は無主の状態のままであったと考えている[63]。

以上の考察から，未分配の土地＝無主の土地＝共有の土地，という関係が成り立つように思われるが，このような土地は実態としてどのようなものであったのか。また，ホメーロスにこのような土地のカテゴリーは存在したのか。それを考察するために，まず，ラエルテースの開墾に関する記述を吟味し，次に，ホメーロスにおけるエスカティアについて検討してみたいと思う。

問題となるのは次の詩句である。

第10章　初期ギリシアにおける山林藪沢（山林原野）　209

（１）Od. 24. 205ff. この詩篇からわれわれは，オデュッセウスの父が開墾によって土地を獲得していたこと，また，開墾の対象となった土地は町(ポリス)から遠く離れた所[64]で，しかもその土地は果樹園として利用されていることを知る。

　この箇所に関して Esmein はラーエルテースのこの農場はマルク共同体の「共同耕地」の外側にある「共同地(アルメンデ)」（実態としては，放牧地・森林等の荒蕪地）の開墾によって取得されたものと解釈し，この箇所をホメーロスにおける共同耕地の存在を証明する根拠と見なす。彼によれば，当時なお「共同耕地」外側の未墾の広大な地域は共有財産だった。そこを各々のマルク共同体構成員は自由に利用でき，開墾を通して私的に占有することができた。つまり，叙事詩の時代に当てはまる私的土地所有の起源は，このような開墾と「共同耕地」からのテメノスの授与とであったと考えている[65]。これに対して，Pöhlmann は「共有地から（aus Gemeingründen）」多くの私的土地所有が成立したことは認めるが，荒蕪地の自由な開墾権がマルク共同体の所有システムのいったい何を説明するのかと述べ，この権利はマルク共同体の下でも私有財産制の下でも共に起こり得るとし，一例として，それはドイツでは初めから個別所有の原理に基づくフーフェ制度の下で中世中葉過ぎまで行なわれたと指摘している[66]。Finley もこの箇所は耕地共有制の根拠にはならぬとし，未耕地の開墾による獲得であると見なす[67]。Nilsson もラーエルテースが田舎に持っている果樹園は開墾によって獲得されたものであると考え，この獲得は Emphyteusis によってなされたに違いないと指摘している[68]。Richter によれば，この箇所は未墾地の開墾によって自分の所有地を広げることが誰にでも自由であったことを示すものであるという。また，このようにして獲得された土地とクレーロスとの間に何ら差はなかったと述べ，このような土地獲得の可能性が皆に開かれていたということは未墾地が共有地 Gemeineigentum と見みなされたことの最良の証拠であり，すべての放牧地がそれに該当すると推定している[69]。Свенцицкая もラーエルテースの田舎の地所は開墾によって再度入手されたものであり，ここに父と子の個別経営の実態が見て取れるとし，おそらくテメノスは息子が相続したのではないかと考えている[70]。Hennig も，Nilsson 同様，エスカティア等の無主地の開墾や栽培が土地の更なる獲得を可能にしたとし，その方法として Emphyteusis を想定している[71]。

　詩人は「彼（ラーエルテース）自身，かつて，土地を獲得していた。とても沢

山の骨折りののちに（206f.）」と述べているので，この記述は，おそらく，皆が考えているように，開墾に基づく土地獲得を示していると考えてよかろう。Lepore はこのようにして獲得された土地はオイコスの私的な所有に移ったと推定している[72]。では，開墾の対象となった土地はどこにあったのか。詩人は「町(ポリス)から遠く離れた所（212）」と記している。そこでわれわれはその場所がいったいどのような土地だったのかを考えなければならない。そして次の記述がわれわれにそのヒントを与えてくれる。

（2）*Od.* 18. 357ff. この記述もまた開墾による果樹園化を示している。この場合，開墾の対象となっている土地はエスカティア，つまり「畑の縁(エスカティア)で（ἀγροῦ ἐπ' ἐσχατιῆς）」と明記されている。これと同じ表現が，豚飼いエウマイオスが家を構えている場所（*Od.* 24. 150）にも用いられている[73]。エウマイオスの住まいは「入り江をあとに細いでこぼこ道を上り，森を抜け山々を越えた所に（*Od.* 14. 1－4）」あった。エウマイオスはまさにここで主人（＝オデュッセウス）の豚を飼育し（*Od.* 14. 5－20），豚は「からす岩」付近の「アレトゥサの泉」のほとりで放牧されている（*Od.* 13. 407－8）。ここで言及されている土地はオデュッセウスの父によって開墾された「町から遠く離れた土地」と，おそらく，同様のものであったと見て大過なかろう。

ここで開墾の対象となっている土地，エスカティアとはどのような土地だったのだろうか。ホメーロスによれば，エスカティアとは１．造船用の木材が伐採される所であること[74]，また，２．山羊や豚の群が放牧されている場所[75]，さらに，３．隣人のあまり住んでいない地域[76]であることがわかる。とすれば，エスカティアとは実態として個人にクレーロスとして分配されていない森林や放牧地のような未墾の無主地，すなわち共有地であったと推定して差支えなかろう[77]。

では次に神々のテメノスについて考えてみたい。神々のテメノスは「神々に属する」とはいえ，王のテメノスや功労者に授与されたテメノスとは異なり，事実上無主の土地と見なされる可能性があった。前述したように[78]，ホメーロスの詩篇における神々のテメノスへの言及はそれほど多くはなく，両詩篇合わせても４回出てくるにすぎず，しかもこれらの箇所から神々のテメノスが実態としてどのような土地であったかを知ることはできない。ただ『オデュッセイア』第６巻でナウシカアがオデュッセウスを父の館に連れて行く途中でスケリ

第10章　初期ギリシアにおける山林藪沢（山林原野）　211

エの地理的景観について説明している箇所は，第6巻9行目以下の記述と共に極めて重要な知見を与えてくれる。それによれば，町は塔を持つ城壁で囲まれ，町の両側には港があり船置場の辺りにポセイドンの神殿が，またその近くに民会場がある。町から呼べば声が届くほどのところに，「あなたは道端にアテナの立派なホプラの林を見つける，そこに泉が流れている，その周りに牧草地がある。またここに私の父のテメノスと豊かに実った果樹園がある（291—3）」。さらにその郊外「野と人々の耕作地[79]（259）」が広がっている。再びここで，第6巻9行目以下の記述を引用しよう。すなわち，ナウシトオス王は「町に城壁をめぐらし，そして家々を建てた，そして神々の神殿を造り，そして土地を分配した」。双方の箇所を比較して言えることは，そこに少なからぬ類似点が見出されることである。町はポリスと呼ばれ，城壁で囲まれていること，ポセイドン神殿があること，そして人々が田園地帯に耕作地をもっていること，おそらくこの土地は分配されたものであろう，など。相違点もなくはない。一つは王のテメノスに関する言及が第6巻9行目以下にないことである。前述のように[80]，テメノスの授与は通常「人民」によって行なわれている。この箇所の主語はアオリスト3人称単数形の動詞が示すように王自身なのでテメノス授与のことが言及されなかった可能性がある。ナウシカアが述べているように，彼女の父アルキノオス王がテメノスを持っていたとすれば，いつの時期かは特定できないが，人民によって授与されていたということになろう。次の疑問は「泉が流れ，その周りに牧草地があるアテナの立派なホプラ杜（291—2）」を神域あるいはテメノスと考えてよいかどうかということである。「アテナ女神の」と所有を示す属格が用いられているのでその女神の神域と考えられるが，さらにこのことはこの杜が別の箇所[81]で「アテーナイエーの名高き聖なる杜」と呼ばれていることから確実視される。とすれば，アテナ女神のテメノスは「泉が流れるホプラの杜」からなり，その周りを「牧草地」が取り巻いていたということになろう。

　ではさらに，神々のテメノスが実態としてどのような土地であったかを知るために，『ホメーロス讃歌』に現われる神々のテメノスについて考察しよう。ホメーロスで用いられていた「テメノスと香煙たなびく祭壇」というフォーミュラは『ホメーロス讃歌』にも用いられている。重要なのは「アポロン讃歌」の中で「神殿と木々茂る森（76, 221, 245）」という表現が「テメノスと

香煙たなびく祭壇（88）」という表現に言い替えられているという事実である。
このことはこの二つの表現が対応関係にあることを示しており，具体的には，
神殿と祭壇が，また木々茂る森とテメノスがそれぞれ対応しているように思われ
る。また，「木々茂る森 ἄλσεα δενδρήεντα[82]」も，先に考察したアテナの「名
高き聖なる 杜」も単数複数の差こそあれ，同じ ἄλσος の語が用いられてい
る。「アポロン讃歌」229行および「ヘルメース讃歌」186行には「聖なる」を
省略した「名高き杜」あるいは「麗しき聖なる 杜」という表現がポセイドー
ンの杜に関して用いられていたり，修飾語を伴わずただ単に ἄλσος の語が複数
形でアルテミスやニンフに用いられている[83]が，この語は修飾語の有無に関わ
らず，「聖なる 杜」を示しているものと思われる。さらに，神々のテメノスの
実態を知る上で貴重な記述が「アプロディテ讃歌」の中に見出される。そこで
は，樅や樫の木が繁茂する高き山々が「神々のテメノス（267）」であるとさ
れ，死すべき人間は樅や樫の木を決して斧で切り倒すことはないと謳われてい
る[84]。神域における伐採禁止条項はのちの時代に碑文史料などでお馴染みとな
る[85]が，この記述は神域における伐採禁止を謳ったものとしては最古のもの
ということができよう[86]。以上の考察より，われわれは神々のテメノスの実態と
して「森林」や「木々が繁茂する山々」を想定することができる。

では次に放牧地について考えてみよう。ヘシオドスが描いている小村アスク
ラでも牛の放牧が行なわれ（*Op.* 592），彼自身もムーサイが領有する「聖なる
ヘリコン山の麓（*Th.* 23）」で羊の放牧を行なっている。山岳地帯の森が放牧地
であったことはほぼ間違いない。キュッレーネー山はヘルメース信仰の聖地で
あるが，「ヘルメース讃歌」によれば，その山は「森に覆われたキュッレー
ネー山」（228行）」あるいは「聖なる山（231行）」と呼ばれ，そこでは「羊が草
を食んでいた（232行）」とされている。また，ムーサイの出生地として名高い
ピーエリエー（ピエリア）の山々がやはり「木々に覆われた神々の山々（70行）」
と呼ばれ，そこで神々の牛たちが草を食んでいたとされる。そしてそこは λει-
μών 乃至 νόμος と呼ばれている（198行）。*Il.* 21. 448—9 によれば，アポロンは
「多くの木々茂るイデ（イダ）山の突き出た尾根」で牛を世話し，また，「アプ
ロディテ讃歌」によれば，アンキーセースは「泉多きイーダー山頂で牛飼い
（55行）」をしており，仲間の牛飼いたちは「緑豊かな牧草地」で牛を追い（78
行），「牧人たちと牛と太った羊が花咲く牧草地」から，再び小屋へと下りてく

る（169行）と謳われている。「花咲く」と訳出したアンテモエイスの語は，すでに言及したように[87]，デメテルのテメノスについても用いられている。ホメーロスにおける放牧地は，したがって，耕作地ではなく飼料用植物が自然に繁茂する場所であり，ときにはアンテモエイスが示す如くさまざまな草花が咲き乱れる場所であった[88]。これらの土地は疑いなく「無人地」（Niemandsland）であり，山腹の森と同じように，「共有地」（Jedermansland）であったと推定される[89]。エウマイオスが主人の豚を飼育し放牧していたのはまさにこのような場所であった。

4．共有（地）から公有（地）へ

アリストテレス（Arist. *Pol.* 1330a 10ff.）は理想国家の国土を私人の土地（私有地）と共有地に分ける。私有地はクレーロスを指し二つの部分に分割され，一つはエスカティアの近くに，もう一つはポリスの近くに位置するものでなければならないとされている[90]。共有地（コイネー）も二つの部分に分割され，一つは神々の祭祀の費用を，もう一つは共同食事の費用を捻出するものと見なされている。また，共有地で働く者は，奴隷であれペリオイコイであれ，共有の財産に属するとされる。しかし，実際，「土地（ゲー）が共有（コイネー）で，耕作も共同で行なう」という農法は異邦人（バルバロイ）のある人々の間では行なわれていたが（Arist. *Pol.* 1263a 5 ff.），アリストテレス時代のギリシア人の間では行なわれていなかったと言える[91]。プラトンが描く理想国家における財産共有の考え方（*R.* 416d, e―417a, b; 458c―d; 464b―e; 543a―b; *Lg.* 739c―e）やアリストパネスの作品（*Ec.* vv. 590ff.）で扱われている財産共有制の問題は，当時の社会においてそれが非現実のものであったことを如実に物語る（*Lg.* 807b）。さらに，アリストテレスによれば（Arist. *Pol.* 1267b 20ff.），ミレトス人ヒッポダモスは国土を三つの部分，つまりヒエラ，デーモシア，イディアに分けたとされるが，アリストテレスは前の二つ，ヒエラとデーモシアはそれぞれ神々への犠牲のための，戦士の生活維持のための費用を捻出するもの，また私有地（イディア）は農夫たちのものであるとの説明を加えていて，明らかに先の理想国家における共有地の記述と対応させているように見える。とりわけこの箇所でアリストテレスがヒエラとデーモシアをコイネーと言い換えている点は注目に値する（同様のケースについては，Arist. *Pol.* 1320a 参照）。トゥ

キュディデスにも私人の土地(=私有地)なる表現が見出される[92]。また，神殿附属のテメノスがヒエロンとも呼ばれていることは[93]，ヒエロン＝テメノスという関係を示唆しているようで興味深い。アリストテレスはそこで共有地といった表現を，またヒッポダモスはヒエラ，デーモシアといった表現を用いているのではあるが，共有地，デーモシアおよびヒエラといった表現や観念はいったいいつどのようにして生じるのだろうか。このような表現や観念ははたしてホメーロスにまで遡り得るのか[94]。前節において，われわれはホメーロスの時代にある種の共有地が存在したであろうことを推定したのではあるが，この問題を，ホメーロスの詩篇に現われる「公共」を意味する諸語を吟味することによって考えてみようと思う。

まずはコイノスについて吟味しよう。この語は「共有の common」を意味するが，ホメーロスには現われない。コイノスの叙事詩形はイオニア方言のクシュノスである。したがって，コイノスについてはクシュノスを吟味する必要がある。この語は，すでに考察したように[95]，その派生語を含めて『イリアス』にのみ現われ，『オデュッセイア』には現われない。この語はその派生語を含めてすべて「共有の」「共通の」を意味する。次に，デーミオス(ドーリス方言，ダーミオス)なる語を吟味してみよう。この語はデーモス(ドーリス方言，ダーモス)の派生語で，すでにミュケナイ文書に da-mi-jo として現われる[96]。また，ドレーロス碑文[97]には δάμιοι と呼ばれる役人が登場する。さらに，この語はデーミウールゴス「民衆のために働くもの」という合成語 δάμιος + ἔργον の一部を形成している。この語の本来の意味は「民衆に属する belonging to the people」，「皆の」であり，『オデュッセイア』に6回，『イリアス』に1回現われる[98]。では，デーモシオスなる語は如何であろうか。この語は「国家に属する belonging to the state」あるいは「公の」という意味であるが，不思議なことに，この語は『イリアス』『オデュッセイア』共に一度も現われない。この事実は，デーモシオスなる観念，つまり，「国家に属する」あるいは「公の」といった観念がホメーロスの時代にまだ生じていなかったということの左証となろう。では，デーモシオスなる語はいつ，どのような意味で用いられるようになるのだろうか。まずは，この点について考えてみたい。

管見の限り，デーモシオスの語が現われるアルカイック期の文献および碑文史料としてわれわれが挙げることのできるものは次の9例。まず文献史料から

見ることにしよう。

（1）Sol. fr. 4（West）[99]

　この詩の12行目のヒエラ クテアナ，デーモシア クテアナは「聖なる財」，「公の財」と，また26行目のデーモシオン カコンは「公の災い」と読むことができる。「財」と訳出した κτέανα という語が動産ばかりではなく「土地」をも示し得る言葉であったとすれば[100]，両者は「聖なる土地」，「公の土地」つまり「公有地」と解釈され得る。

（2）Thgn. 39—52.（West）

　テオグニスのこの詩は内容的に先のソロンの詩と酷似している。この詩によれば，悪しき人々の傲慢な振る舞いがポリスの平和を揺るがし，彼らの私利私欲がポリスに災いをもたらすとされる。この災いはここでは「内乱，殺戮，一人支配」であり，これがデーモシオン　カコンと表現されている。ソロンの詩と比較した場合，殺戮(ポノイ)と戦争(ポレモス)との違いはあるが，「悪しき人々がデーモスを滅ぼす（45行）」とか「ポリスがいつまでも平静であることを期待してはならぬ（47行）」という表現の中に，デーモスやポリスといった語が使用されているので，50行目に現われるデーモシオンの語はソロンの場合と同様に，つまり「公の」の意味に，解釈してもよいであろう。

（3）X. 2. 1—9.（West）

　コロポンのクセノパネス（ca.565—ca.470）のエレゲイアの詩。オリンピア競技優勝者は大きな名声と競技会におけるプロエドリアの特権を得，彼らには「ポリスの公財(デーモシオン クテアノシ エク ポレオース)から食料が支給されるであろう（8行目）」と読める[101]。公財と訳出した語はデーモシア クテアナであり，この場合，クテアナは明らかに動産。公とはポリス，即ち国家ということになる。

（4）Hi. 128. 1—4.（West）

　エフェソスのヒッポナクス（ca.510?）のヘクサメトロンの詩。
　　ムーサよ　私に　大食漢エウリュメドンティアデスの海の渦巻き(ポントカリュプディス)，
　　胃(エンガストゥリマカイラ)　刀　について，語ってくれ，

票決によって彼が惨めな最期を遂げるであろうということを
公の評議会によって　荒涼たる海辺での。
　「票決によって」と訳出した単語 ψηφίς は ψῆφος の指小辞であり，小石を意味する。ψῆφος は投票用の石，投票，票あるいは投票によって決定されたこと，即ち決議などの意味を持つ。評議会と訳出した原語 βουλή は決議，評議などの意味を持つ他，周知の如く，アテナイの500人評議会もこの語で呼ばれる。アテナイの評議会同様，この場合の評議会もおそらく公的機関としての性格を有するように思えるので，デーモシオンは「公の」と訳出して差し支えなかろう。

　次に碑文史料に目を転ずると，
（5）ML no.4.（?）625—600 B.C.
　コルキュラ人プロクセノスの記念碑。これはトラシアスの子メネクラテースの墓をダーモスが彼の兄弟プラクシメネスと共に建造した旨を記した記念碑であるが，その碑文の4行目にダーモシオン　デ　カコンのフレーズが現われる。残念ながら，そのフレーズの直後に残欠部分があるので正確な文意は不明としなければならないが，そのフレーズの直前にメネクラテースがダーモスにとって親しいプロクセノスであったということ，彼は海（難事故）で落命したということが記されているので（3—4行目），この部分は，「その結果［すべての人々に対して］公の災いが［生じた］[102]」と読むことができよう。

（6）ML no.8, Back（C）.575—550B.C.
　キオスの法。もっとも重要な初期国制碑文の一つ。石碑の四面に碑文を有し，裏面（C）の1—3行目と5—6行目に　ブーレー　ヘー　デーモシエーのフレーズを有す。ブーストロペドンで記された1行目から9行目を訳出すると次のようになるであろう。「国民（民衆）評議会に上告するを得。（各）部族から選出された50人からなる，刑罰を科する権能を有する国民評議会はヘブドマイア祭から三日目に招集さるべし。」キオスでは前6世紀前半にこの名の評議会が存在し，役人によって不正な判決が下された場合この評議会への上告が認められていた。ヘシオドスは曲がれる判決を真っ直ぐにせよとバシレウスたちを非難するが（*Op.* 248ff.; 263f.），このような評議会への上告は『仕事と日々』

からは窺い知れない。このような評議会の存在がアテナイにおけるソロンの400人評議会の存在の裏付けになるかどうかはともかく[103]，この評議会が国家の公的な機関として創設されたことに異論はあるまい。ブーレー　ヘー　デーモシエーという名称から見て，この評議会が貴族的な色彩の濃い評議会でないことは明らかで，この評議会の創設が事実上貴族政から民主政への移行の第一歩を印すことになったに違いない。

（7）Buck no.83. 前6世紀。

アルゴスのアクロポリス「ラリサ」頂上のアテナ・ポリアス神殿出土の石に刻まれた聖法。テキストは次のように読むことができる。「以下の人々がダミオルゴスだった時，アテナの神殿において次のものが作られた。ポイエーマタとクレーマタと…を彼らはアテナ・ポリアスに奉納した。私人はアテナ・ポリアスのテメノス外でその女神のために作られたクレーマタを用いてはならぬ。だが国家(ダモシオン)（の役人）は犠牲のために用いることを得。何人かがこれらを破損した場合は，修繕すべし，ダミオルゴスが課した額で。召し使い(アンピポロス)がこれらの世話をすること。」左コラムの5―10行目にダミオルゴイの6人の名前が記されている。国家あるいは国家の役人と訳出したダモシオンは複数形の部分属格と取れなくもないが，ここでは，中性形のコレクティブ・シンギュラーで動詞の主語と見なす[104]。

（8）ML no.13.（?）525―500B.C.

中部ギリシアの西ロクリス出土の青銅板碑文。西ロクリスの一共同体による近隣地への入植と土地分配および分配地の規定を記した碑文[105]。

第3行目に現われる δαμόσια は明らかに公有地（public lands）[106]であり，それはおそらく Nilsson が推定しているように[107]地割区画されることなく放牧地として共同利用されたものと思われる。したがって，第6―7行目の「人が植樹した場合には，没収されざるものとす」の規定はダモシア，即ち公有地に関わるものと見なすことができよう。

（9）*IG.* 1³.1（ML no.14）510―500B.C.

サラミスに関するアテナイ最古の民会決議文。その年代は，おそらく，前6

218　第3部　土地と耕作者

世紀末と推定され，また，その内容は，サラミスのクレルーキアに関する決議と見なされている。当面の問題との関連で注目されるのは7行目に現われるエス　デモシオンの句である。5行目からのフレーズは，6行目後半に一部残欠を有するが，その部分を補って訳出すると次のようになるであろう。すなわち「貸し手借り手各人は［地代の3倍をあるいは賃貸料の10分の1を］[108] 国家（国庫）に支払うべし」。

　以上の考察に基づいてデーモシオンの意味を整理すると次のようになるであろう。
　(1)「ポリスの（公の）」と公有地，(2)「ポリスの（公の）」，(3)「公の」（この場合，公とはポリスのこと），(4)「公の」，(5)「公の」，(6)「公の」，(7) 国家乃至国家の役人，(8) 公有地，(9) 国家乃至国庫，となる。さらに，注目すべきは，(5) に現われるフレーズ，デーモシオン　デ　カコンが (1) (2) に，また (6) に現われるフレーズ，ブーレー　ヘー　デーモシエーが (4) に現われるという事実である。年代的には (1)—(4) の韻文はエレゲイアおよびヘクサメトロンで書かれており，前6世紀に属し，(5)—(9) の碑文は前7—6世紀に置かれる。デーモシオスなる語がホメーロスに現われないという事実は，デーモシオスなる観念，つまり，「国家に属する」あるいは「公の」といった観念がホメーロスに存在していなかったということを示している。したがって，デーモシオスなる観念は，以上の史料が示す通り，ホメーロス以降，市民共同体としての都市国家（ポリス）成立後，具体的には前7・6世紀に現われるように思われる。ヘロドトスにはコリントス人の国家に属すといった具合に「国家」という観念が明確に存在するが[109]，ホメーロスの場合（テメノスの授与のケースでも分かるように），「民衆に属す」という観念はあっても「国家に属す」という観念はないように思われる。つまり，ポリスとしての「国家」の観念はホメーロスにおいては未発達の状態にあったと言えよう。前述のように[110]，『イリアス』にはクシュノスが2度現われる。つまり，γαῖα ξυνή と ξυνὸν δὲ κακόν。そして前7—6世紀になると，クシュノスのところが，デーモシオスに置き換えられ，δημόσια κτέανα や δημόσιον κακόν といった表現が用いられるようになる[111]。ここにわれわれはクシュノスからデーモシオスへの変換を見て取ることができると同時に，デーモシオス

の出現と共に「国家」の観念もまた明確化したということができよう。では，クシュノスからデーモシオスへの変換は土地制度上いったい何を意味しているのだろうか。古代ギリシアの自然的景観を模型的に示すと，まず山岳の高地があり，それを下ると森林乃至林が現れる。続いて樹木のなくなるところまで下りると，放牧地がある。この放牧地が終わると地面は平らとなり，耕地が展開する[112]。さらにこれを集落的景観を交えた理念図[113]で示すと次のようになるであろう。

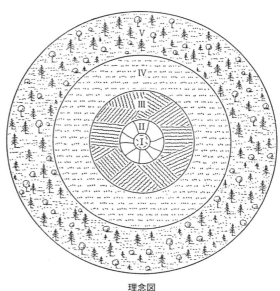

理念図

Ⅰ・Ⅱが宅地（家）と菜園，Ⅲがクレーロス。Ⅰ・Ⅱは，都市集落の場合，原則として，城壁で囲まれている。Ⅳ・Ⅴは「町から遠く離れた土地(アグロス)」あるいはアグレーロスと呼ばれ，「畑地の縁(エスカティア)」に位置し，実態はⅣが放牧地，Ⅴは森林と山であったと考えられる。ホメーロスにおいてⅣⅤは共有地として認識され，ポリス成立以降は，Ⅳが公有地，Ⅴがヒエラとして認識されたものと推定される。のちの史料でエスカティアが耕地（畑）として利用されている場合があるが，それは，ラーエルテースの例が示す如く，開墾の結果と見なすことができよう[114]。

おわりに

初期ギリシアの土地制度理解のための一つの試みとしてわれわれはホメーロスの詩篇を中心に考察を進めてきたわけであるが，ホメーロスの土地制度に関しては，概ね村川氏の見解を継承することができるということである。氏によ

れば，ホメーロスの全詩篇を通じて「牧場はともあれ，耕地の共有制を明らかに物語る詩句」はなく，当時の土地所有形態としてはテメノスとクレーロスの二つであり，クレーロスの定期的割り替えや共同耕作などは詩篇の上からは証明されない[115]，とされた。確かに，一方において耕地共有制は存在せず，耕地の恒常的分割に基づく私的土地所有制が確立していたものと思われるが，他方においてある種の共有地も明らかに存在していた。それは，村川氏も指摘しているように，一つは放牧地である。またそれ以外には森林や山など，いわゆるテメノスやクレーロスとして分配されていない未墾の無主地が共有地と見なされたであろう。特に森林や山は私的労働の投下がきわめて少なく，利用者たち共有のものという性格をもち，利用者はいわば天与の財産により幸福にあずかるということから，森林や山はその周辺の人たちの守護神所有のものという観念が，育まれたであろう[116]。つまり，これが共有地としての神々のテメノスの実態である。

　ホメーロス時代の土地所有形態としてテメノスとクレーロスの二つを考える場合，ミュケナイ時代との土地所有形態上の連続性をいかに考えるべきかが問題となろう。ミュケナイ時代の土地所有形態について王や軍事指導者（ラーワーゲタース）の所有する土地がテメノスと呼ばれたほか，二つの土地所有上のカテゴリーが存在していたとされる[117]。ところが，現存のミュケナイ文書の中にクレーロスなる言葉が全然現われないという事実は注目に値する。資料の伝存情況の偶然性によるものと言えなくもないが，やはり現われないという事実は気になるところである。岩田氏は，粘土板が王室財政の観点から作成されたということに着目し，「当時クレーロスなる語が存在していたとしても粘土板に記されることはなかったのではないか」[118]と推定しておられる。はたしてそうか。筆者には，確証はないが，当時クレーロスなる語が存在していたとしても土地所有形態を示すクレーロスなる語はいまだ存在していなかったように思われる。いわばこの語はミュケナイ時代に続く暗黒時代の所産でありミュケナイ時代とホメーロス時代の土地所有形態の断絶性を示す言葉であるということができる。

　テメノスという言葉自体はホメーロス以降のちの時代にも受け継がれるが，王のテメノスや功労者に授与されたテメノスはポリスの成立と共に確実に消滅してゆく方向にあった。仮に，彼らのテメノスが私有財産として子孫に受け継がれたとすれば，大家族の核家族化の過程でテメノスの細分化が進行したもの

と思われる。仮に，テメノスが王位に付随したものであったとすれば，王政から貴族政への移行の過程でそのテメノスはどのようになっていったのだろうか。今のところ不明とする他ないが，前8世紀における半神祭儀 hero-cults[119]の成立と何らかの関連があるのではないかと愚考している。

公有地という観念はホメーロスの時代にはまだ存在していなかった。これはその時代に国家の観念が未発達の状態にあったことと関係している。したがってわれわれはホメーロスの時代において共有地 common lands という語を用いることはよいとしても（但し，このことと共同耕地制の存在とは無関係），公有地 public lands という言葉を用いてはならない。要するに，前7・6世紀におけるデーモシオスなる語の出現が重要な意味を持つ。というのは，その語の出現は当時「公」あるいは「国家」の観念が存在したことのいわば証となるから。そしてこのときアクレーロス・エスカティアが国家のものであるという観念もまた出現した。この観念の出現と前7・6世紀におけるポリスによる土地に関する共同体規制の出現[120]とは，おそらく密接不可分の関係にあったものと推定されよう。

注

1） 村川 1987, 225-50（初出，『史林』26-2，1941年）。以下，本文中のホメーロスの訳は，原則として，岩波文庫版の松平千秋氏の訳を用いる。但し，解釈の都合上，筆者自身が訳出を試みた箇所も少なくない。
2） Ridgeway 1885, 319の用語は 'Common-Field' system。以下，本文では，'Common-Field' system を「共同耕地」制，'Open-Field' system を「開放耕地」制，'Common-Field' を「共同耕地」と訳出する。大塚 1970, 134参照。
3） 太田 1955.
4） 大塚 1970, 92-5.
5） Pöhlmann 1925, 21-4.
6） 11. 67ff.「さる豪農の ἀνδρὸς μάκαρος 小麦あるいは大麦の畑で，刈り手 ἀμητῆρες が両端から向かい合って刈り進め，麦の束が次々に刈り手の手から地上に落ちる。」村川 1987, 238はここで言及されている「刈り手」は奴隷あるいはエリトイであると考え，ここの「刈り手」と耕作の場面に現われる「耕し手 ἀροτῆρες」とが同じ階級の人ということはありそうなことだ，と述べている。
7） 村川 1987, 237f.
8） Erdmann 1942, 345.
9） Hennig 1980, 43.
10） 村川 1987, 238. *Op.* 38, 263 のバシレイスを参照。複数形で現われ事実上「貴族」を示

11) Erdmann 1942, 354.
12) Pöhlmann 1925, 19.
13) 村川 1987, 237.
14) Erdmann 1942, 357.
15) Richter 1968, 13.
16) Hennig 1980, 45.
17) 村川 1987, 237. 特に，後者の解釈は Pl. *Lg.* 878b の記述からも首肯し得る。注目すべきは「二つの境界石の間に介在する中間地帯」という表現。*Il.* 12. 421ff. においても境界石は複数形であり，それは2人の男各々の所有地の境界石ともとれる。その間に介在する僅かな土地は未分配の土地（共有地）であり，2人はその所有権をめぐって相争っているのではないか。
18) Erdmann 1942, 352f., 359.
19) vv. 37ff.
20) Finley 1957, 152-3.
21) Richter 1968, 13 n.57.
22) Свенцицкая 1976, 54ff. ,57.
23) Hennig 1980, 43-4.
24) Thomson 1965, chap. 8 and Appendix.
25) 太田 1955, 26.
26) 同上 24-5。
27) 「野」の意味で用いられている例としては，*Op.* v. 427 がある。
28) Свенцицкая 1976, 57.
29) 岩田 1963, 40 n.3.
30) Finley 1957, 148; Hennig 1980, 38.
31) 村川 1987, 239.
32) Richter 1968, 11.
33) Finley 1957, 148; Hennig 1980, 38.
34) Pöhlmann 1925, 26.
35) Cf. LSJ s. v. ἀπουρίζω.
36) 村川 1987, 237.
37) 伊藤 1999, 5-6.
38) 同上 5-9.
39) 村川 1987, 239; Hennig 1980, 38.
40) Finley 1957, 154.
41) Pöhlmann 1925, 35.
42) 原語は νέμεσθαι。テメノスの所有および管理の表現としての νέμεσθαι の用例については，*Od.* 11. 185参照。Cf. Hennig 1980, 41.
43) 本文198頁参照。
44) クテーマタ―家，財産（家財）―奴隷（*Od.* 1. 397-8）の対応関係から見て，ここで用いられているクテーマタはオイコスにあたるかもしれぬ。Cf. *Od.* 23. 355. クテーマタが *Od.* 11. 185で言及されているテメノス τεμένεα を含んでいるかどうかは不明。また，王位継承とテメノスの保持との関係を示す唯一の史料として，*Il.* 6. 194と *Il.* 12. 310-13がある。これらの史料から，ベレロポンテスがリュキエ人から贈与された果樹園と耕地からなる見事なテメノスは，分割相続されることなく，王位と共に2人の孫，グラウコスとサルペドンに受け継がれたことを知る。但し，この史料はギリシア世界の例ではなく，リュキエの例である。なお，Ridgeway 1885, 337; Свенцицкая 1976, 59はギリシアにおいて

45) Finley 1957, 149-50; Hennig 1980, 39. これに対して，Ridgeway 1885, 334; Weiss 1921, 1093は王家が交代すれば，王の財産は新しい王朝に移ると見る。Esmein 1890, 841-2によれば，テメノスは確かに世襲財産で，王のテメノスも王位と同じく相続によって父から子へと受け継がれた。但し，王の子孫以外のものが新王として選出された場合，王のテメノスは新王に移った。だが，王が死んだりあるいは退位しない限り，王位とテメノスはその家を守る人々の手中に，例えば息子や母の手中に，留まった，と見る。もテメノスは王位と共に受け継がれたと見る。
46) Esmein 1890, 838-42.
47) 村川 1987, 238.
48) Finley 1957, 149.
49) ヘラクレイア碑文のアテナ・ポリアス神殿領（B区画）を見よ！「さら地」と「ブドウ畑」に分けて明記されている。伊藤 1999, 332 表2 参照。
50) デーモスが共同耕地を所有し，共同耕地内をクレーロスに分割しその用益権を各農民に賦与していた。クレーロスは耕地とブドウ畑とからなり，それは農民によって共同耕作された。テメノスが耕地とブドウ畑の組み合わせとして表現されているのはそのためである。Esmein 1890, 838を見よ。
51) Pöhlmann 1925, 28.
52) Erdmann 1942, 355.
53) Finley 1957, 151.
54) Richter 1968, 9.
55) Свенцицкая 1976, 57, 60.
56) Hennig 1980, 41.
57) Richter 1968, 9; Hennig 1980, 39-40. Cf. Thomson 1965, 328-9.
58) Hdt. 9. 93-4.
59) Erdmann 1942, 356, 358. Cf. Od. 13. 14-5; 19. 198.
60) Finley 1957, 155-6.
61) Hennig 1980, 44.
62) 本文202頁参照。
63) Hennig 1980, 42.
64) 原文は，ἐπ᾽ ἀγροῦ, νόσφι πόληος。アグロスの語は『オデュッセイア』に27回，『イリアス』に1回，そして『ホメーロス讃歌』に2回用いられ，畑・野・田舎等の意味を持つ。このケースにおいてこの土地は開墾の対象となっていたので，元は原野あるいは放牧地のようなものだったと推定される。ラエルテースはそこを開墾し「樹木茂る農場 (Od. 23. 139, 359; 24. 205)」となした。また，Il. 23. 832; Od. 4. 757に現われる「町から遠く離れた肥沃な農場 ἀπόπροθι πίονες ἀγροί」とは，まさにかような土地を示しているのではなかろうか。なお，Esmein 1890, 844はクレーロス・テメノスが町の郊外を形成し，その外側，つまり町から遠く離れたところが空地 le terrain inoccupé だったと推定している。ホメーロスにおけるポリスの意味については，Свенцицкая 1976, 62参照。
65) Esmein 1890, 842-4. このように開墾によって獲得された土地が主人によって忠実な奴隷にクレーロスとして授与された（844頁）。
66) Pöhlmann 1925, 27-8.
67) Finley 1957, 154.
68) Nilsson 1955, 272.
69) Richter 1968, 12.
70) Свенцицкая 1976, 59.
71) Hennig 1980, 48.
72) Lepore 1973, 27. ラーエルテースによって開墾された土地がオデュッセウスによって

224　第3部　土地と耕作者

「果樹多き我家の農地（*Od.* 23. 139）」と呼ばれている点に注目。
73)　さらに同じ表現が *Od.* 4. 517に現われる。
74)　*Od.* 5. 238ff.
75)　*Od.* 14. 103f.; 24. 150. Cf. *Od.* 13. 404f.; 14. 1-28.
76)　*Od.* 5. 489.
77)　Lepore 1973, 27. エスカティアの語は『オデュッセイア』に11回，『イリアス』に4回用いられているが，ほとんどの場合，「縁・端・辺境」を意味する。
78)　本文13-14頁参照。
79)　耕作地，つまり田畑の意味でのエルガの用例については，*Il.* 12. 283; *Od.* 4. 318; 10. 98; *Op.* 46, 119, 549参照。最初の箇所では，当該箇所と同様に，「花咲く野」と「人々の肥沃な田畑（エルガ）」とが対比されている。
80)　本文206頁参照。
81)　*Od.* 6. 321-2.
82)　さらに同じ表現が *Od.* 9. 200に現われる。ポイボス・アポロンの「木々茂る森」に神官の一家が住んでいる。Cf. *Od.* 9. 199ff.
83)　「アプロディテ讃歌」20, 97行参照。
84)　「アプロディテ讃歌」268行。なお，この女神の神聖な樫の木を斧で切り倒したために神罰を蒙ったエリュシクトンの話については，Ov. *Met.* 8. 738ff. 参照。
85)　公有地における樹木や木々の伐採禁止に関する規定については，Brugnone 1997, 286-7参照。また，ヘラクレイア碑文における樹木や木々の伐採禁止規定については，伊藤1999, 334表3参照。
86)　なお，猟師が山野で鳥撃をすることは許されているが，耕地や聖なる土地ではそれが禁じられている。また，漁師も聖なる川では漁が禁じられている。Cf. Pl. *Lg.* 824 b-c.
87)　本文204頁参照。
88)　放牧地の草花については，本書第5章96頁参照。
89)　Richter 1968, 42.
90)　この考え方はプラトンの『法律（745c-d）』の中にも見出される。碑文の事例として，コルキュラ・メライナへの植民市設立に関する碑文（*SIG*³ 141）参照。なお，この碑文については，伊藤1999, 17-8 および補章二参照。
91)　Pl. *Lg.* 740a でも，第2の国制のもとでは「土地と家とは分配させ，共同耕作はさせないことにする」とされている。
92)　Thuc. 1. 106.
93)　Id. 1. 134; 4. 90.
94)　ホメーロスにおけるヒエロンおよびヒエロンとテメノスの関係については本文211-2頁参照。
95)　本文208頁参照。
96)　Cf. LSJ *Suppl.* s. v. δήμιος.
97)　Cf. ML no. 2. 前7世紀後半ギリシア最古の法律。この碑文には2度ポリスの語が現われるが，この語を「国家」の意味で用いた最古の用例。
98)　*Od.* 2. 32, 44; 3. 82; 4. 314; 8. 59; 20, 264; *Il.* 17. 250.
99)　この箇所の翻訳および解釈については，伊藤1999, 87-91参照。
100)　同上 95参照
101)　同様のことは，プラトン『国家』（465d-e）においても言及されている。
102)　この読みは Peek に従う。ML no. 4 参照。なお，デーモシオスの語は *SEG* 30. 380（7ᵗʰ century B.C. Tiryns）にも現われる。
103)　Cf. Oliva 1988, 58.
104)　Buck 1955, 284.

105) この碑文に関しては，ML no.13に加えて，Wilamowitz-Moellendorff 1927; Buck 1955, no.59; Jeffery 1961; Vatin 1963; 伊藤 1999, 13-5参照。
106) LSJ Suppl. s. v. δημόσιος. Cf. Vatin 1963, 7: les terres communales. なお，Wilamowitz-Moellendorff 1927, 8, 9-10は Staatsbesitz と，Nilsson 1955, 270は Staatsland と，Buck 1955, 256 および ML 24-5 は the public と見なす。
107) Nilsson 1955, 270-1.
108) Tod と Wade-Gery の読みに従う。Cf. ML 26.
109) Hdt. 1. 14.
110) 本文208頁参照。
111) もちろんクシュノスの語が使用されなくなる訳ではない。前7世紀中葉の用例としては，Archil. 93a. 7「共通の災い」; Thgn. 1005; Tyrt. 12. 15「共通の宝」を見よ。また，前470年代の用例としては，Buck 1955, no. 3, A. v.3（= ML no. 30）参照。
112) 岩田 1962, 16-7.
113) 大塚 1970, 92より借用。
114) 篠崎 1979, 36-8 参照。パイニッポスの地所がエスカティアと呼ばれていたことを想起せよ。そこには穀物畑，ブドウ畑ならびに森林が存在した。パイニッポスの地所については，本書第7章第III節参照。
115) 「はじめに」参照。
116) 岩田 1963, 36.
117) Cf. Ventris and Chadwick 1973^2, 232-3, 264-7, 444, 453-4.
118) 岩田 1963, 35.
119) Snodgrass 1980, 37-40, 68, 74-5.
120) 伊藤 1999, 9-12, 100-1。

第11章　Did the *hektemoroi* exist ?

To date, most scholars believe that the *hektemoroi* existed in the Attica of Solon's time, and that Solon enacted the shaking-off of burdens, *seisachtheia*. Thus there have been many debates concerning the *hektemoroi* and the *seisachtheia*.[1] But, curiously, the words *seisachtheia* and *hektemoroi* which are the keywords of Solon's reform appear nowhere in his extant poems. Even Herodotus, the most inquisitive historian, does not mention these words. Indeed, the first mention of these words is by Aristotle in *Ath.Pol.*[2] Can these words be traced back to Solon's poems ? Concerning the *seisachtheia*, Linforth once asserted that 'it is necessary to conclude therefore that Aristotle did not find it in Solon's own writings; and if Aristotle did not find it there, it is probable that it was not there at all.'[3] In this paper, we shall examine the hypothesis that the word *hektemoroi* is a word coined by Aristotle or Atthidographers to explain Solon's *seisachtheia*.

First, let us look at how Aristotle interpreted Solon's *seisachtheia*. Aristotle cites *fr*.36 (West)[4] of Solon's poems at *AP* 12. 4:

ἐγὼ δὲ τῶν μὲν οὕνεκα ξυνήγαγον
δῆμον, τί τούτων πρὶν τυχεῖν ἐπαυσάμην;
συμμαρτυροίη ταῦτ' ἂν ἐν δίκῃ Χρόνου
μήτηρ μεγίστη δαιμόνων Ὀλυμπίων
5   ἄριστα, Γῆ μέλαινα, <u>τῆς</u> ἐγώ ποτε
<u>ὅρους ἀνεῖλον</u> πολλακῇ πεπηγότας,
πρόσθεν δὲ δουλεύουσα, <u>νῦν ἐλευθέρη</u>.
πολλοὺς δ' Ἀθήνας πατρίδ' ἐς θεόκτιτον
ἀνήγαγον πραθέντας, ἄλλον ἐκδίκως,
10 ἄλλον δικαίως, τοὺς δ' <u>ἀναγκαίης ὑπὸ
χρειοῦς</u> φυγόντας, γλῶσσαν οὐκέτ' Ἀττικὴν
ἱέντας, ὡς δὴ πολλαχῇ πλανωμένους·
τοὺς δ' ἐνθάδ' αὐτοῦ δουλίην ἀεικέα
ἔχοντας, ἤθη δεσπο<u>τέων</u> τρο<u>μεο</u>μένους,
15 ἐλευθέρους ἔθηκα. ταῦτα μὲν κράτει
ὁμοῦ βίην τε καὶ δίκην ξυναρμόσας
ἔρεξα, καὶ διῆλθον ὡς ὑπεσχόμην·[5]

Citing this fragment, Aristotle makes a note as follows:

[πάλιν] δὲ καὶ περὶ τῆς ἀπ[οκ]οπῆς τῶν χ[ρε]ῶν καὶ τῶν δουλευόντων μὲν πρότερον, ἐλευθερωθέντων δὲ διὰ τήν σεισάχθειαν·

Therefore, Aristotle thought that there were references to the cancellation of debts and to those who had been slaves before and were freed by the shaking-off of burdens in this fragment.[6] Since reference to those who were slaves before and were freed by the shaking-off of burdens appears at *fr.* 36, vv. 8-15, it is natural to assume that Aristotle thought that the verses at *fr.* 36, vv. 5-7 relate to the cancellation of debts. Words such as ὅρους ἀνεῖλον and (γῆ) νῦν ἐλευθέρη seem to indicate that he thought these verses related to the cancellation of debts.

We can imagine that *horoi* were fixed in many places at Athens of Aristotle's time. The literary sources and inscriptions give proof of that.[7] Obviously Aristotle interpreted *horoi* as mortgage-stones[8] here, and perhaps χρειουσ appearing in the London papyrus[9] not as χρειοῦς ('necessity') but as χρείους ('debt').[10] The Demosthenic speeches[11] are also useful to understand how Aristotle interpreted Solon's verses ὅρους ἀνεῖλον and (γῆ) νῦν ἐλευθέρη. According to these speeches, the fact that *horoi* had been set on οὐσία shows that the land had been mortgaged.[12] However, the fact that there was no *horos* on an ἐσχατιά shows that there was no debt charged against ἐσχατιά and it was regarded as ἐλευθέρα ('unencumbered').[13] By removing *horoi* the defendant Timotheos sought to deny the existence of the debts.[14] It is clear that Aristotle reading the verses in question regarded them as referring to a cancellation of debts.

Let us now turn our attention to the *hektemoroi*. The word ἑκτήμοροι consists of ἕκτον+μέρος[15] which mean 'a sixth part'; therefore the ἑκτήμοροι are the people of 'the sixth part'(cf. 'tithe' in English). Apart from the question of whether they had to make over a sixth of the produce of their farms to their creditors or whether they retained that portion, why was it 'a sixth'? Cassola, introducing De Sanctis' view,[16] argues 'ammettendo..., e che la quota versata sia un sesto del raccolto, avremmo un interesse del 17%, che sarebbe normale anche per l'Atene classica.'[17] We shall view this problem from the standpoint of interest rates on real security in Athens in the fourth century B.C. It seems to me that 'a sixth' is based on the interest rate of the fourth century, just as Aristotle identified the *horoi* appearing in Solon's poems with the *horoi* of the fourth century. We must examine two sources: (1) [Dem.] 53.13.[18] (2) Id. 34. 23.[19] From the former we know that the plaintiff mortgaged[20] his συνοικία for sixteen minae to Arcesas, and he lent him the money at the interest rate of eight obols a month for each mina. In this case the interest rate is 16 % (96 obols a year for each mina. 96 obols =16 drachmae, 1 mina=100 drachmae). In the latter speech, Phormio states that he paid Lampis a debt by raising a loan in the Bosporus of 120 Cyzicene staters, at an annual rate of interest equivalent to one sixth of the sum borrowed.[21] What kind of interest rate was applied to this loan ? It was surely the interest rate *on real security.*[22] Also, 'interest on real security was a sixth.'[23] The point is that interest on real security was *a sixth,* and not whether the loan in fact was secured by real estate.[24] From the above consideration we can gather that this interest rate was general in Athens in ca.327B.C.[25] Source (1) also provides evidence for this.[26] If we admit that the date of this suit is ca. 365 B.C.,[27] we can see that this rate was used and was stable through much of the fourth century.

If Aristotle explained events of Solon's time by identifying the *horoi* of Solon's poems with the *horoi* of the fourth century,[28] it is probable that he also used the rate of interest from his own time to infer the rate in Solon's time. The conformity between the interest rate on real security of the fourth century, i.e. *ephektoi* 'a sixth', and the *hektemoroi*, i.e. 'sixth-parters', is intriguing. It is probable that Aristotle or Atthidographers[29] invented the word *hektemoroi* through a deduction based on *ephektoi* [30] to explain Solon's *seisachtheia*.[31] It also appears that Aristotle used a fourth-century interest rate on real security to explain those who were mentioned at *fr*.36, vv.13-14.[32]

NOTES

1   I have already written two articles. On the *seisachtheia*, see Ito 1986, 1-36 (in Japanese), on the *hektemoroi*, see id. 1987, 22- 33 (in Japanese).

2   For editions, commentaries, and translations, see Blass 1898; Kenyon 1920 (reprinted 1976); Chambers 1986; Levi 1968; Rhodes 1981; Fritz and Kapp 1950 (1974) ; Murakawa 1980. There is some doubt whether Aristotle himself was the author of *AP*. In this paper, I will attribute *AP* to Aristotle for the sake of convenience.

3   Linforth 1919, 269. For similar views, see Day and Chambers 1962, 76; Levi 1968, 97ff.; Rhodes 1981, 128.

4   For editions, see Diehl 1925; Edmonds 1931 (reprinted 1968); West 1972 (reprinted 1980 and 1992²); Gentili et Prato 1988; Gerber 1999.

5   Vv. 5-7: dark Earth, whose boundary stones fixed everywhere I once removed; enslaved before, now she is free. Vv.10-12: and those who, having fled under necessity's constraint, no longer spoke the Attic tongue, because they exactly had wandered so wide and far. Vv.13-15: And those who here suffered shameful servitude, trembling before the whims of their masters, I set free.

6   Aristotle himself thought that Solon enacted the cancellation of debts both private and public. Cf. *AP* 6. 1; 11. 2.

7   For inscriptions, see Finley 1951; Lalonde 1991.

8   For a similar interpretation, see Plut. *Sol*. 15. 5: τῆς τε προϋποκειμένης γῆς ὅρους. The prevailing views interpreting *horos* as a debt-stone, whether *Hypotheke* or *Prasis epi Lysei*, have followed Aristotelian interpretation. On the contrary, for the view interpreting *horos* as a boundary-stone, see Cassola 1964, 41-46; Van Effenterre 1977, 112-113; Ito 1986, 28-30; Link 1991, 19, 22; L'Homme-Wéry 1996, 17-22. Link's view coincides with mine, except the interpretation of the *hektemoroi*. L'Homme-Wéry has followed Van Effenterre's theory.

9   Cf. West 1972 and Gentili and Prato 1988, apparatus criticus.

10 Including LSJ s. v. χρεώ, all editors quoted in nn. 2-4 read χρειουσ as χρειοῦς (genitive of χρειώ, χρεώ) and not as χρείους (genitive of χρεῖος, χρέος).This reading is probably correct. Cf. *Il*. 8. 57. On the possibility of χρείους see Rihll 1991, 121 n.129; Fritz and Kapp 1950, translations.

11 [Dem.] 42 and 49. The date of the former is put in 328/7 B.C.(Budé). The latter speech is the suit Apollodoros made against Timotheos. The date of this speech is put at 364 B.C.(Loeb). *AP* was written in the 330's and 320's. Cf. Murakawa 1980, 302-3; Rhodes 1981, 61.

12 [Dem.] 49. 11: ἡ μὲν γὰρ οὐσία ὑπόχρεως ἦν ἅπασα, καὶ ὅροι αὐτῆς ἕστασαν, καὶ ἄλλοι ἐκράτουν·
The term κρατεῖν appears in the *Horoi*-inscriptions; Three *horoi*, nos. 1 and 2 from Attica and no. 10 from Lemnos (*Hypotheke* group) contain the clause ὥστε (or ἐφ᾽ ᾧτε) ἔχειν καὶ κρατεῖν. Cf. Finley 1951, 12, 30 and 204 n.11. For another example, see [Dem.] 25. 69: οἱ τεθέντες ὅροι ἑστηκότες. On the interpretation of this paragraph, see Finley 1951, 25. The date of this trial is some time between 338 and 324 B.C.(Loeb).

13 [Dem.] 42.5: ὅτι οὐδεὶς ὅρος ἔπεστιν ἐπὶ τῇ ἐσχατιᾷ·
Id. 42.9: χρέως οὐδ᾽ ὁτιοῦν ὠφείλετ᾽ ἐπὶ τῇ ἐσχατιᾷ·
Id. 42.19: ἐάν μοιτὴν ἐσχατιὰν μόνην ἐλευθέραν παραδῷ·
In this speech, the defendant Phainippos deducted various debts from the value of his real property and cash holdings. But, says the plaintiff, I searched for *horoi* and found nowhere; therefore all the debts Phainippos now alleges are fictitious. Obviously, the presence or absence of *horoi* was a powerful argument. Cf. Finley 1951, 17-8. *Horos* appearing in this speech (5 and 28) clearly is a mortgage-stone. Further, the conformity between τὴν ἐσχατιὰν ἐλευθέραν appearing in this speech (19) and (γῆ) νῦν ἐλευθέρη appearing in Solon's poems, is interesting. On the meaning of τὴν ἐσχατιὰν ἐλευθέραν, see the definition of *Et. Magnum*: ἄστικτον· οὕτως οἱ Ἀττικοὶ ἐκάλουν τὸ ἐλεύθερον χωρίον, καὶ μὴ ὑποκείμενον χρήστῃ. Cf. Finley 1951, 212 n.42; LSJ s. v. ἄστικτος. It appears that Aristotle identified the ἐλευθέρη of Solon's poems with the ἐλευθέρα of this speech and his interpretation of (γῆ) νῦν ἐλευθέρη was conditioned by the fourth-century ideas of the word ἐλεύθερος. On ἐλεύθερος further see [Dem.] 35. 21-2; LSJ s. v. ἐλεύθερος.

14 [Dem.] 49.12: δάνεισμα ποιεῖται ἰδίᾳ παρ᾽ ἑκάστου αὐτῶν τὰς ἑπτὰ μνᾶς καὶ ὑποτίθησιν αὐτοῖς τὴν οὐσίαν, ἃς νῦν αὐτοὺς ἀποστερεῖ καὶ τοὺς ὅρους ἀνέσπακε· Here the verb ὑποτίθημι is used for hypothecation. Cf. Finley 1951, 273 n.61.

15 For a similar expression, see [Dem.] 42.24: τὸ δέκατον μέρος.

16 De Sanctis 1912, 196f.

17 Cassola 1964, 30.

18 τίθημι οὖν τὴν συνοικίαν ἑκκαίδεκα μνῶν Ἀρκέσαντι Παμβωτάδῃ, ὃν αὐτὸς οὗτος προὐξένησεν, ἐπὶ ὀκτὼ ὀβολοῖς τὴν μνᾶν δανείσαντι τοῦ μηνὸς ἑκάστου.

19 Φορμίων δέ φησιν ἀποδοῦναι Λάμπιδι ἐν Βοσπόρῳ ἑκατὸν καὶ εἴκοσι στατῆρας Κυζικηνούς (τούτῳ γὰρ προσέχετε τὸν νοῦν) δανεισάμενος ἐγγείων τόκων. ἦσαν δὲ ἔφεκτοι οἱ ἔγγειοι τόκοι.

20 The verb τίθημι is a term for 'hypothecate' used in this speech (10,12-3). Cf. Finley 1951, 272-3 n.59.

21 Millett 1991, 207.

22 [Dem.] 34.23: δανεισάμενος ἐγγείων τόκων. Cf. Lys. 32.15: ἐγγείῳ ἐπὶ τόκῳ δεδανεισμένας. On the interpretation of ἔγγειοι τόκοι, see Cohen 1992, 45-6 n.24. Also, according to *Anecd.Bekker*, 251. 26, Ἔγγαια (= ἔγγεια) χρήματα is τὰ ἐπὶ ὑποθήκῃ διδόμενα.

23 [Dem.] 34.23: ἦσαν δὲ ἔφεκτοι οἱ ἔγγειοι τόκοι. On the meaning of ἔγγειοι τόκοι, see Cohen 1992, 58-60. Also, on τόκοι ἔφεκτοι, see Daux 1956, 53-6. Daux says 'l'exemple ([Dem.] 34.23) était un *hapax*. La mention faite par notre texte (τόκων ἐφέκ[τ]ων v. 4. Décret de Sigeum, ii B.C.) serait la seconde de ce taux au denier six.'(p.56).

24 Cohen 1992, 45-6 and 58-9.

25 The speech was delivered in 327-6 B.C. Cf. Gernet 1954, notice.

26 Strictly speaking, the rate of (1) is 16%, the rate of (2) is 16.6666%.

27 Cf. Gernet 1959, notice.

28 For a similar suggestion, see Hammond 1961, 98. Also, Hammond suggests the *horoi* of the fourth century were known as the records of *Hypotheke* and of *Prasis epi Lysei* (clearly, in this case, *Apotimema Proikos* and *Misthosis Oikou* are excluded). Therefore, Aristotle could imagine both of them. Nevertheless I believe that Arist. preferred *Hypotheke* to *Prasis epi Lysei* and identified the *horoi* of Solon's poems with the *horoi* appearing in *literary sources* of the fourth century, because it appears that *Prasis epi Lysei* as a technical term is never used in the extant literary sources (cf. Finley 1951, 31) and the *horoi* appearing in literary sources of the fourth century are related to *Hypotheke* (see nn. 12-14, 20 and 22 above). Also, it appears that the interest rate of *Prasis epi Lysei* is different from the interest rate of *Hypotheke*. Perhaps, the former

is 12% or less, the latter is one-sixth. Cf. Finley 1951, 32-5, 37, 64, 84, 86 and 273 n.66. In contrast, the interest rate of *Apotimema Proikos* is 18%. Cf. Dem. 27.17; Finley 1951, 45.
29 E.g. Kleidemos. Cf. Jacoby 1949, 74ff.
30 Cf. *Anecd.Bekk.*, 257.33: Ἔφεκτος· τόκος ἔφεκτος ὁ ἐπεχόμενος κεὶ ὡρισμένος. It seems to me that one-sixth was a *fixed* interest rate on real security, just as the maritime financing was at a fixed interest of one-eighth. Cf. [Dem.] 50.17; Cohen 1992, 55 and 59.
31 For a similar case, see *chreokopidai*. That the story on *chreokopidai* mentioned at *AP* 6. 2-4 and Plut. *Sol.* 15. 6-7 was pure invention, and that the word *chreokopidai* used at Plut. *Sol.* 15.7 was a coinage modelled upon the word *hermokopidai* are probable. On further discussions, see Linforth 1919, 273f.; Freeman 1926 (reprinted 1976), 87f.; Woodhouse 1938 (reprinted 1965), 183-190; Levi 1968, 102f.; Davies 1971, 12; Oliva 1988, 53.
32 τοὺς δ' ενθάδ' αὐτοῦ δουλίην ἀεικέα ἔχοντας, ἤθη δεσποτέων τρομεομένους. Possibly Aristotle considered those who were mentioned here as the *hektemoroi* at *AP* 2. 2.

補遺：Dem. 31『オネートール弾劾，第2』

嫁資に関し嫁資額相当の不動産を受贈者から担保として提供された場合は，嫁資を贈与した側は，自らそれに抵当標を設置して第三者にその旨を明示する慣わしがあった。この弁論において，オネートールは，アポボスに嫁資を贈ったと主張。その際，姉妹の持参した嫁資を80ムナであるとし，2,000ドラクマに対する抵当標をアポボスの家屋に，6,000ドラクマに対するそれをアポボスの土地に設置した（1節），と言う。ところが，思うところあって，アポボス敗訴後，彼は家屋に対する抵当標を引き抜いたので，嫁資額は土地を抵当とする6,000ドラクマということになった（3節）。その真偽は明らかではないが，筆者にとって興味深い点はこの弁論で用いられる抵当標の設置・除去に関する用語そのものである。

まず，設置については，1節および12節より，τίθημι, ἵστημι が確認される，すなわち，

1．Dem. 31. 1: τίθησιν ὅρους ⋯

2．Id. 31. 12: πρότερον τοὺς ὅρους ἔστησεν[1]

次に，除去については，3節および4節から，ἀφαιρέω, ἀναιρέω が確認される[2]，すなわち，

3．Dem. 31. 3: τοὺς ὅρους ἀπὸ τῆς οἰκίας ἀφαιρεῖ,

4．Id. 31. 4: αὐτὸς ἀνεῖλεν τοὺς ὅρους, ⋯, καὶ πάλιν τοὺς ὅρους ἀνεῖλεν ⋯

注目すべきは，除去について，Dem. 31. 4とまったく同一の表現がソロンの詩篇に現われることである。

5．Sol. *fr*. 36. 6: ὅρους ἀνεῖλον πολλαχῆι πεπηγότας

この事実は，*AP* の著者が当該のソロンの詩篇を読んで，これが「抵当標」の除去，つまり「負債の帳消し」であると見なしたことの左証となりはしまいか。

注

1) 同様の表現が Dem. 49. 11にもある。
2) ἀνασπάω については，Dem. 49. 12を見よ。

第12章　ホロイ，ヘクテーモロイおよびセイサクテイア
――ヘクテーモロイは隷属農民だったか？

はじめに

　筆者は1986年，「ソロン，土地，収公――ソロンの詩篇の分析を中心として――」（『史学雑誌』95編10号）という題目の一文を草したことがある。その翌年には「ラトリエス，テーテス，ヘクテーモロイ」（『西洋古典学研究』35号，1987年）という論文を執筆した。さらに，2004年には古代史に関する国際的な専門誌 *La parola del passato*, 59に 'Did the hektemoroi exist?' と題する論文を公表し，2007年には「セイサクテイアとは何か？」（『西洋古典学研究』55号）という論文を執筆した。これら一連の論文はアテナイ社会史上の最も根本的な問題の一つであるソロンの改革について論じたものであるが，問題を解く鍵と目されるホロイ，ヘクテーモロイおよびセイサクテイアをめぐって今日に至るまでさまざまな議論が展開され，諸説紛々の有様である。

　本章では1986年以来の研究動向を，特にホロイ，ヘクテーモロイおよびセイサクテイアをめぐる欧米の研究を中心に紹介する。ホロイ，ヘクテーモロイおよびセイサクテイアは今日まで欧米でどのように解釈されてきたのか。まず，ホロイについて。従来，ホロイは『アテナイ人の国制』（12章4節，以下，*AP* と略記）の著者の解釈に従い「抵当標石」と解釈されてきたが，今日ではその解釈を採用する者は少なくなってきている。現在では，ホロイは「境界石」以外の意味ではあり得ないと考えられている。では，「境界石を引き抜く」というソロンの行為はいったい何を意味するのか。諸家の見解を考察する。次に，ヘクテーモロイについて。ヘクテーモロイとはいったいどのような人々であったか。この問題はギリシア社会史研究上，最大の難問の一つであるが，拙稿 'Did the hektemoroi exist?' の公表以降，ヘクテーモロイの史実性を疑う研究が公にされてきている。これらの研究の背景には，*AP* の著者がソロンの行為を解釈するにあたって，前4世紀の通念や慣行に基づいていたのではないかとの考え

第12章　ホロイ，ヘクテーモロイおよびセイサクテイア　233

が存在し，それに基づく解釈は今日「時代錯誤的解釈」と見なされている。最後に，セイサクテイアについて。セイサクテイアを「負債の帳消し」とする見方は，ホロイを「抵当標石」と解釈することによってのみ成立しうる。つまり，ソロンが「抵当標石」を引き抜いたことによって，「負債」は帳消しになったのである。前4世紀，正確には前360年代以降，アテナイでは債権─債務関係が解消された場合に「抵当標石」は取り除かれた。まさに，ソロンの行為はこのことだったと *AP* の著者は解釈したのである。しかし，ホロイが「抵当標石」ではなく「境界石」であったとすれば，この解釈は成立しない。諸家はこの難問にどう答えるのか。19世紀以来今日に至るまでの研究史を紐解き，セイサクテイアを「負債の帳消し」とする見方が成り立ちがたいことを論証する。

1．研究の概要

　研究史の概要を知る上でもっとも有益なものは Càssola 1964 であろう。彼は19世紀以来のさまざまな学説を網羅し，学説史として整理している (26—34)。また，村川 1980, 129—135 および Rhodes 1981, 90—97 が有用である[1]。研究史上最大の難問は，ヘクテーモロイとは一体どのような人々であったかということにある。これに関し19世紀以来今日までさまざまな論争が展開されてきたが，それらは概ね次の5つの学説に分類できる。
　1．ヘクテーモロイは暗黒時代に系譜を遡る貴族の世襲的隷属農民であると見る説（A説）
　2．ヘクテーモロイは前7世紀末アッティカの自由な小土地所有農民が借財ゆえにこの身分に顚落したことに由来する人々であると見る説（B土地譲渡不可, B土地譲渡可説）
　3．共有地私的蚕食の過程で貴族によって使役された貧しい農事労働者と見る説（C説）
　4．その他（D説）
　5．1と2双方の併存を認める説（E説）
　原則として以上のどれかの学説に入る場合でも，議論の細部においてさまざまなバリエーションが認められることを付言せねばならない。また，ヘクテー

モロイの問題はソロンのセイサクテイアと複雑に絡み合っていると考えられるので，両者を個別のものとして切り離して議論することはできない。

2．学説史

本節では学説史の整理を行なう。Ⅰでは1986年以前の，Ⅱでは1986年以降の学説史を整理する。学説の整理にあたって，Ⅰでは文献を年代順に執筆者名をもって示し[2]，そのあとにそれらがA～Eのどの説に属するかを明示する。これに対して，Ⅱでは冒頭に文献を著者名とその出版年をもって示し，それらを年代順に掲げる。本文における引用はⅠについては番号と執筆者名をもって，Ⅱについては執筆者名と出版年をもって行なうこととする。

Ⅰ．学説史の整理（1986年以前）

1. Coulanges（1924[28]）→ A
2. Wade-Gery（1932）→ B 土地譲渡可（以下，可と略記）
3. Woodhouse（1938）→ B 土地譲渡不可（以下，不可と略記）
4. N.Lewis（1941）→ B 不可
5. Fine（1951）→ B 不可
6. Gernet（1955）→ A
7. French（1956）→ B 可
8. Lotze（1958）→ B 不可
9. Ferrara（1960）→ A
10. Hammond（1961）→ B 不可
11. Will（1962）→ B 不可
12. Càssola（1964）→ C
13. Hopper（1966）→ B 可
14. Forrest（1966）→ A
15. Andrewes（1967）→ A
16. Levi（1968）→ A
17. Ehrenberg（1973）→ B 可
18. Lévy（1973）→ B 可
19. Sealey（1976）[3] → A
20. Van Effenterre（1977）[4] → D
21. Lévêque（1979）[5] → B 可
22. Murray（1980）[6] → A
23. Rhodes（1981）→ E

24. Andrewes（1982）[7] → A
25. Gallant（1982）→ C

1986年以前（表1参照）

A	B（可）	B（不可）	C	D	E
9	6	6	2	1	1

表1

　A説の起源は古くⅠ.1. Coulanges に遡る。彼の著書『古代都市』の初版は1864年に出版されているので，この書物は大英博物館による『アテナイ人の国制』のパピルス獲得の一世代前に著されたものと言える。したがって彼の理論は『アテナイ人の国制』を参照することなくプルタルコスの『ソロン伝』の限られた情報に依拠していた。彼はソロンの時代において負債問題を副次的なものと見なし，結果，ソロンの「重荷おろし（セイサクテイア）」は一社会改革，つまり庇護民（テーテス）と貴族（エウパトリダイ）間の庇護関係の廃止，つまり隷農身分の解放と見た。彼の説ではこの身分の起源はあいまいなままであるが（初版出版年が線状文字B解読の90年前であることを想起せよ），その起源はおそらくミュケナイ社会崩壊後の暗黒時代のいずれかの時期におくことができよう。この説によれば，ヘクテーモロイは債務不履行の債務者ではなく，（ヨーロッパ中世の用語を借りるとすれば）封建的な身分の世襲的隷農（農奴）だったと考えられる。暗黒時代の不安定な状況の中で，生活のさまざまな圧迫（その中には経済的圧迫が確かに含まれる）に対処することのできない劣（スモールメン）る人々は，身体的保護を求めて自発的にあるいは半自発的に有力な隣人（貴族）に従属し，その代わりに賦役・貢納（収穫物の6分の1の支払い）の義務を負った。つまり，このような人々がヘクテーモロイだったのである（Ⅰ.14. Forrest, 147—50参照）。さらに，Ⅰ.24. Andrewes, 378 は Pollux, 7. 151; Hesychius, s. v. ἐπίπορτος の記述を根拠に，ヘクテーモロイを分益小作人と見た[8]。つまり，ヘクテーモロイによって耕作されていた土地は彼らのものではなかったのである。Andrewes は言う，「前9世紀前半国内の開拓が始まった。この動きを主導したのは貴族だった。人口増加が必要とされる労働力を供給した。有力な，かつ積極的な貴族は今まで耕作されていない土地を小区画に分け，各区画を貧しい開拓者に耕作させた，そして後者は前者にその土地から上がる収穫物の一定量，すなわち6分の1を支払った。(380)」つまり，この耕作者こそがヘクテーモロイなのである。この説は，Ⅰ.19. Sealey やⅠ.22.

Murray によって支持され，のちに「正統学説」と見なされるに至った[9]）。

　B説によれば，アッティカの自由な土地所有農民（自営農民）がヘクテーモロイに顚落したのは負債が原因であると考えられる。不作後，農民自身の所有する土地（クレーロス）の生産物が彼および彼の家族を養うのに不十分だったとき，彼は余剰のある富裕な隣人から穀物などを借りることを強いられた。当時土地は譲渡不可だったので，農民は土地を貸付の担保にすることができなかったが，「買戻し約定付き売却」（プラーシス エピ リュセイ）という便法が考え出された。それによって債務を負った農民は自己の土地を耕作しつつ債権者に収穫の6分の1の地代を納める義務を課され，その地代の保証として身体を抵当に入れた。債務を負った農民の土地には「買戻し約定付き売却」を示すホロイが立てられた。地代を滞納すると農民は債権者によりあるいは奴隷とされ，あるいは収穫の6分の5を納めるヘクテーモロイとされたが，ソロンの大英断によりホロイが引き抜かれ，債務を負った農民は一挙にもとの自由な土地所有農民に戻った。以上がⅠ.3. Woodhouse 説のあらましである。その後この説は修正を受けながらも多くの支持者を見出した。村川氏による学説史の整理ではこの説が「在来の有力説（通説）」とされている。今日では Woodhouse が説く「買戻し約定付き売却」という便法は，たとえ擬制的なものであるにせよ，土地譲渡不可のもとではあり得ないとされ，土地は一般に譲渡可能であったと見なされている[10]）。

　C説はⅠ.12. Càssola に始まる。この説の特徴は，私的蚕食を被った土地が，クレーロスの範疇外の土地，Càssola によれば神殿領と共有地，だったと見なす点にある。このような視点からの，これに連なる論考として，Ⅰ.25. Gallant がある。

　D説は村川氏の学説史の整理において，珍説と評されているものである。D説はⅠ.20. Van Effenterre によって提唱された。C説もそうであるが，この説出現の背景には，ホロイが抵当標石ではなく境界石であるという解釈上の前提がある。Van Effenterre は「サラミス島をめぐるメガラとの戦争に敗北したアテナイはエレウシス平野（トリア平野）をメガラに奪われ，トリア平野の東側に国境の境界石を立てられた。ソロンはメガラとの戦争を再開し勝利してその土地を奪回し境界石を取り除いて，その土地を解放した（111−13）」と説く。この説はⅡ. L'Homme-Wéry 1996, 1999 によって発展的に継承された。

　E説は1と2双方を併せたような考え方であるが，ここではⅠ.23. Rhodes

のみを引用している。しかし、村川氏の学説史の整理において紹介されているように (133—4)、この見方は Swoboda や Busolt らによって早くから提唱されていた。本章ではこの説以外の四つの説について検討するが、この説においては、いずれもホロイを「抵当標石」と解していたことを付記しておきたい。

II. 学説史の整理 (1986年以降)

1. Morris 1987.
2. Oliva 1988.
3. Manville 1990.
4. Bravo 1991/2.
5. Lalonde 1991.
6. Link 1991.
7. Rihll 1991.
8. Schils 1991.
9. Rosivach 1992.
10. Sancisi-Weerdenburg 1993.
11. Bravo 1996.
12. L'Homme-Wéry 1996.
13. Foxhall 1997.
14. Harris 1997.
15. Mitchell 1997.
16. Gallo 1999.
17. Stanley 1999.
18. van Wees 1999.
19. L'Homme-Wéry 1999.
20. Harris 2002.
21. Almeida 2003.
22. Ito 2004.
23. de Ste. Croix 2004.
24. *伊藤 2005.
25. Németh 2005.
26. Welwei 2005.
27. Martin 2006.
28. Rhodes 2006.
29. Harris 2006.
30. Bintliff 2006.
31. Forsdyke 2006.
32. van Wees 2006.
33. Ober 2006.
34. Lewis 2006.
35. *Biraschi 2006.
36. Osborne 2007.
37. *Flament 2007.
38. *伊藤 2007.
39. Суриков 2007.
40. *Faraguna 2012.
41. *Meier 2011.

*印を付したのは Ito (2004) に言及しているもの。
1986年以降（表2参照）

A	B (可)	B (不可)	C	D	E
1,8,25,30,35	2,[23],26		3,6,7,10,17,18(32),31,40	12(19),14(29),16,33	28,39

表2

A・B両説の数が減少した理由はどこにあるのだろうか。A説はもともと中世ヨーロッパの概念を「ギリシア史の中世」の時代（いわゆる「暗黒時代」）に投影したものにしかすぎず、その史料的根拠は極めて薄弱であると言わざるを

238　第3部　土地と耕作者

得ない。

　B説減少の要因はホロイの解釈にあった。B説によれば，土地の譲渡可・不可に関わらず，ホロイは抵当標石であると見なされてきた。ところが，ソロンの詩篇に現われるホロイは抵当標石ではなく，境界石であると説かれるに至り[11]，今日では諸家のほとんどがそれを承認している[12]。C・D両説の立場に立つ研究者が増えたのは，まさにこのことが原因だったのである。

　では，ソロンの詩篇に現われるホロイとは一体何だったのか。ヘクテーモロイおよびセイサクテイアを解く鍵はまさにホロイの語の解釈にかかっている。1986年以降の諸家はホロイをどのように解釈したか，節を改めて検討してみよう。

3．ホロスの解釈

　まず，A説。Coulangesによれば，ホロイは貴族の所有権を表示した神聖な標石。すなわち，ホロイは庇護民（ヘクテーモリオイあるいはテーテスと呼ばれる）の耕す土地に貴族の領地であることを示すために立てられた境界石だった。一方，Ⅰ. 15, 24. Andrewesによれば，ホロイはヘクテーモロイの6分の1の支払い義務を示すために彼らの耕す土地に立てられた標石，すなわち，ホロイはヘクテーモロイが貴族に生産物の6分の1を納入するよう義務づけられた事実を示す契約標石だった（15, 106; 24, 378—9）。Ⅱ. Németh 2005はヘクテーモロイを中間的な隷属者，すなわちヘロット型の隷属農民と解する（325—6）[13]。Ⅱ. Morris 1987, 207とⅡ. Schils 1991, 88—9はヘクテーモロイをアガトイによって所有されている土地で働く隷属農民（カコイ）だったと解するが，ホロイが何であったかは具体的に述べられていない。Morris説を継承するⅡ. Bintliff 2006は，農民保有地は自由な所有地ではなく，ソロンの時まで上流階級に属する所領だった，農民は上流階級に生産物の一部分を納入することを強制された隷属農民だった。農民保有地は上流階級の直営地と区別されていた，そして彼らは直営地でも奴隷や日雇労働者と一緒に働くことを余儀なくされた。農民保有地に立つ，彼らの束縛を示す標石（ホロイ）を取り除くことによって，ソロンは農民が自分のためにそこで働くことができるようにその土地を自由にした（329），とする。すなわち，この農民がヘクテーモロイであり，ホロイは彼ら

第12章　ホロイ，ヘクテーモロイおよびセイサクテイア　239

の束縛を明示した標石だった。

次に，B説によれば，ホロイは土地（クレーロス）が貸付の担保になっていたことを明示する標石，すなわち「抵当（ヒュポテーケー）」乃至「買戻し約定付き売却」を明示する標石と見なされている。このように考えるのは，Ⅱ. Oliva 1988, 26—7, 52, 77とⅡ. de Ste. Croix 2004, 121。後者はⅠ. 15. Andrewesの公表前後２回（1962年と1968年）にわたり，書簡の形で行なわれたAndrewes批判である。したがって，2004年の刊行であるが，学説史的には1986年以前に属すものと見なければならない。Ⅱ. Welwei 2005によれば，中流農民層（ゼウギタイ）が武具調達のために負債を負い，債務不履行の場合，債務者は束縛され，ヘクテーモロイと見なされた。ホロイは債務返済に苦しめられている土地に立てられた標石で，農民たちが負った支払額を表示していた。ヘクテーモロイは隷属農民でも分益小作人でもなく，彼らは依然として彼らの畑の所有者だったが，収穫の６分の１を支払わなければならない人々だった。負債の規模はそれほど大きくなかったが，ホロイで印された畑はアッティカの至る所にあったとする（36, 38—40）。Ⅱ. Суриков 2007によれば，ヘクテーモロイは自発的隷属農民であり，負債問題とは無関係であるとする。一方，負債問題で苦しんだのは困窮した貴族であり，彼らがセイサクテイア（「負債の帳消し」，ホロイは抵当標石）の受益者だったとし，したがって，セイサクテイアはヘクテーモロイとは無関係と見る（31, 33, 38—9, 42—4）。

A・B両説の問題点は，ホロイの機能[14]の観点から，アルカイック期アテナイに土地抵当あるいは何らかの契約を記した標石の証拠がまったくないという点である。前４世紀アテナイの抵当標石は，多くの場合，抵当物件に１個設置されたが，複数の設置の場合でさえ，本来の境界石の役割を果たさなかった[15]。

次に，C説。この説の共通点はクレーロスの範疇外の土地の開発利用とそこで用いられた労働力の視点からヘクテーモロイを考察しているところにある。この説においてホロイは「契約標石」か，あるいは「境界石」である。Ⅱ. Manville 1990，Ⅱ. Rihll 1991およびⅡ. Forsdyke 2006はホロイを「契約標石」と見る。Manvilleによれば，土地は血縁的・地縁的集団（フラトリア，ゲノス，コーメー（コモン）およびデーモス）の所有する共有地（ランド）であり，収穫の６分の１の地代で賃借人＝ヘクテーモロイに貸し出された。地代は諸集団に払い込まれたが，それ

らの土地は諸集団内の富裕な貴族（エリート）によって支配されていた。ホロイは土地の支配者と賃借人との間の契約を明示するために立てられた標石だった（110—11）。Rihll によれば，土地はポリスによって所有され，収穫の 6 分の 1 の地代のために賃貸された公有地（パブリック ランド）だった。ホロイは賃借人＝ヘクテーモロイの公民権剥奪ならびに地代の国家への支払い義務および賃借人に対する国家の主張を印した標石であり，土地が公財であることを明示するために，貸し出されている公有地に立てられたとする（103）。両説は前 5—4 世紀の公有地賃貸借の概念を前 7—6 世紀のソロンの時代に単純に投影したものであり受け入れがたい[16]。事実，ソロンの時代に共有地乃至公有地の賃貸借が行なわれたことを示す史料は皆無。次に，Forsdyke によれば，富裕なエリートによる富の飽くなき追求は全共同体の伝統的な規範を踏みにじることになった（337），という。彼らは交易用農作物を増産するために私的な，公共の，そして以前に耕作されていない土地を横領し，そこで苛酷な条件の下で働くことを貧者に強いた。貧者＝ヘクテーモロイは分益小作人だった。彼らは彼らの労働による生産物の 6 分の 1 を，土地を支配していたエリートに引き渡すことを余儀なくされた（338）。「6 分の 1」というかなり低い地代は彼らが不毛の土地，すなわちエスカティア（縁の土地）を耕作していたことによる。そして，ホロイは土地とそれを耕作していたヘクテーモロイ双方へのエリートの主張を印した標石（人および土地の隷属を明示する印）だった（339—40）。

　これに対して，Ⅱ. Stanley 1999; Ⅱ. Link 1991; Ⅱ. Sancisi-Weerdenburg 1993; Ⅱ. van Wees 1999, 2006; Ⅱ. Faraguna 2012 はホロイを「境界標石」と解する。まず，Stanley によれば，ホロイは土地の所有権を明示する境界石であり，富者が横領した公共地（Communal/Public land）に自分の所有権を明示すべく立てた標石だった（196—7, 227）。彼らがこの土地を手中に収めたとき，彼らは公共地に対する共同体の権能を排除した。そしてソロンがホロイを引き抜いたとき，彼はその土地に対する共同体の権能を回復した。ソロンによる「土地の解放」は公共地を共同体の管理下に戻すことだった（228—9）。ヘクテーモロイの地位は負債の結果によるものでも，隷属農民でもなかった（226）。彼らは事実上富者の土地を耕す小作農（tenant farmers）であり（180），彼らは固定地代の 6 分の 1 を銀で，残りを現物で支払っていた人々（貧しいカコイ）である（186, 189—90），という。次に，Link, Sancisi-Weerdenburg を見てみよう。この 2 人に

第12章　ホロイ，ヘクテーモロイおよびセイサクテイア　241

共通する点は，問題の土地を無主地・未開墾地・エスカティアと見る点にある。Link によれば，「貴族は未分配の，すべての人が自由に立ち入ることができる土地に境界石を設置し，彼らの所有権を明示した (22)」という。未分割地・無主地の占有は小農にとっても原則的に可能だったので，貴族たちは彼らが占有した土地を小農に割り当てて耕作させ，高い使用料（全収穫の6分の5）を取り立てた。小農は今やヘクテーモロイとして貴族に対して支払い義務を負った (28)。一方，小農は自分の土地からの収穫だけでは家族を養うことができなかったので，彼らは割り当てられた土地の全収穫の6分の1で不足分を補いながら細々と生計を立てた (29)。使用料の滞納は負債となった。彼らはその負債を保証するために身体を抵当にしていたので，最悪の場合には小農の地位から債務奴隷に顛落した。そこで，ソロンは土地用益のための支払い義務を廃止し，そして貴族が占有した土地に立てていた境界石を引き抜いた。そして土地は今や自由な状態に戻ったが，ソロンはその土地を分配することはなかった。その土地はすべての人々が出入り可能なそして利用できる土地のままにしておくことが必要であった，そしてこの目的のために「無主地」は今や「公共の土地」となった (32)。さらに Sancisi-Weerdenburg によれば，未耕作の無主地，エスカティアは共同体全成員に解放され共同利用されていたが (22)，前7世紀末および前6世紀初頭に共同体の有力者あるいは富者はそのような土地の「所有者」となり，事実上その土地の利用を統制した (23)。一方，貧農もそのような土地を占有して耕作したが，共同体の有力者（富者）は占有の対価として6分の1の報酬を受け取った。ホロイの引き抜きによって占有者の慣習的な権利が認められ，彼らは6分の1を引き渡すことなく占有地の全収穫を保持できた (24)，とする。ホロイはヘクテーモロイが耕作している土地にその所有権を明示すべく有力者が立てた境界石ということ (22) になろう。そしてこの貧しい占有者こそがヘクテーモロイであった。彼らは有力者に属する土地を耕作していた一種の小作農であった (17)。最後に，van Wees と Faraguna を検討しよう。彼らに共通する論点は，公有地の私的蚕食という考え方にある。van Wees によれば，神殿領と公有地の私的蚕食が起こっていたという。ホロイは「境界石」で，横領した土地にその所有権を明示すべく不正に立てられていた。ソロンによる境界石の引き抜きは土地の収公を意味する。つまり，「隷属していた」土地を「自由にすること」はそれを真の所有者に戻すこと，換言

すればそれを元の状態に戻すことを意味した。土地収公のこの方策は，公地横領によって圧迫されていた貧農の生活を改善するためのものであった。ヘクテーモロイはわずかな自分の土地をもっていたが，短期契約に基づいて富者の土地を耕すことによって自分の収入を増やす必要があった農民である。おそらく彼らは生産物の6分の1を労働の報酬として保持した，いわば日雇労務者 (hired labourers) だった。彼らは同じ条件で毎年同じ土地を耕作した (1999, 14－24; 2006, 378－81)。次に，Faraguna によれば，ヘクテーモロイは「生産物の6分の1を得ている人々」であり，彼らは小土地所有者で自分の土地の収穫を日雇労働で補うことを余儀なくされた農民だった (181－3)。貴族 (民衆の指導者) は聖なる土地や公共の土地 (すでに耕作されている土地も潜在的に耕作可能な土地も) を私的蚕食し境界石を設置した。彼らは自己の収入を補完する必要のある，またとりわけ苛酷な状況におかれているテーテスやヘクテーモロイの労働力を用いてそれらの土地を耕作させた (189)，と。セイサクテイアは (農民がそれに基づいてヘクテーモロイとして働いていた)「契約」の破棄をもたらさなかった。「契約」は貴族によって横領されていた土地の解放と農民生活の改善された諸状況によってしだいに廃れていった (190－91)，という。

　これらの説によると，ホロイは土地の所有権を明示する境界石であり，富者が横領した土地に自分の所有権を明示すべく不正に立てた標石だった。では，私的蚕食された土地とはどのような土地だったのか。Link, Sancisi-Weerdenburg, van Wees および Faraguna の見解は次の点で一致している。すなわち，私的蚕食された土地はもともと無主・未開墾のエスカティアで，すべての人が自由に立ち入ることができる，また共同体全成員に解放され，放牧，食糧採集などのために共同利用されていた土地[17]であった，と。この見解は，筆者が「ソロン，土地，収公」で唱えた見解とまったく同一である[18]。自営農民は父祖伝来の農地を主な経済基盤としつつも，このような土地を共同利用することによってその生計を補っていたと見なければならず，放牧地ならびに森林は農家経営上不可欠であったと考えられる[19]。したがって，ホロイの設置は自営農民に重荷となって伸し掛かった。

　残るはD説。この説に属す人々，Ⅱ. Harris 1997; Ⅱ. Gallo 1999; Ⅱ. Flament 2007; Ⅱ. L'Homme-Wéry 1996, 1999; Ⅱ. Ober 2006; Ⅱ. Biraschi 2006 もホロイを「境界標石」と解する。まず，Harris と Gallo は境界石を実体としてではなく何

らかの比喩と解する[20]。Harris によれば，ホロイの引き抜きはソロンのスタシ
ス鎮圧に関する一比喩であるという[21]。ホロイは抵当標石ではなく，境界標石
であるとするが，もしソロンが現実に私有財産を明示する境界石を引き抜いた
とすれば，それは私有財産の侵害であり冒瀆行為を犯したことになるので[22]，
ソロンがその行為を自慢する筈がないとする（104―5）。結果，ソロンが自分
を境界石(ホロス)に喩えている断片37と同様に，断片36におけるホロスもスタシスと密
接に関係している。ホロスは中間に立ち，大地を二つの異なる部分に分かち，
それゆえに分裂の存在と統一性のなさを示している。ホロイはまさに共同体分
裂のシンボル[23]。したがって，ソロンによるホロイの引き抜きはスタシスから
のアッティカの解放，つまり，二つに引き裂かれた共同体の統一を象徴すると
いう。また，スタシスの終焉は内乱で身柄を拘束されていた，あるいは外国に
売却されていた，あるいはアッティカで隷属していた人々を自由にした（105
―6）[24]，と。さらに彼によれば，ヘクテーモロイに関してソロン以前のギリシ
アに一種のクリエンテラ（庇護関係）が存在したという。クリエンテスは援助
や保護の見返りに彼らのパトロヌス（貴族）に対して好意を示す。ヘクテーモ
ロイは外敵からの保護と治安維持の見返りとしてパトロヌスに生産物の6分の
1を保護料として支払っていた人々であり，セイサクテイアはパトロヌスへの
保護料支払いの廃止だったとする（107, 110―11）。一方，Gallo はヘクテーモ
ロイを生産物の6分の1を納入すること（分益小作の一形態）を義務づけられ
た，土地に緊縛された世襲的隷農と見なす（61）。セイサクテイアはヘクテー
モロイを隷属から解放し，彼らをテーテスとして市民団に編入することだった
（63），と。ソロンはヘクテーモロイへの土地の分配を行なわなかった（64―
5）。ホロイは境界石，その除去はヘクテーモロイの解放を表わす隠喩と解釈で
きる（66）。「不動のもの」としての「境界石」は「動かせないことの概念」を
表わす。つまり，この比喩はソロンが土地から「動かせなかった物（「境界
石」）」を取り除いたことを意味する。そしてまさにヘクテーモロイも「その土
地から動かせない人々（自分が望む所に住む権利を与えられず，ヘイロータイのよう
に自分の居住地に縛られていた人々）」だった。したがって，境界石と同じように
土地から動かすことのできなかった人々，つまりヘクテーモロイの解放，それ
がホロイの引き抜きに喩えられているのである（70―1），と。あとの三者，Ⅱ.
L'Homme-Wéry 1996, 1999; Ⅱ. Ober 2006; Ⅱ. Biraschi 2006はホロイを比喩では

なく実体として捉える。まず、L'Homme-Wéry は、前述した Van Effenterre の如く、ホロイをトリア平野の東側に立てられた国境の境界石と見なし、その引き抜きは領土の奪回とその解放だったと主張する（1996, 18—20; 1999, 121—4）[25]。しかし、この説はソロンの詩句の表現「至るところに立てられた境界石」とマッチしない。「至るところに」立てられた境界石が二つのポリス領域間に走っている境界線を表わしているということはありそうにない。むしろ、この表現は、L'Homme-Wéry の見解（1999, 122 n.52）にもかかわらず、境界石の広範な散在を推測させる[26]。次に、Ober によれば、エウパトリダイによって設置されたホロイはアッティカ領内の特別な地域を区分したもので、それによってある階層の人々の移動を制限しようとしたものであったという。スパルタにおいて、スパリティアタイ、ペリオイコイ、ヘイロータイは異なる地域に居住していたが、これがホロイ設置のモデルになった。それによってアッティカ領内の地域が階層化されたアテナイ国内の社会構造、すなわちエウパトリダイとヘクテーモロイの社会に一致させられた（449—51）、と。ホロイの除去によって、ヘクテーモロイに移動の自由が認められ、彼らに課されていた地域的居住制限は廃止された（452—3）。最後に、Biraschi によれば、ヘクテーモロイは世襲的隷農であるが、彼らの貢納額は土地の面積およびその生産力に基づいて算出された固定額であるとし、「生産物の6分の1」（分益小作）であるとする見方を退ける。またホロイは耕作地内の各区画の境界石である（264—5, 268）、とする。

　以上纏めると、ホロイに関して三つの解釈が存在する。すなわち、何らかの義務あるいは契約を明示した標石、抵当標石および境界石。最後に、これらの解釈の妥当性について、ホロイの機能および目的の観点から検討してみよう。

Ⅱ. Lalonde 1991を見る限り、A 説の人々や C 説に属す Manville, Rihll が考えているような、何らかの義務あるいは契約を明示した標石（ホロイ）の類は確認できない[27]。B 説が唱える抵当標石については、Lalonde によれば、アッティカにおけるその使用年代の範囲は前4世紀前半から前2世紀初頭とされる（20）。文献史料[28]における抵当標石の最初の言及は前364年、ホロス碑文の最古の例は前363/2年[29]。文献史料における不動産抵当の最初の言及は前5世紀末であるにもかかわらず、抵当標石の最初の言及が碑文・文献史料ともに360年代というのは単なる偶然であろうか。前5世紀およびそれ以前の抵当標石は不在。次

第12章　ホロイ，ヘクテーモロイおよびセイサクテイア　245

に，C・D説が唱える境界石については，初期の文学作品[30]において言及されているほか，考古資料としての境界石は前6世紀後半に遡り，アゴラのアルカイック期の境界石は前500年頃に年代付けられる。これらの刻文を有する境界石はアルカイック期末からローマ期まで一般にアテナイで用いられた[31]。このことは文献史料においても同様である。では，ソロンの当該の詩をどのように読むべきであろうか。問題は「至る所に立てられた土地の境界石を引き抜き」と訳出するか，あるいは「その土地から至る所に立てられた境界石を引き抜き」と訳出するかである。読みの上ではおそらくいずれも可能であろう[32]。しかし，ホロイを境界石と見なしてその用例を調べてみると，「土地の境界石」と読む方がよさそうである[33]。そして，プルタルコスもまさにそのように読んでいたのである[34]。

4．ヘクテーモロイの解釈

A～Dの諸説がヘクテーモロイをどのように解釈していたかを表に纏めると次表のようになる（表3参照）。

A説　Ⅰ.3. Woodhouse, 47が指摘しているように，ヘクテーモロスは語源的に「6分の1の部分を持つことあるいは取ること」の意である[35]。このことはヘクテーモロスが6分の1を保持し6分の5を納めたのではないかとの推測を成り立たせる。しかし，6分の1の取り分では家族を養ってゆくのは事実上困難であるとして，多くの研究者は6分の1納入説を支持した[36]。一方，貢納率6分の1はヘイロータイのそれに比べて[37]，あり得ないほど低い率であり[38]，したがってこの貢納率を苛酷なものと見なすことはできず，ソロンの時代の社会的危機を招来したとも思えない[39]。さらに次の2点で疑問が生じる。一つは

A	B（可）	C					D
隷属農民	債務者 （元自営農民）	賃借人	借地人	小作人	日雇労働者	庇護民 (クリエンテス)	隷属農民
1,8,25,30,35	2,[23],26	3,7	6	10,17,31	18,40	14	16

表3

ヘクテーモロイという名称である。この名称は，他のヘロット型の隷属農民の名称と比較した場合[40]，それらの諸語との類似性はなく，比較的新しい専門用語[41]由来の造語である可能性が考えられる[42]。また，ヘロット型の隷属農民は第二派のギリシア人が先住民を制圧し，征服した先住民を収穫の一部を貢納する隷属者として用いたことに由来するのに対して，アッティカは第二派のギリシア人の侵入を免れた地域と見なされる。とすれば，ヘクテーモロイは軍事的な征服の結果として生じたものではなかった[43]。さらに，ヘロット型の隷属農民をリストアップした Pollux, 3.83 にヘクテーモロイの名は挙げられていない。そもそも「6分の1の部分」とは一体何だったのか。A説に立つ人々はヘクテーモロイの語の由来となったヘクトスは貢納率に関係があると考えたが，Ⅱ. de Ste. Croix 2004, 123 は貸付の利子率に関係していたのではないかと推定している。つまり，Ⅰ. 24. Andrewes, 378 は *AP* 2.2 の「ミストーシス」を「地代」と解釈するが，de Ste. Croix, 120 は「地代」は「利子」の偽装された形態だったのではないかとする[44]。A説に立つ人々は一般にソロン以前のアッティカに自由な土地所有農民の存在を認めない。Andrewes は，前述したように，ヘクテーモロイの起源を前9世紀前半に置くが，*AP* 2.1 によれば，ヘクテーモロイは古くからあったものではなく，ソロンの改革以前数十年の間に一般化したことを示している[45]。ヘクテーモロイが単なる土地の占有者にしかすぎない隷属農民であったとすれば，彼らはどのようにして自由な土地所有農民になったのか。ともかく，ソロンの財産評価政治は広範な土地所有農民の存在を前提としているように思われる[46]。

B説　この説が成り立たないことについて，ここで改めて論じる必要はあるまい。

残るは，**C説**と**D説**。A説の Coulanges に連なる**D説**の庇護民説については，Ⅱ. Meier 2012, 14—6 の批判があるので詳しくはそれに譲るが，その説の難点を一つ挙げるならば，この説の根拠となった一史料の解釈に問題があることを指摘しなければならない。すなわち，D.H. *A.R.* 1.83.3 において，ペラテースをラテン語のクリエンスと同義として用いている点である[47]。ペラテースの複数形ペラタイは，周知のように，*AP* 2.2 においてヘクテーモロイと互換可能な同義語として用いられているので，ヘクテーモロイをクリエンテスとして解釈することを可能にした。しかし，ペラテースは，Pl. *Euthyphr.* 4c, 9a お

第12章　ホロイ，ヘクテーモロイおよびセイサクテイア　247

よび15dによれば，テース，テーテウエインと同義であったことが判明するし，D.H.は別の箇所（*A.R.* 2.9.2）で「アテナイ人は雇われ身（ラトレイア）という彼らの境遇に基づいてテーテスをペラタイと呼んでいた」と言及している。われわれはペラテースの解釈に関しては同時代のプラトンの証言に従うべきであろう[48]。

　次に，C説の吟味に取り掛かることにしよう。II. Ito 2004 の公表以降，ヘクテーモロイの史実性を疑う研究が公にされてきている。最近，II. Meier 2012 は筆者とは異なる方法で「ヘクテーモロイ」の名で呼ばれる社会集団の実在を疑問視している[49]。ヘクテーモロイが造語であるとすれば，確かにヘクテーモロイという名の社会集団は存在しなかったということになるであろう。ヘクテーモロイが前4世紀の不動産を抵当とする借財の利子率を基に考案された語であったとすれば[50]，「6分の1」を貢納率と考えたA説と齟齬をきたしたとしても何ら不思議ではあるまい。「ヘクテーモロイとは如何なる人々か」というテーゼに対して，19世紀以来さまざまな提案がなされてきた。しかしながら，それらのうちの何一つとして満足できる，またなるほどと思わせる結論に導かなかった。「6分の1」は取り分としてはあまりにも少なすぎるし，逆に6分の5はあまりにも多すぎたからである。まして他人の土地を耕してその土地の収穫の6分の5を保持するなどということは到底考えられない[51]。Meier は言う，「ヘクテーモロイはアルカイック期アテナイの歴史において今後も依然として一つの漂石である。それは結局今まで提出されたモデルのどれにもぴったり合わない（27）」と。ヘクテーモロイが造語であるとすれば，このこともまた然り。しかし，だからと言って，*AP* の著者やプルタルコスによってヘクテーモロイと互換可能な人々として言及されているペラタイやテーテスの実在まで否定することは困難である。そこでわれわれは「ヘクテーモロイ（ヘクテーモリオイ）と呼ばれた人々」の実態を把握するために，ペラタイやテーテスについて検証する必要がある。

　周知のように，*AP* の著者はヘクテーモロイをペラタイと，プルタルコスはテーテスと互換性のある同義語として用いている。先に述べたように，*AP* の著者の用語ペラタイは同時代史料よりテーテスと同義とされる。そして，プルタルコスもまたテーテスと同義とした。このことは「ヘクテーモロイと呼ばれた人々」がテーテスではなかったかという仮説を成り立たせる[52]。では，ソロン以前の時代にアテナイにおいてテーテスは存在したのか。存在したとすれ

ば，彼らはどのように呼ばれ，どのような人々だったのか。この点について，ホメーロス，ヘシオドス，テオグニスおよびソロンの詩を用いて検証しよう[53]。ホメーロス，ヘシオドスの叙事詩にはテースが現われる。さらにホメーロスにはその動詞形テーテウエインが用いられている。テオグニスおよびソロンの詩にはテース・テーテウエインの語は見出せないが，幸運にもわれわれはホメーロスの詩句とテオグニスの詩句との間に興味深い対応関係があることに気づく。つまり，$Od.$ 4.644に θῆτές τε δμῶές τε の一句を見出し，Thgn., v. 302 には λάτρισι καὶ δμωσὶν の一句を見出すことである。このことは，叙事詩における θῆτες の語がエレゲイアにおいては λάτριες の語に置き換えられうることを示し，よって θής と λάτρις は同義に用いられているのではないかと考えられることである[54]。もしこの理解が正しければ，われわれはソロンの詩の中に見過ごすことのできない重要な一句（断片13）を見出す。それは次のように読むことができる。

  もし誰かが財がなく，貧窮した生活を送っているならば，
  その人は必ずや多くの財を得られるものと信じる。
  人は至る所で(財を得ることを)強く求める。ある者は魚多き海をさ迷う
  船で家に利益をもたらすことを望んで
 45 険しい風に運ばれて，
  命を惜しまずに。
  他の人は果樹多き土地を一年間[55]耕して
  報酬を得ている，彼らにとっては曲がれる犂が気にかかる。
  また他の者は工芸の神アテーナイエーとヘーパイストスの
 50 技を学びて手で生計を立てている。

ここには「貧しい人々」がどのようにして生計を立てるかが記されている。注目すべきは47—8行の一句である。そこに他人の土地でラトリス（テース）として1年間働いている人が描写されている。ここで λάτρις の動詞形 λατρεύειν が用いられている事実は，ソロン以前のアテナイ社会における θής（動詞形 θητεύειν）の存在を知る上で極めて重要である。さらに彼らが耕作している土地が「果樹多き土地」（ポリュデンドレオス ゲー）とされている点は，その所有者を考える上で重要である。「果樹多き土地」という表現はこの土地で間作が行なわれていたことを示している[56]。とすれば，この土地は富裕者の土地ということになろう。さらに θής

との関連で注目すべきはホメーロスの次の箇所（Od. 18. 357―9）である。すなわち，エウリュマコスがこじき姿に身を窶したオデュッセウスにけしかけて言うには，

　　おい客人，どうだ，テースになって働く気はあるかな，もしも私が
　　雇ってやったら，畑地の端(エスカティア)で。報酬(ミストス)はたっぷりだすぞ。
　　石を集めて垣を造ったり，背の高い木を植えたりして。

　この記述は開墾による果樹園化を示している。θής の仕事はエスカティアで石垣を造ったり，果樹を植えたりすることだった。開墾の対象となっている地目はエスカティア。エスカティアとは，私人に所有地として分配されていない森林や放牧地のような共有地であったと考えられる[57]。開墾には労働力として θής が用いられた。用語は動詞形 θητεύειν。また，労働の報酬(ミストス)[58]として十分な穀物，衣類(ヘイマタ)および履物(ヒュポデーマタ)の付与（Od. 18. 360―1）が約束されている。この記事と先のソロンの詩篇の記事を重ね合わせるとき，それらの記述はテースの実態を浮き彫りにする。

　以上の考察より，「ヘクテーモロイと呼ばれた人々」の実態はラトリス，すなわちテースであり，テースとは「貧しさゆえに一定期間，報酬を得るために他人の土地で農業に従事している自由人」[59]ということができる。以上の理解が正しければ，C 説中18と40の見方が正鵠を射たものということができよう。他の見方との違いは，日雇労働者（農事労働者）[60]は労働力を提供することによって報酬を得たのに対して，賃借人，借地人および分益小作人は土地のみを借りてその所有者（個人であれ団体であれ）に地代を支払った点にあった。

5．セイサクテイアとは何か

　不思議なことにセイサクテイアおよびヘクテーモロイの語は現存のソロンの詩に現われない。AP の著者はソロンの断片36を引用するにあたって「また負債の切り捨てと，以前は隷属していた[61]が「重荷おろし」により自由にされた人々については（AP 12. 4）」と前置きしているので，ソロンの断片36が負債の切り捨て，すなわちセイサクテイアについて記された詩であると信じていたことになる[62]。そしてこの詩の 6 行目の「ホロイの引き抜き」を「負債の帳消し」と見たのであった。しかし，この説（B 説）は，前述のように，受け入れ

難い。仮にソロンが行なった行為にセイサクテイアという語を用いる場合，ともかくその行為は何らかの「重荷を振るい落とす」行為でなければならない。では「重荷を振るい落とす」行為とはいったい何であったのか。先に（3，4節で）考察した諸説（A,B,CおよびD説）のうち，蓋然性の高い説はB説以外のA, CおよびD説中C説であると考えられる。

　C説の史料的根拠はソロンの断片4の12―13行である。かつてI. 23. Rhodes, 95は次のような趣旨のことを述べている，すなわち「Càssolaの主張は正しいが，彼はソロンのわずかな語にあまりにも頼りすぎている（傍点は筆者）。すなわち，7世紀末にそのような土地を蚕食していた，そしてそれ故他人の生活をより困難なものにしていた土地所有者は確かにいたかもしれない，しかし更なる証拠なしに，われわれは危機の主要な原因になるほどそれほど大きなスケールでこれが起こったと，仮定すべきではない」と。彼はCàssolaの見解（C説）の正しさを認める半面，共有地の私的蚕食が危機の主要な原因になるほどそれほど大きなスケールでそれが起こったとは思えないとする。しかし，このRhodesの主張は妥当であろうか。それを検証すべく，当該史料断片4の詩全体を再度吟味してみよう[63]。ソロンの改革以前のアテナイ社会において何らかの社会問題が生じていたことは，まず，間違いなく，ソロンはそれを解決する必要に迫られていた。ではその社会問題とは何であったのか。それはおそらく「デーモスの指導者」の驕慢と過度に関係があった。過度はこの場合「飽き足りない富への欲求」すなわち「金銭欲（貪欲）」[64]と関わりがある[65]。ソロンは言う，「一方で私は財を得ることを切望するが不正にそれを得ようとは思わない，必ずやのちに報復がやってくるから，さらに一方で神々が与えるところの富は，人のもとにやってくる／徹頭徹尾　しっかりしたものとして。／他方人々が驕慢を崇めることによって獲得した富は，秩序にしたがってやってきたものではなく，悪しき行為によって得られたもので／心ならずもついてくる，だが直ちに破滅と混ぜ合わされる（断片13，7―13行）」と。「デーモスの指導者」は後者の富の獲得に邁進した（断片4c参照）。ソロンは言う，「彼ら（デーモスの指導者）は悪しき行為を頼りに富裕になっている／（1行欠ける）／聖なる財も公共のそれも／彼らは容赦することなく盗む　強奪するかのようにそれぞれかってに／彼らは正義の聖なる礎を省みることさえしない，／正義は静かに現在のこと過去のことを見極めて，やがて必ずや復讐せんがためにやっ

て来る（11―16行）」。17行目の「それが直ちに全ポリスに避けられぬ傷をもたらし」の「それ」は12―14行目で語られている「デーモスの指導者」の私利私欲による不正行為を示しているので，この詩の17行目以下で想定されているポリス社会のさまざまな災いは「デーモスの指導者」の不正行為の結果として生じたことになる。この詩の冒頭は次のように始まる．

> われらがポリスはゼウスの定めし運命によっても
> 　　また不死なる至福の神々の意向によっても決して滅びることはなかろう。
> というのはかくも気高きゼウスの娘が守護神である故に
> 　　われらがうえにパラス アテーナイエーが手をかざしておられるから。
> 5　だが彼らは偉大なポリスを愚かな行為によって
> 　　町の人々は滅ぼさんとしている　財を頼りに，
> デーモスの指導者の心は邪まで，
> 　　大きな驕慢から多くの苦難を被るは定めである。
> というのは彼らは過度をどのようにして抑えるかを知らず
> 　　安寧の中における宴の目下の楽しさを制御することも知らない

　まさにこの詩は「デーモスの指導者」の不正行為とそれによってもたらされるポリスの危急存亡について語っていたのである。また，このエレゲイアをデモステネスが弁論[66]の中で引用している事実はまことに興味深い。この弁論においてデモステネスはピリッポスがエリスの指導者たち(プロエストーテス)を賄賂で腐敗させ，そのためにエリスで内乱が起こり，民主政が崩壊したと説く（260節）[67]。すなわち，ポリスの指導者たちの裏切り行為（収賄行為）によって国が滅びた（259節）[68]，と。そして同様のことが今アテナイでも起こっている。この弁論でデモステネスが告発しているアイスキネスはピロクラテスの講和交渉のために派遣された10人の使節のうちの１人であるが，彼は悪辣きわまる，敵から賄賂を受け取ってまさに祖国を滅ぼさんとしている売国奴である，と。そしてこのことがデモステネスによるソロンの詩の引用を決意させた[69]。ソロンの詩は「デーモスの指導者」の不正行為がポリスを破滅へ導く[70]と説いていたからである。ソロンのこの思想はこの弁論で語られるエリスの指導者たちの貪欲（収賄行為）がポリスを破滅へ導いたという事実と符合する。問題はポリスを破滅

へ導く不正行為が「デーモスの（ポリスの）指導者たち」によって行なわれていたことだった。ポリスはまさに危機に瀕していた。ソロンは言う，「私は目の当たりに見て知っている。また，私の心に苦痛が横たわる。最も古きイオニアの地，傾きかけているその地を見るとき（断片 4a）」。

結局，その不正行為とは共有地の私的蚕食だった。境界石(ホロイ)は私的蚕食の過程で「デーモスの指導者」によってその所有権を明示すべく不正に立てられたものであった[71]。したがって，ソロンによる「境界石の引き抜き」は共同体への土地の収公を意味した。「デーモスの指導者」に「隷属していた」土地は「今や自由な状態になった（元の状態に戻った）」。また，ソロンの行為は共有地の私的蚕食によって圧迫されていた農民の生活の改善にも役立った。ソロンは「境界石の引き抜き」と同時に，土地所有最高限を定めた法（Arist., Pol., 1266b 14ff.）を制定することによって[72]，以後アッティカにおける共有地私的蚕食の再発を防止し，大土地所有制への萌芽を摘み取ったのではないかと考えられる[73]。

6．展望

長年にわたってヘクテーモロイ研究の二つのアプローチが存在していた。一つ目は自由な小土地所有者が借財ゆえにヘクテーモロイに顚落したとするもの（B説）。二つ目は世襲的隷属農民であるヘクテーモロイがソロンの施策によって自由な小土地所有者になったとするもの（A説）。そしてこれらのいずれの見方もヘクテーモロイを「中間的な隷属者」[74]として位置づけるものであった。前者は債務返済不能ゆえに身分的顚落を余儀なくされた隷属者であり，後者はヘロット型の隷属農民である。古典期における中小農民の広範な存在を所与のものとすれば，B説においては，「負債の帳消し」が，A説においては「土地の分配」が必須の条件であり，これなくしては中小農民の広範な存在は実現しなかった筈である。しかし，双方ともに，この条件は満たされなかった。B説に関しては，すでに述べているように，ホロイが「抵当標石」ではなく，「境界石」と説かれるに至り，「ホロイの引き抜き」を「負債の帳消し」と見なすことができなくなった。A説に関しては，ソロンが「私は一人支配の／力で何かをなすことを好まないし，また肥沃な祖国の大地において／優者が劣者と

同等の分け前を持つことを好まない（断片34, 7－9行目）」と述べていることが，大きな妨げになる。この箇所は一般にソロンが「土地の再分配」を行なわなかったことを示すと解釈されているからである[75]。この断片の趣旨は現行の土地所有体制には手をつけないということ。つまり，土地所有のイソモイリアをはっきりと拒絶し，富者と貧民間の土地所有の不平等に対してはそれをそのまま容認した。おそらく，ソロンはいかなる土地の分配も行なわなかったであろう。とすれば，「すべての土地は少数者の手にあった（AP 2.2）」という記述は非常に奇妙に思えてくる。この一文はおそらく断片36，6行目の「至る所にπολλαχῆι立てられし土地のホロス」からの類推によるものであろう[76]。そしてこの一文からわれわれは，当時起こっていた共有地私的蚕食の規模が決して小さくなかった事実を読み取ることができる。

　APの著者はソロンの二つの詩篇（断片34および36）を引用するにあたって，それぞれ次のように前置きしている。「また別の或るところでは土地の分配を欲する人々について語っている。（第12章3節）」。この文の次に断片34を引用。「（また）負債の切捨てと，以前は隷属していたが「重荷おろし」により自由にされた人々については（第12章4節）」。この文の次に断片36を引用。したがって，APの著者は第12章3節において，断片34が土地の分配について，第12章4節において，断片36が「負債の切捨て」について語っていると考えていた。APの著者のこのような解釈は前4世紀アテナイの社会状況を反映したものであった。事実，前4世紀において市民間の貧富の差の拡大は深刻な社会問題になっていた。このような状況の中で，極端民主派のスローガンである「土地再分配と負債帳消し」の要求の声はにわかに高まっていった[77]。前5世紀末の国制論争の中でソロンの再評価が行なわれるようになったが，その評価は民主派の間でも異なっていた。一つは極端民主派のそれであり，もう一つは穏健民主派のそれである[78]。APの著者がどのような政治的立場にあったかは定かではないが，ソロンの詩篇を根拠に，彼は，一方でソロンは「負債の切捨て」を行ない，他方，「土地の再分配」は行なわなかったと考えるに至った（AP 11.2）。彼のこのような解釈の中にわれわれは前4世紀アテナイの思想や現実の反映を見ることができる[79]。

　APの著者に関してはさらにもう一つの問題がある。それは彼の歴史記述の問題である。史実の決定のためにソロンの詩篇を用いたことは賢明であったと

言えるが，その解釈において「前4世紀の概念」を用いてソロンの行為を説明しようとし，またソロンの時代を前4世紀の状況から説明しようと試みていたのである[80]。*AP* の著者は史料を批判的に検討していないために「史実についての誤り」も散見される。このことから見て「本書は一流の歴史記述とは評し難い」[81]。

ソロンの詩篇の解釈にあたってわれわれが留意すべきは，*AP* の著者によって行なわれたような時代錯誤的な解釈ではなく，ソロンと年代的にずっと近い世界との比較による解釈が必要であるということである。今後の研究は同時代史料並びに類似の農業社会との構造的な対比に基づいて展開されねばならない。ホメーロスやヘシオドスの詩に描かれている，またアルカイック期の抒情詩に描かれている社会に照らし合わせてソロン時代のアテナイ社会を解明することが必要である。

ホメーロスおよびヘシオドスの叙事詩および抒情詩から分かることは何か。
1. 自由な農民の広範な存在。彼らは土地所有農民であり，その土地は譲渡可能であったということ，および彼らは裁判において貴族の不正に苦しめられることはあっても，貴族に対する貢納の義務やポリス共同体の名による貢納や無償労働の義務から全く自由であったらしいこと[82]。
2. ホメーロスおよびヘシオドスの社会はドモースとテースの世界であり，ヘロット型の隷属農民の明白な証拠は見出せないということ[83]。
3. 叙事詩におけるテースはエレゲイアにおいてはラトリスである。
4. 叙事詩やエレゲイアにおいてホロスは「境界石」である。

以上4点は，ホロイ，ヘクテーモロイおよびセイサクテイアを考察する上での前提となろう。

前述のように，*AP* の著者は断片36に「負債の切捨てと，以前は隷属していたが「重荷おろし」により自由にされた人々」のことが述べられていると考えていた。確かにソロンは「さらにここで（＝アテナイ）惨めな隷属の状態にわが身を／おいていた人々を，主人の性格に恐れおののいていた人々を，／私は自由の身とした（13－15行目）」と述べている。しかしこれらの人々は，セイサクテイア，すなわち「負債の切捨て」によって自由にされた訳ではなかった。したがって，これについては別の説明が求められよう[84]。「さらに多くの人々を神の造りし祖国アテナイへ／連れ戻した　売られていた人々を，ある者は不

第12章 ホロイ，ヘクテーモロイおよびセイサクテイア 255

当に，／ある者は正当に，またやむを得ない事情で／祖国を棄てた人々をも（8—11行目）」連れ戻したと，ソロンは語る。しかも彼らはあちらこちらを流浪していた故に「もはやアッティカの言葉を話さなかった（11—12行目）」という。ここで述べられている人々もおそらく「身体抵当による」借財問題とは無関係であったと見てよかろう[85]。事実，11行目に現れる χρειοῦς は χρειώ ＝ χρεώ[86]であり χρέος（借財）ではない[87]。では，彼らは如何なる事情で外国に売られたのか，あるいは長期にわたって逃亡生活を余儀なくされたのか。また，ソロンはこれら多くの人々をどのようにしてアッティカに連れ戻すことができたのか。また，身代金の調達はどのようにして達成されたのか。これらの点については不明とする他ないが，売られていった経緯については多少なりとも断片4[88]が参考になる。すなわち，

　　　　それが直ちに全ポリスに避けられぬ傷をもたらし，
　　　　　　ポリスはすぐに悪しき隷属へと身を落とす，
　　　　隷属は内乱と眠れる戦争とを呼び醒す，
　20　　戦争は多くのすばらしき若き命を破壊する。
　　　　というのは敵からすぐにいとおしい町は
　　　　　　食い潰される　友に不正をはたらく人々の集りの中で。
　　　　一方でそれらがデーモスに苦難となって襲いかかる。他方で貧しき人々の
　　　　　　多くは外国の地へと行く
　　　　惨めな束縛に繋がれて　売られて

18行目で用いられている「隷属（ドゥーロシュネー）」は具体的に「一人支配（僭主政）下での民衆（デーモス）の隷属」を示している[89]。そして隷属が内乱（スタシス）と眠れる戦争（ポレモス）とを呼び醒す。23行目の「それら」は「隷属・内乱・戦争」のことである。「それら」の意味内容を補って訳出し直すと，「一方で，隷属・内乱・戦争がデーモスに災い（カカ）となって襲いかかる。他方で，〔デーモス内の〕貧しき人々の多くは外国の地へと行く　惨めな束縛に繋がれて　売られて」と読める[90]。とすれば，彼らが外国に売られてゆく事情は「身体抵当による」借財問題というよりもむしろ「隷属・内乱・戦争」といった災いによる疲弊の結果と考えられる[91]。戦争については，ソロンの断片1—3より，サラミス島をめぐるメガラとの戦争が想起される[92]。この戦争についてはデモステネスとプルタルコスに言及がある。プル

タルコスはソロンのエレゲイア（断片 1 ）を引用しつつ，ソロンがこの戦争に如何に関わったかを論じている[93]。注目すべきは，プルタルコスがそこで言及している「サラミス奪回を提案する者を死刑に処する決議（あるいは法）」についてデモステネスも言及していることであり，彼はソロンがエレゲイアを朗誦してサラミス奪回に成功し，祖国にふりかかっていた恥辱を払い除けたと語る[94]。ソロンは明らかにこの戦争で功績を上げ，人望を集めることとなった[95]。内乱については，キュロンの僭主政樹立の試みが失敗してのちの内紛が想定されよう[96]。

ソロンの現存の詩篇にはホロイの言葉以外，セイサクテイアもヘクテーモロイもまったく言及されていない。AP の著者がセイサクテイアを「負債の帳消し」と解釈した史料的根拠はまさにホロイにあった。「負債の帳消し」が元本と利子の文字通りの切り捨てであるとすれば，債務者は元本完済まで利子を払い続けたであろう。前 4 世紀アッティカにおける土地を抵当とする借財の利子率はエペクトス「 6 分の 1 」であった。とすれば，ヘクテーモロイ「 6 分の 1 の部分の人々」との一致は単なる偶然ではあるまい[97]。ヘクテーモロイとは，「土地を抵当に借財をし債権者に（収穫物の） 6 分の 1 を（利子として）支払っていた人々」であると，AP の著者は推定したのではあるまいか。そしてこれがヘクテーモロイ研究を長年にわたりアポリアに導くことになったのである。

注

1) それ以外では，Almeida 2003, 29-46がある。
2) これらの文献はすでに伊藤 1986において引用されているので，タイトルなどの詳しい情報はそちらに譲ることとした。
3) Sealey 1976.
4) Van Effenterre 1977, 91-130.
5) Lévêque 1979, 118-9.
6) Murray 1980.
7) Andrewes 1982, 360-391.
8) Cf. Ⅰ. 15. Andrewes, 105.
9) Ⅱ. Rhodes 2006, 252 n.31; Ⅱ. Meier 2012, 9. アッティカにおける人口増加の問題がGallant（国内開墾）や Andrewes（国内入植）説の前提になっているが，今日この前提は否定される傾向にある。Ⅱ. Foxhall 1997, 116, 128; Ⅱ. Welwei 2005, 31-2を見よ。
10) 不動産抵当はクレーロスの譲渡可を暗示するが，抵当に入った財産の所有権をどちらが保持したかについてはほとんど記載がない。一般に債務者が所有権を保持したと考え

られ（Ⅱ. de Ste. Croix 2004, 115），「買戻し約定付き売却」は所有権の移動のない「売却」を示す。しかし，「抵当」において，債権者は，利子あるいは地代を取る代わりに，担保物件とその用益権をもつとされる。Cf. Ⅱ. Lalonde 1991, 19.

11)　Ⅰ. 12. Càssola, 43.
12)　Ⅱ. Link 1991, 19; Ⅱ. Sancisi-Weerdenburg 1993, 22; Ⅱ. Harris 1997, 104; Ⅱ.Gallo 1999, 66-8; Ⅱ. Stanley 1999, 210; Ⅱ. Flament 2007, 311; Ⅱ. Faraguna 2012, 176; Ⅱ. Meier 2012, 10, 11 n.39.
13)　但し，Németh はホロイの引き抜きによって，ヘクテーモロイは彼らが耕作していた土地から解放され（事実上，追い出され），その結果，市民権を有する自由なテーテスになったとする（327-8）。
14)　Ⅱ. Lalonde 1991参照。
15)　Ⅰ. 2. Wade-Gery, 878-9; Ⅱ. Lalonde 1991, 18.
16)　Cf. Ⅱ. Суриков 2007, 37. また，Manville, Rihll 双方に対する批判としては，Ⅱ. Foxhall 1997, 117, 128-9を参照。
17)　このような土地の存在については，Papazarkadas 2011, 212-36参照。
18)　27-36頁参照。なお，「聖なる財」，すなわち「神々のテメノス」が実態として森林や放牧地であり，無人地で，事実上「共有地」であったことについては，本書第10章211-3頁参照。
19)　Ⅱ. Welwei 2005は「公有地の明白な概念はホメーロス時代のいまだ前国家的な社会において明らかに知られていなかった。なお放牧地や森林の共同利用が疑いなく普通だったとき，放牧地や森林はいまだなお一定の人々の個人財産とはみなされなかった（31)」と述べる。ポリス社会における公有地の概念の成立については，本書第10章213-9頁参照。
20)　ホロイを比喩と解する Harris の批判としては，Ⅱ. Ober 2006, 446 n.7, 446-7を見よ。
21)　Ⅱ. Flament 2007, 312は Harris の提案を受け入れている。
22)　この見解を批判して，Ⅱ. van Wees 2006は「境界石引き抜きは冒瀆的行為だったとする Harris の懸念は誤っている，すなわちそれは境界を合法と見なした人にとってのみそうであったろう。それを不法と考えた人にとって，石を動かすことよりも立てることが冒瀆行為だったろう（380 n.107)」と述べる。
23)　この見方への反論としては，Ⅱ. Gallo 1999, 69を見よ。断片37と比べて，断片36における「至るところに立てられし土地の境界石（6行目)」の表現は，この断片を比喩と考える場合，奇異の感に打たれる。ホロスとホロイの違いに留意せよ。
24)　Ⅱ. Flament 2007, 311もこのように考えている。
25)　Ⅱ. Martin 2006, 167はこの主張を支持し，ソロンが講じた措置は社会・経済的というよりもむしろ宗教的・政治的なものだった，と論じる。
26)　Ⅱ. Welwei 2005, 39 n.29; Ⅱ. Ober 2006, 448 n.11の指摘を見よ。この説が成り立ちにくい理由についてはⅡ. Gallo 1999, 68参照。
27)　神殿領における境界石の設置および刻文については，伊藤 1999, 325 図1を見よ。公有地賃貸借のケースにおいて，境界石そのものに何らかの義務あるいは契約を記した例はないように思われる。
28)　Is. 6. 36.
29)　*IG.* Ⅱ^2 2654.
30)　*Il.* 12. 421-3; 21. 404-5; Sol. *fr.* 36. 6, 37. 9-10.
31)　Ⅱ. Lalonde 1991, 6.
32)　例えば，「土地のホロス」と読む者は，Ⅱ. Sancisi-Weerdenburg 1993, 24 n.29; Ⅱ. Ober 2006, 459などであり，「その土地から」と読む者は，Ⅱ. Gallo 1999, 66; Ⅱ. Forsdyke 2006, 339; Ⅱ. Суриков 2007, 32などである。
33)　Cf. *Il.* 21. 405; *Il.* 12. 421; Thgn. v. 826; Thuc. 4. 92. 4; Pl. *Lg.* 842e, 843b.「抵当標石を引き

抜く」と読む場合でも、「その土地から」は不要のように思われる。土地から引き抜くのは自明のことであるから。Dem. 31. 4; 49. 12. の用例を見よ。
34) Plut. *Sol*. 15. 5.
35) Cf. Ⅱ. Link 1991, 25; Ⅱ.van Wees 1999, 21.
36) Cf. Ⅱ. Gallo 1999, 61; Ⅱ. Суриков 2007, 30-31.
37) ヘイロータイの貢納率は生産物の半分であった。Tyrt. *fr*. 6を見よ。Cf. Paus. 4. 14. 4-5.
38) Sakellariou 1979, 107は納付額の低さから見て、ヘクテーモロイは世襲的隷農や中世のtertiatoresではなく、テーテス層に属す人々であり、それ故、彼らは土地を所有しておらず、貴族の土地で収穫物の6分の1を支払いながら働く分益小作人だったとする。
39) Cf. Ⅱ. Link 1991, 28; Ⅱ. Faraguna 2012, 181.
40) 例えば、スパルタのヘイロータイは Ἕλος に、テッサリアのペネスタイは πενία に、クレタのクラロータイは κλᾶρος に由来する。
41) Ⅱ. Meier 2012, 24-6.
42) Ⅰ. 21. Lévêque, 117.
43) Cf. Ⅱ. Суриков 2007, 38.
44) 前4世紀、「実際上の利子が、名目上、地代(ストーシス)」と見なされていたことについては、Ⅱ. 伊藤 2007, 105頁および111-2頁, 註 (20) 参照。
45) Cf. Ⅱ. van Wees 2006, 379.
46) Cf. Ⅱ. Foxhall 1997, 129.
47) Ⅱ. Meier 2012, 7. Cf. Ⅰ. 24. Andrewes, 380-1.
48) 伊藤 1987, 26頁；Ⅱ. Bravo 1991, 88. さらにこの箇所の解釈としては、Ⅱ. Bravo 1996, 270-2を参照。この弁論のプロットは前399年に設定されている。
49) Meier は「*AP* の著者あるいはアッティスの作者が今日失われたソロンの詩の中に ἕκτημ' ὅρους の語の連結を読んで、scriptio continua なるが故に、ΕΚΤΗΜΟΡΟΥΣ と誤読したものである (20-27)」とし、「ヘクテーモロイは前4世紀の議論の中で誤って導入された語であり、ヘクテーモロイという人的集団はアテナイでは如何なる時代にも存在しなかった (5)」と結論する。しかし、この見解は、彼自身が認めているように (23)、まったくの推論である。彼は自分の見解を論証するために、ソロンのテキストの復元を行なっている (24) が、その復元はまったく恣意的であると言わざるを得ない。
50) Ⅱ. Ito 2004, 241-7. Cf. Duplouy and Brock 2018, 22.
51) Ⅱ. van Wees 1999, 22-3.
52) Cf. Ⅱ. Суриков 2007, 30.
53) これ以降の論旨は伊藤 1987において展開されている。
54) このことを最初に指摘したのは伊藤 1987, 27である。その後、Ⅱ. Bravo 1991, 96; Ⅱ. Faraguna 2012, 183がこのことを指摘した。
55) 原語は εἰς ἐνιαυτόν である。この語は μισθός, θητεύειν の語と共に *Il*. 21. 444-5に現われる。この箇所の解釈については、伊藤 1987, 28を見よ。
56) 伊藤正「ソロンの詩篇における πολυδένδρεος の意味」『上智史学』30号, 1985, 70-74頁およびⅡ. Link 1991, 33 n.106を見よ。
57) エスカティアについては、伊藤 1986, 35を見よ。
58) ミストスについては、注55参照。
59) Ⅱ. Bravo 1991, 95-6; Ⅱ. Bravo 1996, 272.
60) Cf. Ⅱ. de Ste. Croix 2004, 126.
61) ここでの用語 δουλεύω は「奴隷であった」ではなく、*AP* 2.2と同様、「隷属していた」の意。*AP* 2.2の δουλεύω が「奴隷になる」ではなく、「隷属する」の意であることについては、Sakellariou 1979, 101を参照。したがって、ソロンの断片36の7行目の δουλεύω（女性・単数・主格・分詞形）、13行目の δουλίη および断片4の18行目の δουλοσύνη は、それ

第12章　ホロイ，ヘクテーモロイおよびセイサクテイア　259

それぞれ「隷属する」，「隷属の状態」，「隷属」の意であるように思われる。ソロンの断片36の7行目に現われる δουλεύω は，これが初出であるにもかかわらず，なぜか LSJ はソロンのこの用例を書き漏らしている。

62) Cf. Ⅰ. 20. Van Effenterre, 111; Ⅱ. de Ste. Croix 2004, 119-20.
63) 断片4および13については，Ⅱ. Mitchell 1997, 138を見よ。
64) Fr. 4b. Cf. AP 5. 3; Plut. Sol. 14.1.
65) Cf. Ⅱ. Foxhall 1997, 128; Ⅱ. Forsdyke 2006, 337; Ⅱ. Faraguna 2012, 186.
66) Dem. 19. 254f.
67) Cf. Paus. 4. 28. 4.
68) Cf. Dem. 18. 295.
69) Ⅰ. 20. Van Effenterre, 94 n.11.
70) このことが断片9の3行目で端的に表現されている。
71) 注22を見よ。
72) Ⅱ. van Wees 1999, 16, 41 n.30；Ⅱ. Faraguna 2012, 185.
73) 伊藤 1986, 30.
74) 「中間的な隷属者」については，Ⅱ. 伊藤 2005, 133-4; Ⅱ. Meier 2012, 7参照。
75) 従来，土地の再分配を要求したのは，貧しい民衆だったと考えられていたが，Ⅱ. Rosivach 1992は土地の分配を要求したのは富裕な土地所有者のカコイであったと説く。これについては，伊藤 1999, 155-69の批判を見よ。
76) AP 2.2および Plut. Sol. 13.2-3の記述は，おそらく断片36に基づく解釈である。
77) Ⅱ. Harris 1997, 107.
78) 村川 1980, 315-6。Cf. Ⅱ. Foxhall 1997, 113; Ⅱ. Mitchell 1997, 137; Ⅱ. Flament 2007, 315.
79) Cf. Isoc. 12. 258-9; Pl. R. 566a,e; id. Lg. 684d-e,736c;［Dem.］17, 15; Dem. 24, 149. さらに Ⅱ. Welwei 2005, 34; Ⅱ. Flament 2007, 308, 312, 316の指摘を見よ。
80) Ⅱ. Harris 1997, 103-4. AP の著者の「ホロイ」の解釈ならびに AP 2.2が伝える「身体を抵当とする借財」は，AP の著者が前4世紀の債権・債務の形式を念頭においてソロン時代の有り様を類推したものにしかすぎず，実際に，ソロンの時代において「土地あるいは身体を抵当とする借財」はまだ行なわれていなかったと考えられる。
81) 村川 1980, 319頁。
82) 伊藤 1986, 12頁。
83) Ⅱ. Welwei 2005, 29; Ⅱ. van Wees 2006, 379.
84) Ⅱ. 伊藤 2007を見よ。Cf. Ⅱ. Lewis 2006, 121.
85) 仮に「身体抵当による」借財問題と関連づける場合でも，「奴隷となって外国に売却された人々はもはや負債者ではなかった，彼らの強制執行が彼らの負債を清算していた（Ⅱ. Stanley 1999, 210)」故に。とすれば，過去に遡及しない限り，彼らもまた「負債の切捨て」では救えないということになる。
86) Tyrt. fr. 10. v.8では，χρησμοσύνη の語が用いられている。Tyrt. fr. 10については，注91を見よ。
87) Ⅰ. 15. Andrewes, 106；Ⅱ. Morris 1987, 206. χρέος の語はヘシオドス『仕事と日々』に2度現われる（404と647行）。農民が隣人から穀物などを借りることはあり得た。ヘシオドスは「隣人から（借りるときは）よく量ってもらうこと，また（返すときは）同じ量りでちゃんと量り，できれば少し多めに返すこと（349-350行目)」と忠告し，「隣人の間を生活の糧を求めてさ迷い歩くことのないように，彼らは構ってくれはしない，というのは2度や3度はうまくいくかもしれないが，もしそれ以上悩ませるならば，お前は糧を得ることなく無駄口をたたくだけだ（400-402行目)」と付け足している。このような素朴な借財関係においては，アッティカで想定されているような，広範な農民層の債務超過を引き起こすことはなかったと考えられる。Cf. Ⅱ. Link 1991, 30-1; Ⅱ. Welwei 2005, 40.

ヘシオドスの世界において，農民が自分の土地や身体を担保に「負債」に陥ることはなかったし，事実，ペルセースは自分の土地も身体も担保にしていなかった。Cf. II. Link 1991, 30-31. 絶望的な負債の結果として，クレーロスを売却することは，農民にとってまったくないことではなかった（*Op.* v. 341）。
88) この詩のモチーフは Thgn. vv. 39-52のそれと同じ。
89) *Frs.* 9. vv. 3-4; 11. v. 4. Cf. I. 20. Van Effenterre, 94 n.11; II. Welwei 2005, 33.
90) 伊藤 1986, 21頁。
91) テュルタイオスは「自分の国(ポリス)や肥沃な畑(アグロイ)を棄てて，両親と共に妻や幼子を引き連れて，極貧と必要とに迫られて，物乞いしながらさまよい歩くよりは，祖国のために勇敢に戦って死んだ方がましだ」という趣旨の詩（*fr.* 10）を歌っている。さらに，戦争あるいは内乱（内紛）で生捕りになった人身の奴隷への売却，疲弊した共同体成員による身代金獲得のための，あるいは借財返済のための人身売却（奴隷への顛落を意味する）や亡命・追放などさまざまな災いが想定される。鎖や足かせで拘束された人身の他国への売却については，『十二表法』第3表5項を見よ。このケースは，「身体を抵当とする借財」のケースではなく，借財返済不能者の身体に対して強制執行の実行が法的に認められていたことを示す事例である。ソロンの詩で言及されている他国に「売られていた人々」の事例はこの事例に符合するように思われる。また，極度の窮乏に際して，自分の子どものみならず，妻や母まで奴隷として売却することがあり得たことについては，Ar. *Ach.* 734-5, 815-7参照。
92) この戦争の時期は，Plut. *Sol.* 8 に「ミュロンの騒ぎに乗じて」とあるので，前632/1年頃と推定される。Cf. *AP* 1. 1. この戦いでアテナイ人はニサイアとサラミスを失った。前570年頃のペイシストラトスによるニサイア占領については，Hdt. 1. 59; *AP* 14. 1参照。
93) Plut. *Sol.* 12.
94) Dem. 19. 252.
95) Cf. I. 20. Effenterre, 104-5, 118. さらに Podlecki 1969, 79-81を参照。
96) Cf. Hdt. 5. 71; Thuc. 1. 126; Plut. *Sol.* 12. なお，F4. 17ff. で語られる内容は実際に起こったことではなく，ディケーの復讐が不正行為に対してどのように具現化されるかをソロンが想定したものである。
97) II. Ito 2004, 246-7. 本書第11章227-8頁。

第13章　古典期アテナイの家内農業奴隷

はじめに

　δοῦλος の語は，「奴隷（召使）」を示すその他の諸語 ἀνδράποδον, οἰκέτης, παῖς, παιδίον, θεράπων, θεράπαινα を包括する。ἀνδράποδον, οἰκέτης, παῖς, παιδίον, θεράπων, θεράπαινα のうち，οἰκέτης, θεράπων, θεράπαινα は家内奴隷を意味し，これらの諸語によって示される人々は家に関わる内外のさまざまな仕事に従事する[1]。内の仕事は原則として θεράπων, θεράπαινα が，他方，外の仕事は οἰκέτης が担った。これに対して，ἀνδράποδον は明らかに家内奴隷ではなかった。この語は喜劇中に家内奴隷としてはまったく現われない。この語で呼ばれる奴隷は，通常，手工業[2]や鉱山業[3]など[4]の分野で「人足」として用いられた。
　また，δοῦλος の語は第三者が奴隷を言うときに用いられるほか，奴隷身分を表わしたり，自由人（エレウテロス）との対比において使用される。他方，喜劇中に現われる戸口での呼びかけの言葉や主人（デスポテース）が奴隷に命令するときの呼びかけの言葉には一般に παῖς, παιδίον の語が用いられ，δοῦλος の語は用いられない。通常，主人は自分の奴隷を οἰκέτης と言い，奴隷自身は自分のことを θεράπων と言う。
　戸外で農業に従事した家内奴隷は οἰκέτης と呼ばれている[5]。ヘシオドスの『仕事と日々』の中に次の一句を見出だす。農民の生活の根本は「家と妻と耕牛[6]」であると。ここに奴隷が含まれていないことは注目に値する。この箇所を引用しているアリストテレス[7]は，この行の γυναῖκα を明らかに妻の義に解し[8]，次のようにコメントしている。「牛は貧しい人々にとって οἰκέτης の代わりをなすものである」[9]と。小農の生活にとって奴隷は必ずしも不可欠のものではなかったのである。このような農民に対して，中流の農民も存在した。彼らは２，３人の奴隷（うち１人は子供）[10]を持ち，自らも額に汗して働く農民である[11]。クセノポンは『歳入論』（4.5）において農地の広さと耕牛および働き手の数が適度に保たれることの重要性を説いている。中小農民と富裕な農民と

ではその所有する奴隷の数も畑の広さも異なっていたであろう。

本章において，悲喜劇，法廷弁論およびクセノポンの著作を吟味することによって，市民の所有する家内奴隷の数とその実態を明らかにする[12]。

1．奴隷への呼びかけの言葉

家内奴隷は老若男女を問わず，家で家事に従事する場合と，戸外で農業に従事する場合など，その奴隷の従事する仕事はさまざまであったと考えられる。では，家で働く家内奴隷，いわゆる召使は，実体として老若男女いずれであったのか。まず，この点を喜劇に現われる「呼びかけの言葉」を手がかりに考察しよう。

（1）戸口での呼びかけの言葉と，（2）主人が奴隷に命令するときの呼びかけの言葉。（1）については，παῖς（単・複），παιδίον（単・複），γυναῖκες, ἄνδρες, θυρωρός といった呼びかけの語を確認できる[13]。実際にこの呼びかけに応じて戸を開けるのは θεράπων である[14]。つまり θεράπων は θυρωρός[15]の役目を担っていた。『気むずかし家』459ff. で奴隷ゲタスはクネモーンの家に鍋を借りに行く。玄関先で παιδίον, παῖδες と呼びかけたあと，ここには θεραπαινίδια はいそうにない，と言っている。（2）については，παῖς（単・複），παιδίον, παιδάριον, γυναῖκες, δμῶες といった呼びかけの語がある[16]。このうち παιδίον は παιδάριον に等しく，παιδάριον は παῖς の指小辞である。『アカルナイの人々』887, 1174で唯一用いられる δμῶες は，一般にはホメーロスやヘシオドスで用いられる古風な表現である。1174行でそう呼ばれている人々は将軍ラマコスの奴隷であるが，これは彼の奴隷が戦争捕虜だったことを暗示したものとして興味深い。但し，ここで δμῶες と呼ばれている人々は劇の配役（タブロソーパ）の上では θεράπων であり[17]（959ff., 1174），別の箇所では δμῶες が παῖδες と言い換えられている（887, 889）。このように呼びかけられている家内奴隷は，実際に家の中にいると考えられ，したがって，τὶς τῶν ἐν τῇ οἰκίᾳ, τῶν ἔνδοθεν τις と表現されている[18]。『女だけの祭』37ff. で手に火とギンバイカをもって家の中から出てきたのは θεράπων だった。家内奴隷は，主に παῖς, γυναῖκες, ἄνδρες であり，男は θεράπων, 女は θεράπαινα（= θεραπαινίς），θεραπαινίδιον であることが分かる。注意を要するのは παῖς の場合である。この語が用いられる場合，必ずしも子供とは言い切れないところがある[19]。老人でもこう呼ばれることがあった[20]。これに対し

て，παιδίον は明らかに子供であろう。このような家内奴隷は家内のさまざまな仕事に従事した[21]。

2．劇中の家内農耕奴隷

　古典期アッティカの，一般的な自作農(アウトゥールゴス)の一世帯において，幾人の奴隷が保持されたか。『アカルナイの人々』(前425年上演)の主人公ディカイオポリスはコッレイダイ区(デーモス)所属(406)の農民であり，彼には妻と娘，それに少なくとも2人の奴隷(1人はクサンティアースという名)がいる(243, 259)。奴隷が2人であることは259行で「双数」が用いられていることから明らかである。また，それ以外に数人の女奴隷がいた(1003)。『雲』の主人公ストレプシアデースは数人の奴隷(オイケタイ)を持っていた(5)。うち1人はクサンティアースという名である(1485)。配役の上ではストレプシアデースの θεράπων である。劇の最初のところで(18)，ストレプシアデースに明かりをつけるように命じられた召使に相異あるまい。彼は命じる際に，その召使に παῖ と呼びかけている。ストレプシアデースは市域(アステュ)出身の娘を娶って，町から遠く離れた田舎の区で暮らしている(134, 210)。すなわち，彼は「私には最高に愉快な田舎の暮らし(アグロイコス ビオス)があった(43)」とか，自分の息子に「お前の父のように，革の上着(ディプテラー)を着て岩山から山羊を追ってくるようになれ(70-72)」と述べているので，彼は農民だったと推定される。クサンティアースに鍬(スミニュエー)を持ってこさせ，思索所(プロンティステーリオン)の屋根を掘り返す(カタスカプトー)ように命じたり(1485-88, 1500)，突き棒(ケントロン)で債権者を追い立てたり(1297)といった農具を用いた所作は，農夫にこそ相応しいと言える。『蜂』を見よう。山地に住む貧農ピロクレオーンの息子ブデリュクレオーンにはクサンティアース，ソーシアースの2人の奴隷がいた。彼らは劇の配役では οἰκέται となっている。この2人は父の代からの奴隷であり，父が彼らの旧(パライオス)主人(デスポテース)であった(442)。息子の代になって，この2人の奴隷のほかに，5人の男女の奴隷がいた(433, 828, 1251)。大切な点は，『アカルナイの人々』の場合同様，父がかつて主人だった2人の奴隷が「双数」で示されている(442)という事実である[22]。次に『平和』を見よう。この劇は，『蜂』と同様に，2人の奴隷の会話で始まる。この2人の配役は主人公トリュガイオスの οἰκέται である。トリュガイオスはアトモノン区所属の農夫で，自分のことをブドウ作りの名手と称している(190, 919)。事実，トリュガイオスの畑にはブドウが生っていた(568)。彼自

身,「家へ,農場へ急ごう(562-3)……わたしも田舎に行って,長い間放って置いた小さな地所を二叉鍬(ゲーディオン・ディケッラ)で掘り返したくなった(569-70)」と述べる。トリュガイオスは自らも額に汗して働く自作農であったが,このような農夫は田舎(エン・アグロー)に複数の奴隷(オイケタイ)を有していた(1249)。1127-96行のエピレーマと呼ばれる部分では播種のあとの田舎における農民の娯楽が描かれている。その箇所における一隣人とコーマルキデースとの会話から,双方が複数の奴隷を所有していることが分かる。後者の所有する奴隷のうちの1人はマネースという名の奴隷で,畑(コーリオン)で野良仕事をしている[23]。他にシュラという名の女奴隷もいた(1146)[24]。『福の神』(プルートス)(前388年上演)に登場するクレミュロスと彼の親しい村民たちは貧しく勤勉な農民だった(28-9, 223f., 253f.[25], 322)。彼には妻と子どもたち(息子が1人)と数人の召使(テラポンテス)がいた(228, 250, 816, 1103ff.)。カリオーンという名[26](624)の奴隷(ドゥーロス)は召使(テラポーン)とも呼ばれているが(1-5),配役上はクレミュロスのοἰκέτηςとされる。事実,彼は主人の奴隷(オイケタイ)の中ではもっとも信頼がおける(26-7)と言われている。ここでの最上級の使用は,主人が少なくとも3人の奴隷を持っていることを示す[27]。

次に,エウリピデスの『エレクトラ』を見よう。エレクトラの夫は劇の配役ではミュケナイの自作農という設定である。彼は奴隷を持たず,ただ一対の牛[28]を所有するのみで,自らも額に汗して働く,貧(ペネース)しい(253, 362)農夫[29]であった。彼は言う,「私は夜が明けたら,牛(ブース)を畑に入れて[30],土地に種を播くことにしよう(78-9)」。奴隷のいない貧しい農民は,自家族,例えば妻の労働に頼るほかない。エレクトラの台詞(71-6)より,家内の仕事は女の,戸外の仕事は男の仕事と見なされていることがわかる[31]。事実,彼女は水汲みや機織りの仕事に従事していた。このような仕事は,粉挽きの仕事を含めて,本来,家内女奴隷の仕事であった[32]。水甕を頭上に載せて運ぶエレクトラの姿はまさに召使女(プロスポロス),すなわち女奴隷(ギュネー・ドゥーレー)そのものであった[33]。これに対して,農事のような戸外の仕事に従事した男奴隷は奴隷(オイケタイ)と呼ばれた。エレクトラの夫は,いずれの奴隷も持たぬ,貧しいが勤勉な農民であった。そして,このような農民もまたαὐτουργός[34]と呼ばれた。

メナンドロスの『気むずかし屋』を見よう。主人公の気むずかし(325)屋のクネーモーンはピュレー近傍の山間地に住む貧(ペネース)しい農民(ゲオールゴス)(130)である[35]。彼は2タラントンの価値の土地(クテーマ)[36]をもち,それをたった1人で耕作している,

第13章 古典期アテナイの家内農業奴隷　265

誰一人手伝いもなく，家の奴隷(オイケイオス オイケテース)もなく，この土地から人を雇うでもなく，また隣人もなく，自分独りきり（327―31）。話し相手といえば娘のみで，彼は娘と娘の元乳母(トロポス)でいまや年老いた女奴隷シミケーと暮らしている。また，彼には義子ゴルギアス（クネーモーンの妻の連れ子）がいる。ゴルギアスは近在にちっぽけな畑を持ち(コーリディオン)，難儀しながら母と自分そして父譲りの忠実な奴隷ダオス(パトローオス)を養っている[37]（23―7）。彼は1人の奴隷と共に自らも額に汗して働く（207）貧しい農民であった。このような農民はαὐτουργόςと呼ばれている（369―70）。他方，ソーストラトスという名の若者が登場する。彼の父カッリピッデースは大富豪で，この辺りで大農場を経営している[38]。息子は町で暮らしている（41）。残念ながら，この喜劇から父の農場経営の実態を知ることはできないが，彼は「富者で，及ぶ者ない農民(アマコス)（774f.）」と見なされている。したがって，この地域には，自給自足的な小農民と大農民とが共存していたことになる。劇中に，カッリピッデースの奴隷は3人現われる。そのうちの1人ゲタスは重い荷物の運び手として登場する（402―4）。他の2人はドナクス（子供）とシュロス（959）。息子のソーストラトスにはピュッリアスという名の奴隷(オイケテース)がいる。この奴隷は主人の狩りの供(シュンキュネーゴス)だった（71, 75）。

　ゴルギアスの地所は谷あいにあった（351f.）。農作業は革の上着を着て，二叉鍬を用いて行なわれた（415f.）。ゴルギアスの畑を耕すことになったソーストラトスは次のように言う，「二叉鍬[39]をもって来い（375）」と。すると，奴隷ダオスは「私のものを持っていきなさい。そのあいだ私は石垣(ハイマシア)をこしらえているから。どうせそれもなすべき仕事ですから（375ff.）」と答える。では，ソーストラトスが行なった，本来，奴隷がなすべき仕事とは何か。それは畑を「掘ること(スカプテイン)（366f., 417, 541f.[40], 766f.）」だった。その他に下肥(コプロス)の運搬（584f.）などが考えられよう。ダオスは明らかに家内農耕奴隷だった。

3．クセノポンの著作に見る家内農耕奴隷

　クセノポンの『オイコノミコス』について見てみよう。クセノポンは，男は屋外で，女は屋内での仕事に適していると考えている（Oec. 7. 3, 20―5, 30―1）。女主人たる妻の仕事は家に留まって，屋外で仕事をするοἰκέταιを外に送り出し，屋内で仕事をする者たち[41]を監督することと，病気になったοἰκέταιの世話をすることなど（7. 35―7, 41）だった。屋外での仕事は休閑地の犂耕，播種，

植樹および牧畜（7.20），すなわち農事そのものであった。農業は oἰκέται にとっても好ましいものであった（5.10）。ソクラテスは『メモラビリア』の中で「有力者は人手を得ようとして奴隷を購入している」[42] と言っている。この場合，有力者とは富裕な農民を念頭においていると考えられるので，複数の奴隷を用いた農業経営が想定される。イスコマコス[43]のような富裕な農民（11.20）は自ら額に汗して働くことは，おそらくなかった。奴隷たちの主人として彼は有能な管理人(エピトゥロポス)を育成する。そして主人は自分の農場(アグロス)にそのような管理人を置き（12.2, 9, 15; 13.10），その管理の下，自分の奴隷を用いて農作業に当たらせる。主人はしばしば農場を訪れ，農作業がうまく行なわれているかどうか監督し，必要に応じて改善を指図する（5.4, 6; 11.16; 12.19—20）。このようなケースにおいて，何人くらいの奴隷が畑の労働力として投入されたかは定かでないが，たくさんの働き手(エルガステール)が用いられている場合の例として，その数10人に言及している（20.16）[44]のは，示唆的である。その他に主人の馬の世話をする馬子のような子供(パイス)の奴隷もいた（11.15, 18）。

4．法廷弁論に見る家内農耕奴隷

　法廷弁論に現われる家内農耕奴隷について考えてみよう。まず，リュシアスの弁論を見ることにしよう。リュシアス1番の被告エウピレートスは市域内に2階建ての家を持ち，そこで妻子が暮らしていた（9－10節）。彼は田園に農場(アグロス)を持つ農民であり（11, 13, 20, 22, 39節），農事のために家を空けることもあった（12節）。この弁論では田園のことは語られていない。市域の家には少なくとも一人の召使女(テラパイナ)がいて，家事をしたり市場に使いに行ったりしていた（8, 11, 16, 18, 23, 37節）。彼女は12節で παιδίσκη と言い換えられているので，正確には θεραπαινίδιον であると言える。また，そこには複数の召使男(テラポーン)がいた[45]（42節）。リュシアス7番の話者は複数の土地を持つ（4, 24節），かなり富裕な農民であったが（21, 27, 31節），同時に複数の奴隷を所有していた。弁論中には，θεράποντες（16, 34—5, 43節）と οἰκέται（17, 19節）が登場するが，双方明らかに奴隷(ドゥーロイ)（16節）であった。このうち，原告ニコマコスの主張によれば，οἰκέται が「当該の吸根(プレムナ)を伐った（19節）」とされる。このケースでは後者が農事に携わっていた。リュシアス10番にはソロンの古法が引用されている（16節以下）。その中で用いられている法律用語 οἰκεύς は日常語では θεράπων のことであるとされる[46]（19

節)。οἰκεύς は οἰκέτης と同一である[47]から，οἰκέτης は θεράπων ということになる。

次に，デモステネスの三つの弁論を見ることにしよう。

まず，47番。この弁論の話者はイリッソス河近傍のヒッポドロモス付近に農場(地所)〔コーリオン〕を有し，少年時代からそこに住み，そこで農業を営んでいた(53節)。農場には二つの家(54, 57節)，中庭(55—6節)，塔(56節)と果樹園(53節)があった。また，家族構成は，本人とその妻および幼い子どもたち。老婆が1人，元は話者の乳母[48]で奴隷。幼少の頃の話者の家庭教師〔パイダゴーゴス〕の男奴隷1人。子供の奴隷1人。さらに奴隷の牧夫1人。正確な数は分からないが，複数の男女の奴隷，男は οἰκέται，女は θεράπαιναι[49] と呼ばれている。

被告の1人エウエルゴスとその兄弟テオペモスは話者の農場を襲撃し，50頭の放牧されている羊と羊飼いの奴隷および召使の子供〔ディアコノンパイダ〕を強奪した(52節)。が，それだけでは飽き足らず，男奴隷を捕らえようとするが，彼らはあちこちに逃れる。次に，中庭で朝食を取っていた彼の妻と幼い子どもたちと老婆を捕らえて，家財を奪った。塔の中にいた女奴隷たちは叫び声を聞いて，塔を閉めたので助かった(53—6節)〔テラバイナイ〕。

隣にアンテミオーンの農場があった。アンテミオーンは隣人の1人であるが，隣人にはもう1人ヘルモゲネースがいる。アンテミオーンの奴隷が登場するが，彼らは θεράποντες と呼ばれている(60節)。彼らは叫び声を聞いて，話者の家が略奪されるのを見て，ある者は自分たちの住処の屋根から逃げてゆく人々に声をかけた。また，他の者は別の道の方へ行って，逃げるハグノピロスを見つけ，こちらに来るように言った。アンテミオーンの奴隷によって呼び止められたハグノピロスは，アンテミオーンの地所にやって来たが家の中には入らなかった。ハグノピロスは家に入らなかった理由として，「主人の不在中にそうすべきではないと思った(60節)〔ホテラポーン〕」と述べている。とすれば，このとき主人アンテミオーンはそこにいなかったということになる。たまたまいなかったのか，不在地主だったのかは，不明とする他ない。では，アンテミオーンの奴隷(名は記されていない)とハグノピロスは各々の農場でどのような役割を担った奴隷だったのか。農場の管理を任された ἐπίτροπος の如き立場の奴隷ではなかったのか。もう1人の隣人ヘルモゲネースは，エウエルゴスらに捕らえられ，あたかも奴隷のように扱われていた話者の息子を，彼らに会って「この〔オイケテース〕

子は話者の息子である（61節）」と言って，その息子を救出している。おそらく，この証言は上記の2人の奴隷にはできなかったのであろう。

　次に，53番。原告のアポロドーロスと被告のニコストラトスは隣人であり，親しい間柄であった。アポロドーロスはかの有名なパシオーンの息子であり，父同様，民会決議で市民権を得た人物である（18節）。アカルナイ区所属のパシオーンは晩年田舎で暮らしていたが，父の死後，アポロドーロスも同様に田舎で暮らした[50]。アポロドーロスとニコストラトスは同年輩ということもあって，時の経過とともに2人の親交は深まり，アポロドーロスが公共奉仕や私用などで国外に赴く際には，自分の地所の管理をニコストラトスに任せる程になっていた（4節）。というのも，2人の地所は隣接していたからである（10, 16節）。

　アポロドーロスが国外にあったとき，ニコストラトスの3人の奴隷（オイケタイ）が彼の畑（アグロス）から逃亡した。彼はそれを追って行ったが，逆に海で捕らえられ，売却されてしまう（6節）。アポロドーロスは帰国後，彼の身代金26ムナを，自分の動産および不動産を担保にして借金し，彼を解放してやった（7, 9, 13節）。しかし，ニコストラトスは解放されたのちアポロドーロスが立て替えてくれた金を返さないばかりか，彼に対して悪行の限りを尽くしたという。

　ニコストラトスには2人の兄弟，アレトゥーシオスとデイノンがいたが，アポロドーロスは復讐を思い立ち，アレトゥーシオスを偽証罪で告発しようとした。ところが「彼（アレトゥーシオス）は夜畑にやって来て」ブドウやオリーブなどの高価な果樹に損害を与えたうえ（15節），次の日，「市民の子ども（パイダリオン）」[51]を送り込んで，「花壇のバラの花を摘み取るように」命じた。もし私（アポロドーロス）がその子を捕らえて「奴隷（ドゥーロス）と見なし」，怒りに任せて縛り上げ殴ったとすれば，彼らは私を暴行の廉で公訴することができると踏んでいたのである。しかし，この目論見は失敗に終わった（16節）。

　子供の奴隷に纏わるこのような出来事は，田舎ではしばしば見られる光景だったのであろう。これは田舎における子供奴隷の使用が普及していたことを如実に示すものであり，そうであったればこそ，このようなトリックを使って，アレトゥーシオスはアポロドーロスを陥れようとしたのである。先に考察した47番61節が示すように，エウエルゴスらが誤って，あるいは故意に連れ去った話者の子ども（パイディオン）の例も，田舎における子供奴隷の一般的な使用を前提とし

てのみ，首肯し得るものとなる。

　最後に，55番を取り上げる。被告の父テイシアスが「土地を囲い込んだ」件に関し，原告カッリクレースは被告に対して謀をめぐらしたという。つまり，原告は「私（被告）の奴隷の1人カッラロスを起訴状の中に記載し…彼に対して同一の訴訟を起こしている（31節）」と。これに対して，被告は次のように反論している，「いったいいかなる奴隷が主人の命令なしに主人の土地に囲いを設けることができようか」と。原告は「カッラロスに対して告発する他のいかなる件も有していなかったので，父が囲いをなし15年以上（何事もなく）暮らしていたまさにその件について，彼を告発しているのである（32節）」と。カッラロスは父と息子に仕えている古参の奴隷であり，被告は彼を買っていた（34節）。おそらく彼は被告が所有する複数の奴隷の中でも管理人のような存在であったと考えられる[52]。

　以上，管見の限りにおいて文献史料に現われる奴隷について考察した。これらの考察からわれわれは何を読み取るのか。

結　論

　古典期アテナイにおいて，二つの農業経営のタイプがあった。すなわち，一つは自ら働く人々，もう一つは管理人を用いて農業を行なう人々[53]，である。前者はアウトゥールゴスと呼ばれる農民の，後者はイスコマコスのような富裕な農民の農業経営を想定することができる。この二つのタイプにおいて，農地の広さと奴隷の数との関係はどのようであったか。

　まず，アウトゥールゴスについて。中流の自作農はどれほどの広さの土地を有していたのだろうか。土地の広さは一般に4ないし5 haであったと推定されている[54]。では，それに見合う奴隷数は幾人だったのだろうか。それはおそらく2ないし3人程度ではなかったかと推定される。古くはヘシオドスの『仕事と日々』から，のちにはアリストパネスの喜劇から[55]そのように推定できる。すでに考察したように，『福の神』に登場するクレミュロスはカリオーンという名の奴隷と数人の奴隷・召使を有している。Fisherによれば[56]，これは同時代の現実というよりも喜劇上の仕来りの反映であるとする。確かにそれはその通りであろう。しかしながら，逆に言えば，喜劇上の仕来りは典型的な自作農の姿が基になって成立したのではないかとも考えられる。同様のことは，

喜劇の中で，奴隷が一対の牛のように「双数」で表現されることについても言えるのではあるまいか。また，Tordoff は，クレミュロスが劇中では貧しい農民ということになっているが，彼は奴隷所有数から見て決して貧しい農民ではないので，ここに劇における歪曲が見られるとする[57]。では，クレミュロスが「貧しい」という設定は，はたしてフィクションなのだろうか。Lévy はアリストパネスの喜劇に現われる主人公たちはペロポネソス戦争勃発当初，アッティカにおいて中産階級を形成していた農民であり，彼らは戦争のために著しく貧しくなったと述べ，この点についてはディカイオポリスとクレミュロスを比較するだけで十分であるとする[58]。彼が言うように，クレミュロスは本来中流の農民であったが，戦争の結果貧しくなったのだとすれば，この設定はフィクションというよりもむしろ現実を反映したものと言うことができよう[59]。事実，ディカイオポリスやクレミュロスのような中流の自作農はアッティカに多く存在していたのであり，その意味において，この奴隷所有数はやはり典型的な自作農のそれがモデルになっていると言わざるを得ない。ところが，古典期およびそれ以降になると，このような農民の他に，奴隷を1人しか持たない農民や奴隷をまったく持たない貧しい農民が現われる。このような傾向は古喜劇・中期劇・新喜劇と時代が下るにしたがって，一層進行した。そしてこのような農民もまたアウトゥールゴスと呼ばれた。アリストテレスは「貧乏な人々にとっては，妻や子を召使（アコルートス）のように使用することは，奴隷を持たないので，避けられない」[60]と述べているが，『エレクトラ』の場合は，前述の通り，妻が家内の仕事を担っていた。アウトゥールゴスと呼ばれる人々の中には，2，3人の奴隷を所有する者，1人の奴隷を所有する者，また奴隷をまったく持たない者といった具合に，さまざまな階梯が存在した。

　次に，富裕な農民について考えてみよう。土地所有の有無については，リュシアス34番に付されたハリカルナッソスのディオニュシオスによる梗概（ヒュポテシス）がわれわれに重要な知見を与える。この梗概が真実を伝えているとすれば，前5世紀末におよそ5,000人の市民が土地を所有していなかったということになる。貧富の差の増大は，大土地所有農民，中小の土地所有農民，ひいては非土地所有者に至るまで，土地所有上の大きな変化を引き起こしたものと思われる。Osborne はアッティカの富裕市民2,000人が24,000ha の耕地を所有していたと推定している。彼によれば，2,000人はアッティカの市民人口の7.4％に当たり，

24,000 ha はアッティカの耕地面積の約30％に当たるという[61]。その推計が正しければ，アッティカの市民人口の7.4％に当たる富裕市民がアッティカの耕地面積の約30％を所有していたことになる。また Foxhall は Jameson にしたがって，アッティカの全世帯数を22,000と見積もり，そのうちの5,000は土地を持たぬ世帯，1,000は10～20ha，1,000は20～50ha，10,000は5.5～10 ha そして5,000は5.5 ha 未満の世帯と推計している[62]。この推計はあまりにも大雑把過ぎてそれをそのまま鵜呑みにすることはできないが，富裕な農民は60プレトロン，つまり5.2ha の 4 倍ないし 5 倍の土地所有者であるという指摘[63]は傾聴に値する[64]。もしそうであるとすれば，富裕な農民の奴隷所有数は，2，3人の4倍ないし 5 倍ということになろう。したがって，農業奴隷所有数に関する Ehrenberg の推計，3～12人[65]の上限の値は，富裕な農民の奴隷所有数としてほぼ妥当な数字と言えよう。

注

1) Cf. Mactoux 1980, 146-8.
2) Cf. Lys. 12. 8, 19; Dem. 27. 9, 31; Is. 8. 35; Dem. 48. 12.
3) Cf. Dem. 37. 4 ; Xen. Vect. 4. 14-5, 17; And. 1. 38.
4) 農事に用いられた例としては，Lys. 4. 1 ; Dem. 53. 21を見よ。
5) 農家以外で，主人の家業によっては海上交易に従事する οἰκέτης や職人として手工業に従事する οἰκέται もいた。この場合，奴隷は主人に一定額の「貢納金(アポポラ)」を納付した。Cf. Dem. 34. 5, 10; Aeschin. 1. 97. 伊藤1981, 20, 189を見よ。Men. Epit. 257, 380, 408によれば，カイレストラトスの οἰκέτης(アントゥロポス) シュロスは炭焼きの仕事をしているが，主人にアポポラを支払っている。Cf. Sandbach 1973, 320.
6) 405: οἶκον μὲν πρώτιστα γυναῖκά τε βοῦν τ' ἀροτῆρα.
7) Pol. 1252b 11; [Arist.] Oec. 1343a 20f.
8) 406: κτητήν, οὐ γαμετήν, ἥτις καὶ βουσὶν ἕποιτο の一句は，405行の γυναῖκα を妻ではなく，購入された女奴隷とするが，耕牛のあとに付いて犂を操作するのは，通常，男奴隷の仕事であり（441行以下参照），この仕事に女奴隷が従事することはなかった。したがって，この行は，Westermann 1955, 4 n. 48の指摘通り，アリストテレスの時代以降の挿入と見て差し支えなかろう。
9) Pol. 1252b 12.
10) ヘシオドス『仕事と日々』では奴隷は δμώς で表わされる（430, 459, 470, 502, 573, 597, 608, 766）。この用法はホメーロスにおいても同様である。Cf. Westermann 1955, 2. なお，ヘシオドスにおいて，播種・耕耘には2，3人の奴隷，犂(アロトゥロン)，鍬(マケレ)および9歳の雄牛一対が用いられた（432f., 436f., 441, 445f., 469ff.）。
11) Op. 459: ὁμῶς δμῶές τε καὶ αὐτός. なお，盛夏の農閑期の休息の様子（582-96）は中流農民の生活のゆとりを感じさせる。

12) 市民の所有する家内奴隷の数については，個々の市民による所有の規模もまたその実態も史料的に把握が難しく，必ずしも解釈は定まっていない。古典期アテナイにおいて，農民1人当たり1，2ないし2，3名の奴隷が使役されるのが普通であったと考えられているが（伊藤 1982, 210参照），その史料的根拠はヘシオドスの詩編である。家内奴隷であっても，οἰκέτης と θεράπων, θεράπαινα とでは仕事の内容が大きく異なっていた。本章においては，家内奴隷のうち，特に οἰκέτης と呼ばれる家内農耕奴隷の所有数について考察する。アッティカ喜劇を中心に市民の奴隷所有数を論じた最新の研究として，Tordoff 2013, 1-62がある。
13) Cf. *Ach*. 395; *Nu*. 132, 1145; *Av*. 57; *Ra*. 37, 464; *Pl*. 624; *Dysc*. 459ff., 498, 911-2, 921; *Epit*. 1076-7; *Pk*. 68, 141; *Sam*. 109.
14) Cf. *Pl*. 1097ff.; *Dysc*. 498 (Cf. 496 θεράπων). *Ra*. 464の παῖ παῖ という呼びかけに答えて戸を開けるのはアイアコスであるが，彼は冥界の王プルートーンの θυρωρός であり，θεράπων であった。詳しくは，Dover 1993, 50-5参照。また，*Ach*. 395の παῖ παῖ という呼びかけに答えて戸を開ける門番はエウリピデスの δοῦλος であるが（401），R本（the Ravennas）にはTHE. とある。THE. は θεράπων の略字。Cf. Dover 1972, 7.
15) θυρωρός は πυλωρός と同じく「門番」の意であるが，前者には「下賤な」というニュアンスが含まれる。Dover 1993, 53を見よ。*Pl*. *Prt*. 314c に閹人の門番が現われる。
16) Cf. *Ach*. 432, 887, 889, 1003, 1094-1142, 1174; *Nu*. 18; *Pax* 1153; *Ra*. 40, 190, 437, 521, 847; *V*. 1251, 1297, 1307; *Ec*. 823; *Pl*. 823; *Pk*. 70, 196, 202; *Sam*. 146, 148, 476.
17) 以下，劇の配役は，原則として，脚本でキャスティングされている配役に従う。また，『福の神』のカリオンのように，台詞から役名が確認できる場合がある。
18) Cf. *V*. 828; *Lys*. 199; *Pl*. 228, 964.
19) 現代ギリシア語の παιδί μου の如し。Cf. Sandbach 1973, 214.
20) Cf. *V*. 1297f.
21) 伊藤 1982, 221参照。
22) さらに，59行でも奴隷が双数 δούλω で表わされている。
23) vv. 1146-8. ここでの農作業は，οἰναρίζειν と τυντλάζειν である。ともにブドウに関する農作業。
24) マネースはプリュギア，シュラはシュリア出身の奴隷。Ehrenberg 1962, 171参照。さらに，1138行にトラキア出身のトラーッタという名の女奴隷が現われる。マネースとシュロスの名は Dem. 45. 86にも現われる。
25) 貧しい農民は θύμον（i. e. thyme）を野菜の代用として食したのであろう。Cf. v. 283.
26) 小アジアのカリア出身の奴隷。Cf. Sommerstein 2001, 135.
27) Ibid., 136. Garlan 1988, 61はゼウギテスに属する人は一般に複数の家内男奴隷を有したとし，これはアリストパネスの喜劇において明らかに証明されるとする。これに関しては注55を見よ。
28) 耕牛としての牛は通常双数あるいは複数形で示される。Cf. *Op*. 436, 453-4.『アカルナイの人々』に登場するピュレー区の農民デルケテース（1023, 1028）がボイオティア人に奪われたという牛も双数で示されている（1022, 1027, 1031, 1036）。
29) Cf. Roy 1996, 108f.
30) 有名なクレオビスとビトンの話を想起せよ。牛は畑に出ていていなかった。Cf. Hdt. 1. 31.
31) Jameson 1977-8, 137は *Oec*. 7. 18-43を根拠に，このような考え方は上流階級のそれだとするが，上流階級にのみ限定する必要はないように思われる。
32) Westermann 1955, 3.
33) E. *El*. 104-11. 104行に οἰκέτης の女性形である οἰκέτις（γυνή）が現われる。この語は πρόσπολος（107）および δούλη γυνή（110）と同義に用いられている。したがって，Gar-

Ian 1988, 21におけるοἰκέτηςの語は女性形を持っていないという指摘は誤り。οἰκέτηςは戸外で働く男奴隷のこと。女奴隷は戸外で働くことは稀なので，οἰκέτηςに対応するοἰκέτιςは，特殊なケースを除いてほとんど用いられず，もっぱらθεράπαιναの語が用いられた。

34) E. *Or.* 920にもこの語が現われる。この箇所において，αὐτουργόςが民会における発言者の１人として登場する。そこでαὐτουργόςの特徴が次のように描写される。つまり，自作農は「醜男だが，雄々しく，町やアゴラの民会の場にはめったに寄り付かない人（918-9）」で，「賢く，理にかなった行動をする，純朴で，咎められることのない生涯を送った人（921-2）」であり，「まさに彼らのみが国を救う（920）」と。この記述は田園に住む，堅実な中堅農民の広範な存在を想起させる。自作農が国の担い手であることについては，Thuc. 1. 141を参照。

35) Cf. Roy 1996, 114f.

36) Arnott 1979, 231 n.1はかなりの価値の，またかなりの広さの地所と見る。Lys. 19. 29, 42に基づけば，２タラントンの価値の土地の広さはおよそ12.5haとなる。この広さの土地を１人で耕作するにはその能力をはるかに超えているということができる。事実，主人公は地所の一部を耕すのを止めていた（163ff.）。なお，Sandbach 1973, 187はこの地所は並みの価値 moderate valueと見る。130行で彼は貧しい農民として描かれているが，土地の広さから見る限り，決して貧しい農民ではなかった。Tordoff 2013, 33は家族を養うために３ha未満の土地を耕作する自作農を真に貧しい農民と見る。

37) 奴隷は主人の妻や子どもと共に家で扶養された。リュシアス32番によれば，被告ディオゲイトンは自分の兄弟ディオドトスの２人の息子と１人の娘の後見人であったが，彼が２人の息子と１人の娘および２人の奴隷，すなわちθεράπαιναとπαιδαγωγόςに食費として計上した額は年間1,000ドラクマに達した（28節）という。

38) 40-1: πατ[ρ]ὸς γεωργοῦντος ταλάντων κτήματα / [ἐντα]ῦθα πολλῶν. さらに，メナンドロスにおける大土地所有の事例としては，カイレストラトスの60タラントンの価値の土地（*Asp.* 350）が挙げられる。

39) vv. 527, 579, 582. δίκελλαについては，Sandbach 1973, 191f. 参照。

40) ここで動詞σκάπτεινの代わりに，名詞σκαπάνηが用いられている。Cf. *HP* 2. 7. 1.

41) ここで，指示代名詞οὗτοςの複数属格形が用いられている。家の中で仕事をする人々は男女共にありうるが，女性が屋内での仕事に適しているとされているので，このτούτωνは女性複数属格の可能性が高い。家内で働く女奴隷たちは一般にθεράπαιναιと呼ばれ，彼女たちは女主人およびταμίαと呼ばれる女奴隷頭の監督の下で，家事に従事した。彼女たちの仕事は主に衣食に関わる仕事であった（7. 6, 41; 9. 9参照）。

42) *Mem.* 2. 3. 3.

43) Cf. Lys. 19. 46.

44) Col. *RR* 11. 1. 15はイスコマコスの名と共にこの数を引用している。農作業における働き手の数については，*Gp.* 2. 45f. を見よ。

45) Lys. 5. 3, 5では，すべてのアテナイ市民が召使を持っているかの如く語られている。さらに，Dem. 45の話者は，陪審廷のすべての陪審員があたかも奴隷所有者であるかのように語っている（86）。

46) οἰκεύς（=δοῦλος）=θεράπωνの関係は，S. *OT.* 756, 764, 1123ff. からも確認される。なお，オイディプスの家には複数のοἰκέτηςがいる（1114）。

47) Cf. LSJ s. v. οἰκεύς.

48) Cf. Dem. 57. 45.

49) Cf. Dem. 27. 46; 29. 25; 45. 28.

50) アポロドーロスは３人の子供の召使を随えている。Cf. Dem. 36. 45.

51) この語は，*Pl.* 823, 843において，供の子供に用いられている。

52) Burford 1993, 175f., 217.

53) Xen. *Oec*. 5.4. Garlan 1988, 63-4 はこのような農業経営が行なわれた事例として，アルキビアデス，ペリクレスおよびパイニッポスの地所を挙げている．
54) Jameson 1977-8, 125 n.13, 131; Foxhall 1992, 156; Burford 1993, 67; Isager and Skydsgaard 1992, 79. Cf. Garlan 1988, 63; Fisher 1993, 39. 前4-3世紀のパンティカパイオン市民に分配された4.5-5 ha の広さのクレーロスは，家族とともに少数の家内奴隷を用いて耕作された．この点に関しては，Кругликова 1975, 55, 58および本書第8章183頁注68参照．
55) Cf. Lévy 1974, 32-4. Lévy は，『騎士』の主人公デーモスは中産農民であり，3人の男奴隷の他にヒュラスと呼ばれる男奴隷を有す，と見る（32）．3人の男奴隷は οἰκέται と呼ばれている（vv. 5, 65）．また，彼は，『女の議会』の主人公の隣人クレメースが農民であると推定し，彼は2人の奴隷シコーンとパルメノーンおよび1人の女奴隷を有す，と見る（33）．確かに，クレメースは農民であろうが，彼が2人の奴隷の他に1人の女奴隷を有すると見るのは誤り．おそらく，この女奴隷は主人公プラクサゴラとブレピュロスの θεράπαινα であろう（v. 1113）．結局，彼はアリストパネスの喜劇は中産農民が一般に3人の奴隷を所有したことを示唆するとし（34），このような農民はさらに少なくとも1人の女奴隷を所有していたに違いない（33），とする．
56) Fisher 1993, 44.
57) Cf. Tordoff 2013, 1-5, 33-6.
58) Lévy 1974, 33.
59) このような設定は『気むずかし家』の主人公クネーモーンにも当てはまる．注36参照．Roy 1996, 115f. は悲喜劇で設定されている「孤立農場のある田園の景観」は劇作家と同時代のアッティカの田園風景の反映であるとする．
60) *Pol*. 1323a, 6-7. Rihll 2011, 49はこの箇所を根拠の一つとして，当時アテナイにおいて奴隷所有者は少数派であり，大多数の貧民は奴隷所有者ではなかったこと，またこれは奴隷所有者が都市住民の半分以下だったことを示す，とする．
61) Osborne 1992, 24.
62) Foxhall 1992, 156-7, 158 Fig. 1.
63) Ibid., 156.
64) Cf. Lys. 19. 29: 300プレトロン（ca. 26ha）．さらに，注36および本書第8章175頁参照．
65) Ehrenberg 1962, 168. 富裕な農民の奴隷所有数は，デモステネス47番より，家内奴隷を含めて10人以上と推定される．本文267頁参照．なお，この規模はオイケテースを用いた家内制手工業経営におけるティマルコスの父の例に匹敵する．伊藤1981, 6f. 参照．Lévy 1974, 32-3は『蛙』に登場するプルートーンを富裕者と見なし，少なくとも8人あるいは5人の家内奴隷を有したと見る．但し，『蜂』のプデリュクレオーンを彼の奴隷所有数（7あるいは8人）から富裕者と見なすことには，疑問が残る．

あ と が き

　本書は，著者がこれまで国内外で公表してきた論文10篇に，新たに書き下ろした論文3篇と序文を附してなった論文集である。本書の構成を初出一覧で示すと次の通りである。

序　文　新稿
第1部　ゲオーポニカとその著作家たち
　第1章　「附属図書館所蔵の *Geoponika*（*Geoponica*）」『南風』（鹿児島大学図書館報）62, 2007, 7―10. 本書収録に際し，タイトルを「鹿児島大学中央図書館所蔵の *Geoponika*（*Geoponica*）」に変更し，第5節，注および表を割愛した。
　第2章　'On Anatolios in the *Geoponika*: one author or three?', *BZ* 110, 2017, 61―8.

第2部　農事と暦
　第3章　新稿
　第4章　新稿
　第5章　新稿
　第6章　「古典期ギリシアの農業」『西洋史学論集』48, 2010, 1―19頁。
　第7章　「アッティカにおける穀物生産高」『西洋史学論集』51, 2014, 1―15。
　第8章　「古代ギリシアの農業―農業用テラスについて―」『上智史学』59, 2014, 41―57. 本書収録に際し，タイトルと副題を「古代ギリシアの農業――段々畑は存在したか？」に変更し，「トレンチ法」の節を割愛した。
　第9章　'Irrigation Holes in Ancient Greek Agriculture', *GRBS* 56, 2016, 18―33.

第3部　土地と耕作者
　　第10章　「初期ギリシア土地制度理解のための一考察——共有地から公有地へ——」『西洋史学論集』45, 2007, 1—20。本書収録に際し、タイトルと副題を「初期ギリシアにおける山林藪沢（山林原野）——共有地（共同利用地）としてのエスカティア」に変更。
　　第11章　'Did the *hektemoroi* exist?', *PP* 59, 2004, 241—7.
　　第12章　「ホロイ、ヘクテーモロイおよびセイサクテイア——セイサクテイアは「負債の帳消し」だったか？」『西洋史学論集』55, 2018, 28—48。本書収録に際し、副題を「ヘクテーモロイは隷属農民だったか？」に変更。
　　第13章　「古典期アテナイの家内奴隷——オイケテースの数について」『西洋古典学研究』58, 2015, 37—49。本書収録に際し、タイトルを「古典期アテナイの家内農業奴隷」に変更。

　本書収録の13篇の論文のうち第11章 'Did the *hektemoroi* exist?' を除く12篇は、2006年夏に鹿児島大学附属図書館で『ゲオーポニカ』が発見されて以降、十数年の間に執筆されたものである。それ以前の著者の研究課題は古代ギリシア社会経済史の研究であり、特に古代ギリシアにおける土地制度に関する研究が主なものであった。従って、最初の論文集『ギリシア古代の土地事情』（多賀出版、1999年）はまさにそのような内容のものであった。この論文集の刊行後、鹿児島県育英財団の国外留学制度を利用して、1999年7月1日から半年間ギリシアに留学し、在アテネ・イギリス考古学研究所でヘカトステー碑文の研究に従事する傍ら、ギリシア・トルコ各地の遺跡や博物館を見学して回った。そして帰国後、その体験を一書に纏めたものが、『ギリシア滞在記——古代ギリシア史研究と遺跡めぐりの旅』（多賀出版、2002年）である。ヘカトステー碑文の研究については、「ヘカトステー碑文の基礎的研究——テキストの新しい読み」『西洋史学論集』38, 2000, 158—79を著したが、内容的にはやはり土地制度にかかわる研究ということができる。この頃までは、社会経済史的な研究に従事しているとはいえ、農業についての関心はそれほどなかった。しかし、直接的ではないにしても、ソロンの詩篇を紐解くうちに、間作農法について考える機会を得、『ギリシア古代の土地事情』第2章「ソロンの詩篇における

$πολυδένδρεος$ の意味」を執筆した。第11章は農業労働者にかかわる内容であるが，これはまさにソロン研究の副産物の一つと言える。この論攷は「6分の1」が前4世紀アッティカにおける不動産を抵当とする借財の利子率に等しいことを明らかにし，『アテナイ人の国制』の用語「ヘクテーモロイ」の史実性を疑う内容のものであり，公表直後から西欧の学者に広く注目され，論文や単行本に，しばしば参考文献として引かれた。2007年に公表された第10章「初期ギリシアにおける山林藪沢（山林原野）——共有地（共同利用地）としてのエスカティア」はちょうど『ゲオーポニカ』が発見された頃に書かれたもので，土地制度史研究の一環であると言える。

『ゲオーポニカ』の発見は著者にとって研究の転機となった。発見後，研究課題として二つのテーマ，すなわち「ゲオーポニカに関する研究」と「古代ギリシアの農業に関する研究」が新たに設けられた。前者については第1部の2篇の論文がそれに該当する。後者については第2部と第3部の10篇の論文がそれに当たる。第2部の新稿3篇は鹿児島大学教育学部における特殊講義（西洋史特講）にその端緒を有する。講義を熱心に聴いてくれた学生諸君も少なくはない。13編中10篇は既公表の論文であるが，これらの収録に際しては，各論文に認められる内容上の重複は可能な限り調整を施し，表記の統一，誤字・誤植・記述の誤りの訂正，表現上の手直しをおこなったほか，注の補訂に努めた。特に，第13章「古典期アテナイの家内農業奴隷」の注の数は初出のものと比べるとはるかに多くなっている。2015年に『西洋古典学研究』に掲載した際，枚数制限上，割愛しなければならなかった注を今回は削ることなくそのまま収録できたからである。第2章および第9章の各論文の成り立ちについて述べれば，第1部第2章は「附属図書館所蔵の *Geoponika* (*Geoponica*)」『南風』62（鹿児島大学図書館報，2007）の第5節を基にして纏められた論攷である。論文作成にあたり本文の大幅な増補をおこなったほか，論証過程で新たにアラビア語写本を用いているが，論旨に変更はない。第2部第9章は「古代ギリシアの農業—農業用テラスについて—」『上智史学』59（2014）の「トレンチ法」に関する節を基にして纏められた論攷である。本文の大幅な増補を伴ってはいるが，論旨に変更はない。

本書の特色の一つは各部に1篇ずつ計3篇の欧文論文を配したことにある。

いずれの論文もギリシア・ローマ・ビザンツ史に関する国際的な専門誌に掲載されたものである。本書収録に際して，各論文中の「謝辞」の部分を割愛した。通常，学会誌への投稿後，投稿論文は複数の匿名の査読者によって査読され，査読者が公表に値すると判断した場合はその旨を学会誌側に伝え，その結果が査読者のコメントともども投稿者にメールで伝えられる。PP に投稿した論文は，投稿3か月後に，同誌で公表することが決まった旨のメールが届いた。BZ に投稿した論文は，査読にかなり時間がかかり，半年以上たってから公表決定の通知をメールで頂いた。この2篇はほぼ投稿原稿のままで掲載されることになった。GRBS に投稿した論文は，投稿3か月後に公表決定の通知がメールで届いたが，それには編集者からのコメントが付されていて，論文タイトルの変更と表現上の若干の見直しの指示があった。したがって，第9章の論文のタイトルは編集者が付けてくださったタイトルである。本書収録に際して，「謝辞」の部分を割愛したとはいえ，著者の拙い論文を高く評価してくださった匿名の査読者の方々ならびにタイトルを含め著者の最初の草稿を改善してくださった編集者の方に心からお礼申し上げたい。

　鹿児島大学附属図書館で発見された『ゲオーポニカ』は Lipsiae で1781年に出版された Niclas 版であるが，『ゲオーポニカ』はそれ以前に2度，1704年と1539年に出版されていた。前者は Cantabrigiae で出版された Needham 版であり，後者は Basileae で出版された Brassicanus 版である。発見の2年後，すなわち2008年10月に，著者は偶然にも1539年の Brassicanus 版を入手するという幸運に恵まれた。東京は神田の崇文荘書店で購入したのだが，その本を手にしたときは興奮を抑えきれなかった。この本はタイトルページの奥付に発行年の記載がないことは知られていたが，1539年発行とされる所以は，「序文」末尾に1539年の記載があることから発行年が［1539］とされていたのである。著者はその本を手に取るやいなや頁をめくって「序文」末尾に1539年の記載があるかどうかを確認した。確かに，ローマ数字で MDXXXIX と記されていた。店主に恐る恐るこの本をオークションに出品したのは誰かと尋ねてみた。店主は名は言えないがアリストテレス研究者のご家族の方が出品したのだと教えてくれた。なぜ『ゲオーポニカ』をアリストテレス研究者が持っていたのだろうと不思議に思ったが，すぐにその理由が分かった。本書末尾に付録としてアリストテレスの『植物について』(*De plantis Libri Duo*) が掲載されていたのである。

同書は一般にアリストテレスの真作ではないと考えられているが，タイトルページには明らかにアリストテレス作とある。この付録があったればこそ，『ゲオーポニカ』がアリストテレス研究者によって我が国に伝えられたのである。

　第2章の執筆の過程で古代農書のアラビア語版が存在することを知った。「序文」で記したように，『ゲオーポニカ』は6世紀のCassianus Bassusの農書を基にして編纂されているが，Cassianusの農書のギリシア語原本は現存しない。しかしこの農書は，まずギリシア語からパフラヴィー語に，次にギリシア語からアラビア語に翻訳され，後者はal-filāḥa ar-rūmīya あるいはQusṭūs fī l-filāḥa の名で今日現存する。さらに，注目すべきは，Cassianus Bassus自身が自分の農書を編纂するにあたって用いたとされる農書の一つ，Anatoliusのσυναγωγὴ γεωργικῶν ἐπιτηδευμάτωνが8世紀にギリシア語からアラビア語に翻訳されていて，その写本が現存するという事実である。著者は2017年に「古代農書『ゲオーポニカ』研究——アラビア語版に基づくギリシア語原典の復元」という研究課題で科学研究費補助金（基盤研究C）を申請し採択され，2018年—2020年にかけて同課題の研究に従事することになった。目下，『ゲオーポニカ』とAnaṭūliyūs（Anatolius）の農書の比較研究を行なっており，研究の結果，1．Anaṭūliyūs（Anatolius）の『農書』第1書（写本6葉）の内容が『ゲオーポニカ』第2書の2章，3章，7—8章，44章および48章の内容に一致すること，したがって，2．Anaṭūliyūs（Anatolius）の『農書』第1書は『ゲオーポニカ』第2書にあたり，『ゲオーポニカ』第1書はAnaṭūliyūs（Anatolius）の『農書』からのものではないということ，3．Anaṭūliyūs（Anatolius）の『農書』を底本として6世紀にCassianus Bassusの『農業に関する選集』が編纂され，さらに10世紀中葉にCassianus Bassusの農書を基に『ゲオーポニカ』が編纂されたことが明らかとなった。著者はこの研究成果を今年6月3—6日にアテネで開催される国際会議（2nd Annual International Conference on Classical and Byzantine Studies）で発表することにしている。それに先立ち，本書『ゲオーポニカ——古代ギリシアの農業事情』を上梓できることはこの上ない喜びである。

　私事になるが，著者が鹿児島大学教育学部に赴任した当時，法文学部に小田洋先生がいらっしゃったので，鹿大には古代ギリシア史を専門とする教員が2

人いると思った。小田先生は2006年3月に退職なさった。その数か月後，著者のもとに『ゲオーポニカ』の鑑定依頼が舞い込んで来た。この書の価値はおそらく小田先生か著者以外には分からなかった筈で，もし著者がいなかったならば，本書は日の目を見ることはなかったかもしれない。著者は本書を世に出すために鹿大に赴任したのではないかとさえ思った。この偶然に加え，前述したように，さらなる偶然が続いた。その数年後に，1539年のBrassicanus版を入手するという幸運に恵まれたのである。正直に言って，こんな偶然が本当にあるのだろうかと思った。このような『ゲオーポニカ』との邂逅に著者は何か運命のようなものを感じる。著者は残りの生涯を『ゲオーポニカ』研究に捧げようと思う。

　本書の出版にあたって，まず，桜井万里子先生に感謝の意を表したいと思う。先生は本書を出版したいという著者の希望に応えて，刀水書房代表取締役社長の中村文江さんをご紹介くださり，本書出版の道を開いて下さった。先生のご紹介がなければおそらく本書はなっていなかったであろう。次に，当然のことながら，社長ご自身にお礼申し上げたい。社長は本書の出版を快く引き受けてくださったばかりではなく，編集に際し貴重なご助言とご配慮を賜った。また，本書の文字校正という厄介な作業を入念に行なってくださった編集部の福山悦子さんにもお礼申し上げる。

　そして校正という面倒な仕事を手伝ってくれた妻典子にも感謝の言葉を贈りたいと思う。

　　2019年1月11日

　　　　　　　　　　　　　　　　　　　　　　　　　　　伊　藤　　　正

略号表

古代文献・古代著作家および定期刊行物の略記については，原則として，LSJ のそれに従う。但し，以下のものはその限りではない。

AP   Athnaiōn Politeia
PPh Peri Phytōn
Dem.   Demosthenes
Plut. Plutarchus
Thuc. Thucydides
Xen.   Xenophon

碑文集，辞典，その他

Buck   Buck C.D. (1955) *The Greek Dialects* (Chicago).
GHI   Rhodes P.J. and Osborne R. (2003) (eds.) *Greek Historical Inscriptions: 404-323BC* (Oxford).
IG   *Inscriptiones Graecae*, Berlin 1873-; *Inscriptiones Graecae*^{2}, Berlin 1913-40; *Inscriptiones Graecae*^{3}, Berlin 1981-.
IJG   Dareste R., Haussoullier B., and Reinach Th. (1891) *Recueil des inscriptions juridiques grecques*, I (Paris).
ML   Meiggs R. and Lewis D. M. (1969) (eds.) *A Selection of Greek Historical Inscriptions to the End of the Fifth Century B.C.* (Oxford).
SEG   *Supplementum Epigraphicum Graecum*, 1923-.
SIG^3 Dittenberger W. (1915-24) *Sylloge Inscriptionum Graecarum* (3rd edition) (Leipzig).
LSJ   Liddell H.G., Scott R., Jones H.S., and McKenzie R. (1996^9) (eds.) *A Greek-English Lexcon* (Oxford).
RE   Pauly A., Wissowa G., Kroll W. et al. (1894-1980) (eds.) *Real-Encyclopädie der classischen Altertumswissenschaft* (Stuttgart).
PLRE   Jones A.H.M., Martindale J. R., and Morris J. (1971) (eds.) *The Prosopography of the Later Roman Empire*, vol. 1. *A. D. 260-395* (Cambridge).

引用文献一覧

1. 西欧語およびロシア語文献

Almeida J. A. (2003) *Justice as an Aspect of the Polis Idea in Solon's Political Poems. A Reading of the Fragments in Light of the Researches of New Classical Archaeology*, (Leiden-Boston).

Amouretti M.-C. (1986) *Le pain et l'huile dans la Grèce antique* (Annales Littéraires de l'Universitéde Besançon 328) (Paris).

Amouretti M.-C. (1992) 'Oléiculture et viticulture dans la Grèce antique', in B. Wells (ed.) *Agriculture in Ancient Greece. Proceedings of the Seventh International Symposium at the Swedish Institute at Athens 16-17 May 1990* (Stockholm) 77-86.

Andrewes A. (1982) 'The Growth of the Athenian State', CAH^2 III. 3, 360-91.

Arangio-Ruiz V. and Olivieri A. (1925) *Inscriptiones Graecae Siciliae et infimae Italiae ad ius pertinentes* (Milano).

Arnott W.G. (1979) *Menander*. Vol. I (Cambridge MA).

Athanassakis A.N. (1983) (Transl.) *Hesiod: Theogony, Works and Days, Shield* (London).

Beckh H. (1895) (ed.) *Geoponica sive Cassiani Bassi scholastici de re restica eclogae* (Leipzig).

Behrend D. (1970) *Attische Pachturkunden: Ein Beitrag zur Beschreibung der μίσθωσις nach den griechischen Inschriften* (Vestigia 12, München).

Beloch K. J. (1886) *Die Bevölkerung der griechisch-römischen Welt* (Leipzig).

Bent J.T. (1885) *Aegean Islands: the Cyclades, or Life among the Insular Greeks* (London).

Bintliff J. (2006) 'Solon's reforms: an archaeological perspective', in J.H. Blok and A.P.M.H. Lardinois (eds) *Solon of Athens. New Historical and Philological Approaches* (Leiden-Boston) 321-33.

Biraschi A.M. (2006) 'Un'ipotesi sugli ectemori', *PP* 61, 264-70.

Blass F.W. (1898) Latin int.; (textual); test; *testimonia*; *app*. (Bibl. Teubneriana.) 3rd. edition (Leipzig).

Blok J.H. and Lardinois A.P.M.H. (2006) (eds.) *Solon of Athens. New Historical and Philological Approaches* (Leiden-Boston).

Boardmann J. (1956) 'Delphinion in Chios', *BSA* 51, 41-54.

Boardmann J. (1958-9) 'Excavations at Pindakas in Chios ', *BSA* 53/54, 295-309.

Bradford J. (1956) 'Fieldwork on aerial discoveries in Attica and Rhodes. 2. Ancient field systems on Mt. Hymettos near Athens', *AntJ* 36, 172-80.

Brassicanus I. A. (1539) (ed.) Γεωπονικά: *Geoponicorvm de re rustica selectorum libri XX*.

Cassiano Basso Scholastico Collectore (Basileae).
Bravo B. (1991-2) 'I *thetes* ateniesi e la storia della parola *thes*', *Sezione Studi Classici* 29 n. s. 15, 71-96.
Bravo B. (1996) 'Pelates. Storia di una parola e di una nozione', *PP* 51, 268-89.
Brugnone A. (1997) 'Legge di Himera sulla ridistribuzione della terra', *PP* 52, 262-305.
Brunet M. (1999) 'Le paysage agraire de Délos dans l'Antiquité', *JSav.*, 1-50.
Brunet M. and Poupet P. (1997) 'Territoire délien', *BCH* 121, 776-89.
Buck C.D. (1955) *The Greek Dialects* (Chicago).
Burford A. (1993) *Land and Labor in the Greek World* (London).
Busolt G. (1920-6) *Griechische Staatskunde*. 2. Hälfte: *Darstellung einzelner Staaten und der zwischenstaatlichen Beziehungen* (München).
Càssola F. (1964) 'Solone, la terra, e gli ectemori', *PP* 194, 1-46.
Cayeux L. (1911) *Exploration archéologique de Délos. Description physique de l'ile de Délos*, (Paris).
Chadwick J. (1976) *The Mycenaean World* (Cambridge).
Chambers M. (1986) Latin int.; (textual); test; *testimonia*; *app.* (Bibl. Teubneriana.) (Leipzig).
Chantraine P. (1971) *Xénophon: Économique* (Paris).
Cohen E.E. (1992) *Athenian Economy and Society: A Banking Perspective* (Princeton).
Coldstream J.N. (1977) *Geometric Greece* (London).
Dalby A. (2011) (transl.) *Geoponika: Farm Work* (Totnes).
Dareste H., Haussoullier B., and Reinnach Th. (1891) *Recueil des inscriptions juridiques grecques*, I (Paris).
Daux G. (1956) 'Décret de Sigée trouvé en Corse', *BCH* 80, 53-6.
Davies J.K. (1971) *Athenian Propertied Families, 600-300 BC* (Oxford).
Dawkins R. M. (1929) (ed.), *The Sanctuary of the Artemis Orthia at Sparta: excavated and described by members of the Britsh School at Athens, 1906-10* (JHS Suppl. 5, London).
Day J. and Chambers M. (1962) *Aristotle's History of Athenian Democracy* (Berkeley-Los Angeles).
De Sanctis G. (1912) *Atthis: Storia della Repubblica Ateniese*² (Torino).
Δεσποίνη Αικ. et al. (1985) *Σίνδος: Κατάλογος της έκθεσης*, Αρχαιολογικό Μουσείο Θεσσαλονίκης (Αθήνα).
de Ste. Croix G.E.M. (1966) 'The Estate of Phaenippus (Ps.-Dem., 42)', in *Ancient Society and Institutions: Studies Presented to V. Ehrenberg* (Oxford) 109-14.
de Ste. Croix G.E.M. (2004) *Athenian Democratic Origins and Other Essays* (Oxford).
Diehl E. (1925) *Anthologia lyrica Graeca*, I (Leipzig).
Dover K.J. (1972) *Aristophanic Comedy* (Berkeley).
Dover K.J. (1993) *Aristophanes: Frogs* (Oxford).
Duplouy A. and Brock R. (2018) (eds.) *Defining Citizenship in Archaic Greece* (Oxford).
Edmonds J.M. (1931) *Elegy and Iambus*, I (Loeb) (London).
Edwards M. W. (1992) (ed.) *The Iliad. A commentary*, V (Cambridge).
Ehrenberg V. (1962) *The People of Aristophanes: A Sociology of Old Attic Comedy* (New

York).

Einarson B. and Link G.K.K. (1990) English int.; text; app.; trans.; notes (Loeb) (London).

Erdmann W. (1942) 'Zum Eigentum bei Homer', *Z. d. Savigny-Stift. R. A.* 62, 347-59.

Esmein A. (1890) 'La propriété foncière dans les poèmes homériques', *Nouvelle revue historique de droit français et étranger* 14, 821-45.

Faraguna M. (2012) 'Hektemoroi, Isomoiria, Seisachtheia: ricerche recenti sulle riforme economiche di Solone', *Dike* 15, 171-93.

Ferguson W.S. (1938) 'The Salaminioi of Heptaphylai and Sounion', *Hesperia* 7, 1-74.

Finkelberg M. (2011) (ed.) *The Homer Encyclopedia*, III (Oxford).

Finley M. I. (1951) *Studies in Land and Credit in Ancient Athens, 500-200 B. C.: The Horos-Inscriptions* (New Brunswick).

Finley M. I. (1957) 'Homer and Mycenae: Property and Tenure', *Historia* 6, 133-59.

Finley M. I. (1973) (ed.) *Problèmes de la terre en Grèce ancienne* (Paris).

Finley M. I. (1979) *The World of Odysseus* (Pelican Books).

Fisher N.R.E. (1993) *Slavery in Classical Greece* (Bristol).

Flament Chr. (2007) 'Que nous reste-t-il de Solon? Essai de déconstruction de l'image du père de la πάτριος πολιτεία', *LEC* 75, 289-318.

Forbes H. (1976) 'The "thrice-ploughed" field: cultivation techniques in ancient and modern Greece', *Expedition* 19, 5-11.

Forbes H. (1997) 'Turkish and modern Methana', in C. Mee and H. Forbes (eds.) *A Rough and Rocky Place: The Landscape and Settlement History of the Methana Peninsula, Greece* (Liverpool) 101-17.

Forsdyke S. (2006) 'Land, labor and economy in Solonian Athens: breaking the impasse between archaeology and history', in J.H. Blok and A.P.M.H. Lardinois (eds.) *Solon of Athens. New Historical and Philological Approaches* (Leiden-Boston) 334-50.

Foxhall L. (1992) 'The control of the Attic landscape', in B. Wells (ed.) *Agriculture in Ancient Greece. Proceedings of the Seventh International Symposium at the Swedish Institute at Athens 16-17 May 1990* (Stockholm) 155-9.

Foxhall L. (1996) 'Feeling the earth move: cultivation techniques on steep slopes in classical antiquity', in G. Shipley and J. Salmon (eds.) *Human Landscapes in Classical Antiquity: Environment and Culture* (London) 44-67.

Foxhall L. (1997a) 'A view from the top: evaluating the Solonian property classes', in L.G. Mitchell and P.J. Rhodes (eds.) *The Development of the Polis in Archaic Greece* (London) 113-36.

Foxhall L. (1997b) 'Ancient farmsteads, other agricultural sites and equipment', in C. Mee and H. Forbes (eds.) *A Rough and Rocky Place: The Landscape and Settlement History of the Methana Peninsula, Greece* (Liverpool) 257-68.

Foxhall L. (2007) *Olive Cultivation in Ancient Greece: Seeking the Ancient Economy* (Oxford).

Foxhall L. and Forbes H.A. (1982) 'Σιτομετρεία: the role of grain as a staple food in classical antiquity', *Chiron* 12, 41-90.

Fränkel H. (1921) *Die homerischen Gleichnisse* (Göttingen).

Freeman K. (1926) (1976) *The Work and Life of Solon* (New York).
Frisk H. (1973) *Griechisches etymologisches Wörterbuch*, Bd. I (Heidelberg).
Fritz K. von and Kapp E. (1950) English int.; trans.; notes; comm. (with a few other texts) (New York).
Gallo L. (1999) 'Solone, gli hektemoroi e gli horoi', *Annali di archeologia e storia antica*, n. s. 6, 59-71.
Garlan Y. (1988) *Slavery in Ancient Greece,* revised and expanded edition, transl. J. Lloyd, Ithaca & London (French original 1982).
Garnsey P. (1988) *Famine and Food Supply in the Graeco-Roman World: Responses to Risk and Crisis* (Cambridge).
Garnsey P. (1992) 'Yield of the land', in B. Wells (ed.) *Agriculture in Ancient Greece. Proceedings of the Seventh International Symposium at the Swedish Institute at Athens 16-17 May 1990* (Stockholm) 147-53.
Gentili B. and Prato C. (1988) (eds.) *Poetarum Elegiacorum Testimonia et Fragmenta* I (Teubner) (Leipzig).
Gerber D.E. (1999) *Greek Elegiac Poetry* (Loeb) (London).
Gernet L. (1954) *Demosthene. Plaidoyers civils*, I (Paris).
Gernet L. (1957) *Demosthene. Plaidoyers civils*, II (Paris).
Gernet L. (1959) *Demosthene. Plaidoyers civils*, III (Paris).
Grélois J.-P. and Lefort J. (2012) (Transl.) *Géoponiques* (Paris).
Guarducci M. (1969) *Epigrafia Greca* II : Epigrafi di carattere pubblice, XIII (Roma).
Gutas D. (1998) *Greek Thought, Arabic Culture: The Graeco-Arabic Translation Movement in Baghdad and Early 'Abbāsid Society (2nd-4th /8th-10th centuries)* (Routledge).
Halstead P. (1987) 'Traditional and ancient rural economy in Mediterranean Europe: plus ça change?', *JHS* 107, 79-81.
Hammond N.G.L. (1961) 'Land tenure in Attica and Solon's Seisachtheia', *JHS* 61, 76-98.
Harris E.M. (1997) 'A new solution to the riddle of the Seisachtheia', in L.G. Mitchell and P.J. Rhodes (eds.) *The Development of the Polis in Archaic Greece* (London) 103-12.
Harris E.M. (2002) 'Did Solon Abolish Debt-Bondage?', *CQ* 52, 415-30.
Harris E.W. (2006) 'Solon and the spirit of the laws in archaic and classical Greece', in J.H. Blok and A.P.M.H. Lardinois (eds.) *Solon of Athens. New Historical and Philological Approaches* (Leiden-Boston) 290-318.
Harrison J. E. (1903-4), 'Mystica Vannus Iacchi',*JHS* 23/24, 292-324, 241-54.
Seeck O.K. (1894) 'Anatolius 1', in *RE* I. 2, 2071-2.
Heichelheim F. (1935) 'Sitos', in *RE* Suppl. 6, 819-92.
Hennig D. (1980) 'Grundbesitz bei Homer und Hesiod', *Chiron* 10, 35-52.
Henry R. (1960) (ed.) Phot. *Bibliothèque*. 2 (Paris).
Heubeck A. and Hoekstra A. (1989) (eds.) *A commentary on Homer's Odyssey*, II (Oxford).
Heubeck A., West S., and Hainsworth J.B. (1988) (eds.) *A commentary on Homer's Odyssey*, I (Oxford).
Hodkinson S. (1988) 'Animal husbandry in the Greek Polis', in C. R. Whittaker (ed.), *Pastoral

Economies in Classical Antiquity（Cambridge Philological Society Suppl. 14, Cambridge）35-74.

Hopper R.J.（1979）*Trade and Industry in Classical Greece*（London）.

Hort Sir A.（1916/1926）English int.; text; app.; trans.; notes（Loeb）（London）.

Isager S. and Skydsgaard J.E.（1992）*Ancient Greek Agriculture: An Introduction*（London）.

Ito T.（1986）'Solon, land and public confiscation: A survey of Solon's poems', *Sigaku-Zasshi* 95-10, 1-36（in Japanese）.

Ito T.（1987）'Λάτριες, θῆτες, ἑκτήμοροι', *Journal of Classical Studies* 35, 22- 33（in Japanese）.

Ito T.（2004）'Did the *Hektemoroi* exist?', *PP* 59, 241-7.

Ito T.（2016）'Irrigation Holes in Ancient Greek Agriculture', *GRBS* 56, 18-33.

Ito T.（2017）'On Anatolios in the *Geoponika*: one author or three?', *BZ* 110, 61-8.

Jacoby F.（1949）*Atthis. The local chronicles of ancient Athens*（Oxford）.

Jameson M.H.（1977-8）'Agriculture and slavery in classical Athens', *CJ* 73, 122-45.

Jameson M.H.（1982）'The Leasing of Land in Rhamnous', *Hesperia* Suppl. 19, 66-74.

Jardé A.（1925）（1979）*Les Céréales dans l'antiquité grecque: la production*（Paris）.

Jasny N.（1944）*The Wheats of Classical Antiquity*（Baltimore）.

Jeffery L.H.（1961）*The Local Scripts of Archaic Greece: A study of the Origin of the Greek Alphabet and Its Development from Eighth to the Fifth Centuries B. C.*（Oxford）.

Jones A.H. M., Martindale J. R., and Morris J.（1971）*The Prosopography of the Later Roman Empire*, vol. 1. *A. D. 260-395*（Cambridge）.

Jones J.E., Graham A.J., and Sackett L.H.（1973）'An Attic country house below the Cave of Pan at Vari', *BSA* 68, 355-452.

Kamps, W.（1938）'L'emphytéose en droit grec et sa réception en droit romain', in *Recueils de la Société J. Bodin* III *: La tenure*（Bruxelles）67-121.

Karouzou S.（1979）(ed.) *National Museum: illustrated guide to the Museum*（Athens）.

Kenyon F.G.（1920）Latin int. (textual); test; *app*.（O.C.T.）（Oxford）.

Kirk G.S.（1992）(ed.) *The Iliad. A commentary.* II（Cambridge）.

Кругликова И.Т.（1975）*Сельское хозяйство Боспора*（Москва）.

L'Homme-Wéry L.-M.（1996）*La perspective éleusinienne dans la politique de Solon*,（Geneve）.

L'Homme-Wéry L.-M.（1999）'Eleusis and Solon's *Seisachtheia*', *GRBS* 40, 109–33.

Lagarde P.（1866）III. De geoponicon versione syriaca, in *Gesammelte Abhandlungen*（Leipzig）120-46.

Lagardius P.（1860）(ed.) *Geoponicon in sermonem syriacum versorum quae supersunt.*（Lipsiae-Londinii）.

Lalonde G.V.（1991）'Horoi', *The Athenian Agora 19 : Inscriptions*（Princeton）.

Lelli E.（2010）*L'Agricoltura antica: I Geoponica di Cassiano Basso*, vols I - II（Perugia）.

Lepore E.（1973）'Problemi dell'organizzazione della *chora* coloniale', in M. I. Finley (ed.) *Problèms de la terre en Grèce ancienne*（Paris- La Haye）15-47.

Lévêque P.（1979）'Les dépendants du type hilote; les hectémores', in E.C. Welskopf (ed.) *Terre et paysans dépendants dans les sociétés antiques*（Paris）114-9.

Levi M.A. (1968) Italian comm. vols. 1-2 (Verese-Milano).
Lévy E. (1974) 'Les esclaves chez Aristophane', in *Actes du colloque 1972 sur l'esclavage*, Annales littéraires de l'Université de Besancon 163 (Paris) 29-46.
Lewis J. (2006) *Solon the Thinker: Political Thought in Archaic Athens* (London).
Linforth I.M. (1919) *Solon the Athenian* (Berkeley).
Link S. (1991) *Landverteilung und sozialer Frieden im archaischen Griechenland* (Historia Einzelschriften Heft 69, Stuttgart).
Lohmann H. (1992) 'Agriculture and country life in Classical Attica', in B. Wells (ed.) *Agriculture in Ancient Greece. Proceedings of the Seventh International Symposium at the Swedish Institute at Athens 16-17 May, 1990* (Stockholm) 29-57.
Löw I. (1881) *Aramaeische Pflanzennamem* (Leipzig).
Mactoux M.-M. (1980) *Douleia: Esclavage et pratiques discursives dans l' Athènes Classique* (Paris).
Μαλαίνου Ἐπ. (1930) (2008^2), *ΤΑ ΓΕΩΠΟΝΙΚΑ* (Αθήνα).
Manville P.B. (1990) *The Origins of Citizenship in Ancient Athens* (Princeton).
Marchant E.C. (1979) English int.; text; app.; trans.; notes (Loeb) (London).
Marinatos S. (1969) *Excavations at Thera*, II (Athens).
Marinatos S. (1971) *Excavations at Thera*, IV (Athens).
Martin R.P. (2006) 'Solon in no man's land', in J.H. Blok and A.P.M.H. Lardinois (eds.) *Solon of Athens. New Historical and Philological Approaches* (Leiden-Boston) 157-72.
Meier M. (2012) 'Die athenischen Hektemoroi-eine Erfindung?', *HZ* 294, 1-29.
Meiggs R.and Lewis D. M. (1969) (eds.) *A Selection of Greek Historical Inscriptions to the End of the Fifth Century B.C.* (Oxford).
Michell H. (1940) (1957^2) *The Economics of Ancient Greece* (Cambridge).
Millett P. (1991) *Lending and Borrowing in Ancient Athens* (Cambridge).
Mitchell L.G. (1997) 'New wine in old wineskins: Solon, *arete* and the *agathos*', in L.G. Mitchell and P.J. Rhodes (eds.) *The Development of the Polis in Archaic Greece* (London) 137-147.
Moritz L A. (1955) 'Husked and 'naked' grain', *CQ* 5, 129-34.
Morris I. (1987) *Burial and Ancient Society: The Rise of the Greek City-State* (Cambridge).
Murakawa K. (1980) Japanese int.; trans; comm. (Tokyo).
Murray A.T. (1919) *Homer: The Odyssey, Vol. II* (Loeb) (London).
Murray O. (1980) *Early Greece* (London).
Needham P. (1704) (ed.) Γεωπονικά: *Geoponicorum sive De re restica libri XX Cassiano Basso scholastico collectore* (Cantabrigiae).
Németh G. (2005) 'On Solon's land reform', *Acta Antiqua* 45, 321-8.
Niclas I.N. (1781) (ed.) Γεωπονικά: *Geoponicorum sive De re restica libri XX Cassiano Basso scholastico collectore* (Lipsiae).
Nilsson M.P. (1955) 'Das fruhe Griechenland, von innen gesehen', *Historia* 3, 257-82.
Ober J. (2006) 'Solon and the *horoi*: facts on the ground in archaic Athens', in J.H. Blok and A.P.M.H. Lardinois (eds.) *Solon of Athens. New Historical and Philological Approaches*

(Leiden-Boston) 441-60.
Oder E. (1910) 'Geoponika', *RE* 7-1, 1221-5.
Oliva P. (1988) *Solon-Legende und Wirklichkeit* (*Xenia* Heft 20, Konstanz).
Olson S.D. (1998) *Aristophanes: Peace* (Oxford).
Osborne R. (1987) *Classical Landscape with Figures: The Ancient Greek City and its Countryside* (London).
Osborne R. (1987) *Classical Landscape with Figures: The Ancient Greek City and its Countryside* (London).
Osborne R. (1992) '"Is it a farm?" The definition of agricultural sites and settlements in ancient Greece', in B. Wells (ed.) *Agriculture in Ancient Greece. Proceedings of the Seventh International Symposium at the Swedish Institute at Athens, 16-17 May, 1990* (Stockholm) 21-5.
Osborne R. (2007) 'Archaic Greece', in W. Scheidel, I. Morris, and R. Saller (eds.) *The Cambridge Economic History of the Greco-Roman World* (Cambridge) 277-301.
Owen T. (1804-5) (transl.) *Γεωπονικά: Agricultural Pursuits* (London).
Papazarkadas N. (2011) *Sacred and Public Land in Ancient Athens* (Oxford).
Pečírka J. (1973) 'Homestead Farms in Classical and Hellenistic Hellas', in M. I. Finley (ed.) *Problèms de la terre en Grèce ancienne* (Paris- La Haye) 113-47.
Podlecki A.J. (1969) 'Three Greek Soldier-Poets: Archilochus, Alcaeus, Solon', *CW* 63-3, 73-81.
Pöhlmann R. von (1912) (1925) *Geschichte der sozialen Frage und des Sozialismus in der antiken Welt*, I (München).
Pomeroy S.B. (1995) *Xenophon, Oeconomicus: A Social and Historical Commentary* (Oxford).
Price S. and Nixon L. (2005) 'Ancient Greek Agricultural Terraces: Evidence from Texts and Archaeological Survey', *AJA* 109, 665-94.
Pritchett W. K. (1956) 'Attic Stelai: Part Ⅱ', *Hesperia* 25, 178-317.
Rackham O. and Moody J.A. (1992) 'Terraces', in B. Wells (ed.) *Agriculture in Ancient Greece. Proceedings of the Seventh International Symposium at the Swedish Institute at Athens 16-17 May 1990* (Stockholm) 123-30.
Rhodes P.J. (1981) *A Commentary on the Aristotelian* Athenaion Politeia (Oxford).
Rhodes P.J. (2006) 'The reforms and laws of Solon: an optimistic view', in J.H. Blok and A. P.M.H. Lardinois (eds.) *Solon of Athens. New Historical and Philological Approaches* (Leiden-Boston) 248-60.
Rhodes P.J. and Osborne R. (2003) (eds.) *Greek Historical Inscriptions: 404-323BC* (Oxford).
Richter W. (1968) *Die Landwirtschaft im homerischen Zeitalter*, Archaeologia Homerica Ⅱ, H (Göttingen).
Ridgeway W. (1885) 'The Homeric Land system', *JHS* 6, 319-39.
Rihll T.E. (1991) 'EKTHMOPOI: Partners in Crime?', *JHS* 111, 101-27.
Rihll T.E. (2011) 'Cassical Athens', in K. Bradley and P. Cartledge (eds.) *The Cambridge World History of Slavery*. Vol. Ⅰ (Cambridge) 48-73.
Robert L. (1945) *Le sanctuaire de Sinuri près de Mylasa I. Les inscriptions grecques* (Paris).
Rodgers R. (2002) 'Κηποποιΐα: Garden Making and Garden Culture in the *Geoponika*', in A. Littlewood et al. (eds.) *Byzantine Garden Culture* (Washington) 159-75.

Rosivach V.J. (1992) 'Redistribution of land in Solon, fragment 34 West', *JHS* 112, 153-7.
Rostovtzeff M.I. (1941) *Social and Economic History of the Hellenistic World* (Oxford).
Russo J., Fernández-Galiano M., and Heubeck A. (1992) (eds.) *A Commentary on Homer's Odyssey*, III (Oxford).
Sakellariou M. (1979) 'Les hectémores', in E.C. Welskopf (ed.) *Terre et paysans dépendants dans les sociétés antiques* (Paris) 99-113.
Sallares R. (2007) 'Ecology', in W. Scheidel, I. Morris, and R. Saller (eds.) *The Cambridge Economic History of the Greco-Roman World* (Cambridge) 15-37.
Sancisi-Weerdenburg H. (1993) 'Solon's Hektemoroi and Pisistratid Dekatemoroi', in H. Sancisi-Weerdenburg et al. (eds.) *De agricultura* (Amsterdam) 13-30.
Sandbach F.H. (1973) (ed.) *Menander: A Commentary* (Oxford).
Sartori F. (1967) *Archäologische Forschungen in Lukanien*, II : *Herakleiastudien, Röm. Mitt. Ergänzungsheft* 11 (Heidelberg) 16-95.
Sbath P. (1930-31) 'L' ouvrage géoponipue d' Anatolius de Bérytos (IVe siècle), manuscrit arabe découvert', *Bulletin de l'Institut d'Égypte* 13, 47-54.
Свенцицкая И.С. (1976) 'Некоторые проблемы земле владения по 《Илиаде》 и 《Одиссее》', *ВДИ* 1976-1, 52-63.
Schiering W. (1968) 'Landwirtschaftliche Geräte' , in W. Richter, *Die Landwirtschaft im homerischen Zeitalter*, Archaeologia Homerica II , H, (Göttingen), 147-158.
Schils G. (1991) 'Solon and the *Hektemoroi*', *AncSoc* 22, 75-90.
Schneider H. (2007) 'Technology', in W. Scheidel, I. Morris, and R. Saller (eds.) *The Cambridge Economic History of the Greco-Roman World* (Cambridge) 144-71.
Schultheß O. (1932) 'Μίσθωσις', in *RE* Suppl. 15. 2, 2095-2129.
Sealey R. (1976) *A History of the Greek City-States ca.700-338 B.C.* (Berkeley).
Seltman C. (1957) *Wine in the Ancient World* (London).
Sezgin F. (1971) *Geschichte des Arabischen Schrifttums*, IV (Leiden).
Skydsgaard J. E. (1988) 'Transhumance in Ancient Grrece', in C. R. Whittaker (ed.), *Pastoral Economies in Classical Antiquity* (Cambridge Philological Society Sppul. 14, Cambridge).
Snodgrass A. (1980) *Archaic Greece: The Age of Experiment* (London-Melbourne-Toronto).
Sommerstein A.H. (2001) *The Comedies of Aristophanes: Wealth* (Warminster).
Stanley P.V. (1999) *The Economic Reforms of Solon* (St. Katharinen).
Суриков И.Е. (2007) 'Досолоновские шестидольники и долговой вопрос в архаиче-ских афинах', *ВДИ* 2007-3, 28-46.
Thomson G. (1965) *Studies in Ancient Greek Society* (New York).
Tordoff R. (2013) 'Introduction: slaves and slavery in ancient Greek comedy', in B. Akrigg and R. Tordoff (eds.) *Slaves and Slavery in Ancient Greek Comic Drama* (Cambridge) 1-62.
Tozer H.F. (1890) *The Islands of the Aegean* (Oxford).
Traill J.S. (1986) *Demos and Trittys* (Toronto).
Uguzzoni A. and Ghinatti F. (1968) *Le tavole greche di Eraclea* (Roma).
Ullmann M. (1972) *Die Natur- und Geheimwissenschaften im Islam*, Handbuch der Orientalistik, Ergänzungsband VI, 2 (Leiden).

Van Effenterre H. (1977) 'Solon et la terre d' Éleusis', *RIDA* 3e Sér. 24, 91-130.
van Wees H. (1999) 'The mafia of early Greece: violent exploitation in the seventh and sixth centuries BC', in K. Hopwood (ed.) *Organized Crime in Antiquity* (London) 1-51.
van Wees H. (2006) 'Mass and elite in Solon's Athens: the property classes revisited', in J.H. Blok and A.P.M.H. Lardinois (eds) *Solon of Athens. New Historical and Philological Approaches* (Leiden-Boston) 351-89.
Vatin C. (1963) 'Le Bronze Pappadakis, etude d' une loi coloniale', *BCH* 87, 1-19.
Ventris M. and Chadwick J. (1956) (1973^2) *Documents in Mycenaean Greek*. 2nd edition by J. Chadwick (Cambridge).
Weiss E. (1921) 'Kollektiveigentum', in *RE* 11, 1078-98.
Wellmann M. (1894) 'Anatolius 14', in *RE* I. 2, 2073.
Wells B., Runnels C., and Zangger E. (1990) 'The Berbati-Limnes archaeological survey: the 1988 season', *Opuscula Atheniensia* 18, 207-38.
Welwei K.-W. (2005) 'Ursachen und Ausmass der Verschuldung attischer Bauern um 600 v. Chr.', *Hermes* 133, 29-43.
West M.L. (1989, 1992) (ed.) *Iambi et Elegi Graeci* vols. 1-2. 2nd edition (Oxford).
West M.L. (1978) *Hesiod, Works and Days*. Edited with Prolegomena and Commentary (Oxford).
Westermann W.L. (1955) *The Slave Systems of Greek and Roman Antiquity* (Philadelphia).
Whitelaw T.M. (1998) 'Colonization and Competition in the Polis of Koressos: The Development of Settlement in North-west Keos from the Archaic to the Late Roman Periods', in L.G. Mendoni and A. Mazarakis Ainian (eds) *Kea-Kythnos: History and Archaeology*, Proceedings of an International Symposium Kea-Kythnos, 22-25 June 1994 (Athens) 227-57.
Wilamowitz-Moellendorff U. von (1927) 'Ein Siedelungsgesetz aus West-Lokris', *Sitzungsberichte der Preussischen Akademie der Wissenschaften*, 7-17.
Wilamowitz-Moellendorff U. von (1928) *Hesiodos' Erga*, (Berlin).
Wilson N. G. (1994) (transl.) *Photius, The Bibliotheca: A Selection* (London).
Woodhouse W.J. (1938) (1965) *Solon the Liberator. A Study of the Agrarian Problem in Attika in the Seventh Century* (Oxford-New York).
Young J.H. (1941) 'Studies in South Attica: The Salaminioi at Porthmos', *Hesperia* 10, 163-91.
Young J. H. (1956) 'Studies in South Attica: country estates at Sounion', *Hesperia* 25, 122-46.

2．邦語文献

著書・論文
伊藤貞夫（1981）『古典期のポリス社会』岩波書店．
伊藤貞夫（1982）『古典期アテネの政治と社会』東京大学出版会．
伊藤貞夫（2005）「古代ギリシア史研究と奴隷制」『法制史研究』55，121－154．
伊藤正（1999）『ギリシア古代の土地事情』多賀出版．
伊藤正（2007）「セイサクテイアとは何か？」『西洋古典学研究』55，101－13．

引用文献一覧

伊藤正（2007）「初期ギリシア土地制度理解のための一考察―共有地から公有地へ―」『西洋史学論集』45, 1―20。
伊藤正（2010）「古典期ギリシアの農業」『西洋史学論集』48, 1―19。
伊藤正（2014）「アッティカにおける穀物生産高」『西洋史学論集』51, 1―15。
伊藤正（2014）「古代ギリシアの農業―農業用テラスについて―」『上智史学』59, 41―57。
伊藤正（2015）「古典期アテナイの家内奴隷――オイケテースの数について」『西洋古典学研究』58, 37―49。
岩田拓郎（1962）「古典期アッティカのデーモスとフラトリアー『ヘカトステー碑文』の検討を中心として―」『史学雑誌』71―3, 1―48.
岩田拓郎（1963）「ギリシアの土地制度理解のための一試論」『古代史講座』第 8 巻, 学生社。
太田秀通（1955）「ホメロスにおける共有耕地の問題」『西洋史学』26, 21―33。
大塚久雄（1970）『共同体の基礎理論』岩波書店。
ドゥ・カンドル A. L. P. P.（加茂儀一訳）（1958）『栽培植物の起源』下　岩波文庫。
ガーンジィ P.（松本宣郎／阪本浩訳）（1998）『古代ギリシア・ローマの飢饉と食糧供給』白水社。
ケルレル C.（加茂儀一訳）（1935）『家畜系統史』岩波文庫。
篠崎三男（1979）「古典期アッティカの公有地に関する若干の問題」『歴史学研究』469, 34―44。
篠崎三男（2013）『黒海沿岸の古代ギリシア植民市』東海大学出版会。
清水宏祐（2007）『イスラーム農書の世界』（世界史リブレット85）山川出版社。
澁澤敬三／神奈川大学日本常民文化研究所編（1984）『日本常民生活絵引』第 4 巻, 平凡社。
月川雅夫／立平進編（1984）『明治 3 年調　管内農具図（長崎県佐賀県における農具図録）』長崎出版文化協会。
中尾佐助（1966）（2008）『栽培植物と農耕の起源』岩波新書。
中尾佐助（2004）（2006）『農耕の起源と栽培植物』（『中尾佐助著作集』第 1 巻）, 北海道大学出版会。
農林水産技術会議事務局編（1988）『写真でみる農具民具』農林統計協会。
馬場恵二（1984）『ギリシア・ローマの栄光』（ビジュアル版『世界の歴史』第 3 巻）講談社。
フィンリー M. I.（下田立行訳）（1994）『オデュッセウスの世界』岩波文庫。
藤縄謙三（1961）「ホメロスと戦車」『西洋古典学研究』9, 14―25。
藤縄謙三（1994）「アテナイ人の国家とオリーブ」『史窓』51, 1―23。
松原正毅（1983）『遊牧の世界（上）トルコ系遊牧民ユルックの民族誌から』中公新書。
三輪茂雄（1978）『臼（うす）』（ものと人間の文化史25）, 法政大学出版局。
村川堅太郎（1940）「民主政期に於けるアテネとアッチカ」『史学雑誌』51―1, 57―96。
村川堅太郎（1940）「民主政期に於けるアテネとアッチカ」『史学雑誌』51―2, 205―55。
村川堅太郎（1987）『村川堅太郎 古代史論集』第 2 巻, 第 7 章, 岩波書店。

古典翻訳

アリストテレス(島崎三郎訳)(1998—9)『動物誌』上・下　岩波文庫。
村川堅太郎(1980):アリストテレス(村川堅太郎訳)『アテナイ人の国制』岩波文庫。
テオフラストス(大槻真一郎／月川和雄訳)(1988)『植物誌』八坂書房。
トゥーキュディデース(久保正彰訳)(1966—7)『歴史』上・中・下　岩波文庫。
プラトン(藤沢令夫訳)(1979)『国家』上・下　岩波文庫。
プラトン(森進一／池田美恵／加来彰俊訳)(1993)『法律』上・下　岩波文庫。
ヘーシオドス(松平千秋訳)(1986)『仕事と日』岩波文庫。
ヘシオドス(廣川洋一訳)(1984)『神統記』岩波文庫。
ヘロドトス(松平千秋訳)(19871—2)『歴史』上・中・下　岩波文庫。
ホメロス(松平千秋訳)(1992)『イリアス』上・下　岩波文庫。
ホメロス(松平千秋訳)(1994)『オデュッセイア』上・下　岩波文庫。
ホメーロス(呉茂一訳)(1973—4)『イーリアス』上・中・下　岩波文庫。
ホメーロス(呉茂一訳)(1973)『オデュッセイアー』上・下　岩波文庫。
ホメーロス讃歌(逸見喜一郎／片山英男訳)(1985)『四つのギリシャ神話―『ホメーロス讃歌』より―』岩波文庫。

史 料 索 引

古　典

Aeschines
1.97: 271 n.5

Aesopus
15: 84 n.172, 194 n.10

Alcman（Diehl）
1.60 ff.: 81 n.57

Ammianus Marcellinus
19.11.2: 16, 21

Andocides
1.38: 271 n.3

Anthology
6.45: 84 n.155
6.53: 83 n.126
11.37: 81 n.73, 84 n.150

Apollodoros
2.5.5: 82 n.97

Archilochos
93a.7: 225 n.111

Aristophanes
Ach.
183: 163 n.5
226: 163 n.5
233: 163 n.5
243: 263
259: 263
395: 272 nn.13-14
401: 272 n.14
406: 263
432: 272 n.16
512: 163 n.5
732: 166 n.89
734-5: 260 n.91
815-7: 260 n.91
835: 166 n.89
887: 262, 272 n.16
889: 262, 272 n.16
959 ff.: 262
985: 83 n.135
1003: 263, 272 n.16
1022: 272 n.28
1023: 272 n.28
1027: 272 n.28
1028: 272 n.28
1031: 272 n.28
1036: 272 n.28
1094-1142: 272 n.16
1174: 262, 272 n.16

Av.
57: 272 n.13
491: 166 n.98
580: 166 n.90
602: 81 n.66
622: 166 n.85
626: 166 n.85

Ec.
424: 166 n.92, 166 n.98
424-5: 166 n.91
547 f.: 160
590 ff.: 213
606: 166 n.89
665: 166 n.89
686: 166 n.99
817-9: 166 n.97
833: 272 n.16
851: 166 n.89
1113: 274 n.55

Eq.
5: 274 n.55
55: 166 n.89
65: 274 n.55
282: 166 n.100
857: 167 n.119
1009: 166 n.97
1101 ff.: 166 n.89
1105: 166 n.89
1166: 166 n.89
1100-4: 166 n.95
1359: 166 n.95

Lys.
199: 272 n.18
1203 ff.: 166 n.85

Nu.
5: 263
18: 263, 272 n.16
43: 263
70-2: 263
106: 166 n.94
132: 272 n.13
134: 263
210: 263
640: 166 n.98
648: 166 n.94
788: 166 n.94
1145: 272 n.13
1297: 263
1383: 166 n.100
1485: 263
1485-8: 263
1486: 81 n.66
1500: 263

Pax
190: 263
368: 166 n.94
447 ff.: 166 n.85
449: 166 n.85
477: 166 n.95
546: 81 n.66
566: 82 n.79
568: 263, 146 n.90

569-70: 264
570: 81 n.66
628-9: 163 n.5
632: 163 n.4
636: 166 n.96
853: 166 n.89; n.100
919: 263
1127-96: 264
1136: 80 n.46
1138: 272 n.24
1144-5: 166 n.100
1146-8: 264, 272 n.23
1153: 272 n.16
1249: 264
1324: 166 n.88

Pl.
1-5: 264
26-7: 264
28-9: 264
190: 166 n.100
192: 166 n.89
219: 166 n.96
223 f.: 264
228: 264, 272 n.18
250: 264
253 f.: 264
283: 272 n.25
320: 166 n.100
322: 264
543: 166 n.100
544: 166 n.89
624: 264, 272 n.13
628: 166 n.96
763: 166 n.96
806: 166 n.86
816: 264
823: 272 n.16, 273 n.51
843: 273 n.51
964: 272 n.18
986: 166 n.100
1097 ff.: 272 n.14
1103 ff.: 264
1136: 166 n.100
1155: 166 n.86

Ra.

37: 272 n.13
40: 272 n.16
190: 272 n.16
437: 272 n.16
464: 272 nn.13-14
505: 166 n.100
521: 272 n.16
847: 272 n.16
1073: 166 n.89

Th.
37 ff.: 262
420: 166 n.94
813: 166 n.100

V.
59: 272 n.22
301: 166 n.94
433: 263
442: 263
716 f.: 165 n.76
718: 166 n.90
828: 263, 272 n.18
938: 117 n.126
1251: 263, 272 n.16
1297: 272 n.16
1297 f.: 272 n.20
1307: 272 n.16
1405: 166 n.100

Aristotle
HA
488a: 115 n.47
521b: 110
522b: 85 n.210, 110
553b-554b: 118 n.146
554a: 118 n.147
572b: 89
576a: 112
577a: 82 n.93
595a: 116 n.76
603b: 116 n.76
623b-627b: 118 n.146
627a: 118 n.153

Pol.
1252b: 271 n.7; n.9

1259a: 85 n.186
1263a: 213
1267b: 213
1320a: 213
1323a: 274 n.60
1330a: 213

[Aristoteles]
AP
1.1: 260 n.92
2.1: 246
2.2: 230 n.32, 246, 258 n.61, 253, 259 n.76; n.80
5.3: 259 n.64
6.1: 228 n.6
6.2-4: 230 n.31
7.3-4: 118 n.134
7.4: 118 n.134
11.2: 228 n.6, 253
12.3: 253
12.4: 226, 232, 249, 253
14.1: 260 n.92
51.3: 159

Oec.
1343a: 271 n.7

PPh
1.7.3.: 147 n.125

Batrachomyomachia
223: 110

Columella
RR
4.4.1: 143 n.24
5.8.7: 146 n.91; n.95
5.9.7: 146 n.92
5.9.13: 146 n.94
11.1.15: 273 n.44
11.2.46: 194 n.38

Demosthenes
17.15: 259 n.79
18.87: 167 n.119
18.295: 259 n.68
19.252: 260 n.94

史料索引　297

19.254 f.: 259 n.66
19.259: 251
19.260: 251
20: 167 n.118
20.31: 167 n.119
20.31-2: 167 n.120
24.149: 259 n.79
25.69: 229 n.12
27.9: 271 n.2
27.17: 230 n.28
27.31: 271 n.2
27.46: 273 n.49
29.25: 273 n.49
31.1: 230
31.3: 230
31.4: 230, 258 n.33
31.12: 230
34.5: 271 n.5
34.10: 271 n.5
34.23: 227, 229 nn.22-23
34.36: 167 n.123
34.37: 166 n.93, 167 n.123
34.39: 165 n.84, 166 n.101
35.21-2: 229 n.13
36.45: 273 n.50
37.4: 271 n.3
42: 165 n.60, 228 n.11
42.5: 165 n.64, 229 n.13
42.6: 83 n.119, 143 n.19, 165 n.62, 182 n.54
42.6-7: 165 n.65
42.7: 117 n.93, 165 n.66
42.9: 229 n.13
42.19: 165 n.68, 229 n.13
42.19-20: 83 n.119
42.20: 165 n.69
42.21: 165 n.63
42.24: 83 n.119, 165 n.70, 229 n.15
42.28: 229 n.13
42.30: 165 n.68
42.31: 83 n.119, 165 n.82
43.67: 85 n.193
43.71: 85 n.193
45.28: 273 n.49
45.86: 272 n.24, 273 n.45
47.52: 267

47.53: 267
47.53-6: 267
47.54: 267
47.55-6: 267
47.56: 267
47.57: 267
47.60: 267
47.61: 268
48.12: 271 n.2
49: 228 n.11
49.11: 229 n.12, 231 n.1
49.12: 229 n.14, 231 n.2, 258 n.33
50.17: 230 n.30
53.4: 268
53.6: 268
53.7: 268
53.9: 268
53.10: 229 n.20, 268
53.12-3: 229 n.20
53.13: 227, 268
53.15: 84 n.172, 85 n.191, 143 n.30, 194 n.10, 268
53.16: 268
53.18: 268
53.21: 70, 271 n.4
55.3: 171, 181 n.26
55.4: 171, 181 n.26
55.8: 181 n.26
55.9: 171
55.11: 171, 181 n.27
55.12-14: 172
55.14: 181 n.27
55.15: 171, 181 n.26
55.20: 181 n.26; n.32
55.22: 181 n.28
55.25: 181 n.31
55.26: 181 n.26
55.27-28: 181 n.29
55.29: 181 n.26
55.30: 181 n.32
55.31: 269
55.32: 181 n.26, 269
55.34: 269
57.45: 70, 273 n.48

Diodoros

13.20: 166 n.102

Dionysios of Halicarnassos
A.R.
1.83.3: 246
2.9.2: 247
de Lysias 34: 270

Dioscorides
2.89: 80 n.23

Eunapius
Vit. Soph. 85: 16, 21

Euripides
El.
71-6: 264
78-9: 264
104: 272 n.33
104-11: 272 n.33
107: 272 n.33
110: 272 n.33
253: 264
362: 264

Or.
918-9: 273 n.34
920: 273 n.34
921-2: 273 n.34

Ph.
1155: 81 n.66

Gaius
Digesta
10.1.13: 85 n.190, 181 n.37

Geoponika
1.ΥΠΟΘΕΣΙΣ: 19-21
2.9-10: 20
2.12: 22 n.16
2.3.1: 184
2.22-3: 147 n.123
2.26: 143 n.19
2.27: 22 n.16
2.45 f.: 273 n.44
2.46.1: 191

298　史料索引

2.46.2: 190-1
2.46.4: 190-1
2.46.5: 192
3: 81 n.72, 187
3.1.1: 84 n.172, 194 n.10
3.1.5: 84 n.173, 194 n.10
3.1.10: 79 n.8
3.3.4: 147 n.125
3.3.6: 189
3.4.5: 189
3.5.4: 189
3.5.7: 145 n.71
3.6.1: 189
3.6.3: 194 n.10
3.6.5: 194 n.38
3.6.8: 82 n.102
3.9: 79 n.8
3.10.1: 189
3.10.8: 145 n.71
3.11.1: 189
3.11.1-2:143 n.26
3.13.3: 190-1
3.13.7: 189
3.14: 192
3.14-5: 194 n.36
3.15.4: 189
4.1: 84 n.172, 145 n.89
4.1.1: 145 n.89
4.1.11: 145 n.89
4.1.12: 145 n.89
4.1.15: 145 n.89, 167 n.111
4.3.1: 187, 190
4.4-6: 22 n.16
5.2.13: 184
5.2.13-4: 185
5.2.14: 184
5.4.1: 184
5.9.6: 143 n.24
5.10-11: 20
5.11.5: 22 n.16
5.12: 191
5.12.1: 146 n.107, 190
5.12.5: 190
5.20: 191
5.20.2: 194 n.10
5.25-26: 21
5.26: 191

5.26.1: 191
5.26.3: 191
5.33-34: 21
6.3-4: 21
9.3.2: 185
9.3.7: 185
9.6.1: 180 n.17
9.6.4: 143 n.25, 191, 194 n.35
9.6.5: 146 n.92
9.11.8-9: 143 n.29
9.21-24: 22 n.16
10.18-19: 21
10.43-44: 21
10.69-70: 21
12.36-37: 21
13.1: 16
13.12: 23 n.33
13.12.3: 23 n.33
13.4.5: 22 n.16
13.5: 23 n.33
13.8.7: 22 n.16
13.9.12: 22 n.16
14.20-21: 21
14.26: 23 n.33
15.2: 118 n.149
16.22: 23 n.33
18.17-20: 21
18.19: 117 n.128

Herodotos
1.14: 225 n.109
1.31: 272 n.30
1.59: 260 n.92
2.36: 35
2.77: 35
2.138: 181 n.19
4.53: 115 n.26
5.71: 260 n.96
5.82: 85 n.188
6.57: 166 n.103
7.119: 80 n.41
7.187: 165 n.76
8.55: 85 n.187
9.93-4: 223 n.58

Hesiodos
Op.

22: 55
37: 202
37 ff.: 222 n.19
38: 221 n.10
46: 115 n.41, 224 n.79
119: 224 n.79
232 f.:96, 113
234: 98
248 ff.: 216
263: 221 n.10
263 f.: 216
341: 202, 260 n.87
349-50: 259 n.87
383: 31
383 f.: 30, 46, 57, 60, 83 n.115
383-91: 27
384: 31, 58, 143 n.14
385: 55
387: 30, 31, 46, 81 n.59, 147 n.129
400-2: 259 n.87
404: 259 n.87
405: 271 n.6; n.8
406: 271 n.8
414-6: 31
415: 26
417 ff.: 29, 31
420 ff.: 31
423: 46
424: 46
425: 46
426: 46
427: 39, 222 n.27
427-9: 40
429: 39
430: 271 n.10
430 f.: 43
432-3: 143 n.11, 271 n.10
433: 38
435: 39
435 f.: 39
436: 39, 272 n.28
436 f.: 29, 57, 108, 115 n.39, 271 n.10
441: 29, 57, 271 n.10
441 f.: 271 n.8
443: 29, 57

史料索引　299

445: 29, 57
445 f.: 271 n.10
446: 29, 57
448-51: 31, 57
450: 26, 31, 55
452: 31, 97
453 f.: 97, 272 n.28
456: 46
458: 55
458-64: 55
459: 61, 271 nn.10-11
460: 55
462: 26, 29, 31
463-4: 49, 143 n.9
465-7: 57
467: 39, 55
467 f.:29, 57
469: 39
469 f.:29, 57, 81 n.68
469 ff.: 271 n.10
470: 45, 271 n.10
475: 30
479: 26, 31
479 ff.: 58, 143 n.16
479-82: 29, 31
482: 30
486-7: 28
486-90: 31
490: 31
493: 26, 81 n.61, 182 n.41
494: 26
501: 182 n.41
502: 271 n.10
502 f.: 26, 31
504: 26, 31
504-63: 26
507: 103
509 ff.: 115 n.34
516: 98
522: 85 n.179
524: 26
541-6: 117 n.110
543-4: 117 n.117
549: 224 n.79
558: 26
559: 98
564 f.: 31

564 ff.: 68
564-73: 69
565: 26
566 f.: 31
568 f.: 28, 31
569: 26
570: 31, 68, 84 n.144
570 ff.: 193
570-72: 194 n.32
571: 30, 31, 46, 83 n.115
571 f.: 68
572: 31, 84 n.144
573: 30, 31, 46, 81 n.59, 147 n.129, 271 n.10
575: 30, 31, 46, 83 n.115
582-4: 31
582-96: 31, 271 n.11
589: 84 n.171
590: 98, 110, 166 n.89
591: 115 n.21, 97
592: 98, 212
596: 84 n.161
597: 271 n.10
597 ff.: 30, 31
597-608: 60, 108
598: 31
599: 60, 143 n.19
600: 30, 31
602: 58
604: 115 n.46
604 f.: 106
606: 31
606 f.: 98
608: 271 n.10
609 f.: 29, 31, 69
611: 31, 69
611 ff.: 71
612 ff.: 31
613: 117 n.124
614 ff.: 29
615 f.: 31
616: 31
647: 259 n.87
674: 82 n.103
676 f.: 52, 82 n.103
766: 271 n.10
775: 98, 108

786: 98
786 ff.: 115 n.55
787: 114 n.6, 115 n.38
790-1: 98
795-7: 98
806: 30, 60, 143 n.19
807 f.: 30
814: 84 n.160
815: 98
819: 84 n.160

Scutun Herculis
39: 90
289: 81 n.71
291: 82 n.88, 83 n.118; n.125
292: 81 n.72, 84 n.144, 84 n.150
293: 82 n.87, 84 n.151
294: 84 n.168
299: 82 n.90
301: 84 n.157
399: 85 n.175

Theogonia
23: 115 n.21, 97, 212
26: 114 n.12
162: 81 n.70
179-80: 81 n.70
188: 81 n.70
215: 78
335: 78
594-99: 113
971: 82 n.94

Hipponax
128.1-4（West）: 215-6

Homeros
Il.
1.124: 208
1.124-6: 207
2.87: 118 n.142
2.383: 116 n.83
2.460: 117 n.99
2.470 f.: 109
2.474-5: 92
2.695 f.: 204

2.754: 85 n.179
2.776: 96
4.120: 115 n.57
4.434: 110
5.136-42: 90, 91
5.140: 90
5.141: 90
5.161 f.: 114 n.9
5.196: 80 n.27, 116 n.81
5.271: 116 n.78
5.369: 116 n.83
5.452 f.: 117 n.107
5.499: 82 n.84
5.499 ff.: 61
5.556-7: 114 n.17
5.783: 116 n.62
5.902 f.: 85 n.209
5.902 ff.: 110
6.192-5: 204
6.194: 54, 222 n.44
6.194 f.: 205
6.433: 85 n.206
6.494: 117 n.132
6.506: 116 n.78; n.80
6.506-11: 94
7.467 ff.: 84 n.164
8.48: 204
8.57: 228 n.10
8.81: 118 n.135
8.188: 80 n.15, 116 n.79
8.188 f.: 116 n.82
8.338: 116 n.63
8.564: 80 n.27, 116 n.81
9.539: 116 n.63
9.539 ff.: 78
9.541: 85 n.201
9.575-80: 54, 83 n.114, 205
9.577-80: 205
9.579: 67
10.155: 114 n.11; n.14
10.263 ff.: 117 n.131
10.264: 116 n.64
10.352 f.: 105
10.353: 38, 49, 143 nn.10-11
10.568: 116 n.78
10.569: 80 n.15, 116 n.79
11.67 f.:59, 143 n.15

11.67 ff.: 221 n.6
11.68 f.: 80 n.11
11.131: 102
11.167: 85 n.206
11.244 f.: 100
11.293: 102, 116 n.62; n.67
11.414: 116 n.62
11.545: 117 n.107
11.548-51: 90
11.550-52: 91
11.558 ff.: 105
11.630 ff.: 118 n.152
11.631: 114 n.5
11.639: 84 n.169, 111
11.677 ff.: 93
11.678 ff.: 100
12.42: 116 n.62
12.146: 116 n.67
12.167: 118 n.143
12.283: 96, 224 n.79
12.310-3: 54, 222 n.44
12.313-4: 203
12.319: 117 n.114
12.421: 199, 257 n.33
12.421 ff.: 197, 222 n.17
12.421-3: 257 n.30
12.422: 196
13.473: 85 n.184
13.493: 95
13.588: 82 n.84
13.588 ff.: 37, 61, 144 n.42
13.703: 38, 49, 84 n.166, 115 n.42, 143 nn.10-11
14.122-4: 114 n.8
14.171: 85 n.179
14.348: 96
15.185 ff.: 207
15.193: 208
15.263: 116 n.78; n.80
15.263-68: 94
15.271 f.: 106
15.497-9: 201
15.679 ff.: 93, 118 n.134
16.148 ff.: 93
16.149: 116 n.86
16.262: 208
16.636: 117 n.107

16.641 ff.:109
16.643: 117 n.124
17.4 f.: 115 n.54
17.21: 116 n.62
17.53: 82 n.106
17.53 f.: 74
17.61 ff.: 88
17.65 f.: 106
17.110-12: 91
17.250: 224 n.98
17.281 f.: 116 n.62
17.389 ff.: 117 n.109
17.521: 114 n.11; n.14
17.657 ff.: 91
17.659-61: 91
17.725: 116 n.62
17.742 ff.: 117 n.97
18.56: 85 n.183
18.161 f.: 90
18.162: 114 nn.11-12
18.368-70: 95
18.521: 114 n.18
18.541: 49, 144 n.53
18.541-9: 108
18.541 ff.: 55, 197
18.542 f.: 81 n.63
18.547: 49
18.550: 54, 198, 203
18.550 f.: 45
18.550 ff.: 58, 143 n.15
18.550-60: 198, 203
18.556: 54, 56
18.558: 82 n.88
18.560: 80 n.37
18.561: 193
18.561 ff.: 66, 70, 82 n.107
18.561-72: 54, 198
18.562: 84 n.167
18.563: 82 n.90
18.564: 193
18.564-5: 181 n.18
18.568: 82 n.87, 117 n.121
18.573 ff.: 87, 89
18.573-86: 198
18.578 ff.: 106
18.578-89: 83 n.110
18.587 ff.: 88, 92

19.222 f.: 59
19.400: 116 n.86
20.184-5: 54, 205
20.221 ff.: 93
20.224: 116 n.86
20.391: 203
20.495 ff.: 61, 108
20.496: 63
21.37: 85 n.206
21.257 ff.: 51, 81 n.67
21.346 ff.: 51
21.351 ff.: 115 n.31
21.403 ff.:199
21.404-5: 275 n.30
21.405: 202, 257 n.33
21.444-5: 258 n.55
21.444 ff.: 114 n.20
21.448-9: 115 n.20; n.24
22.145: 85 n.206
22.488 ff.: 202
22.489: 202
23.30-3: 117 n.104
23.31: 117 n.112
23.32: 116 n.64; n.68
23.108-26: 117 n.97
23.111: 117 n.94
23.115: 117 n.94
23.117-19: 115 n.24
23.121: 117 n.94
23.130 ff.: 118 n.135
23.146: 117 n.105
23.147: 117 n.116
23.148: 204
23.166: 117 n.105; n.116
23.170: 114 n.5
23.171: 118 n.133
23.173: 106
23.260: 117 n.96
23.262-652: 112
23.265 f.: 117 n.96
23.283-6: 118 n.137
23.291: 118 n.137
23.316: 84 n.166
23.324: 117 n.108
23.330: 112
23.684: 114 n.11; n.14
23.702 f.: 115 n.53

23.780: 114 n.11; n.14
23.809: 208
23.833-5: 114 n.1
23.834 f.: 81 nn.62-63, 147 n.128
23.885 f.: 115 n.53
24.81: 114 n.11; n.14
24.280: 116 n.78
24.690: 117 n.94
24.697: 117 n.94; n.97
24.702: 117 n.94
24.716: 117 n.94

Od.
1.397-8: 222 n.44
1.402: 204
1.402 ff.: 204
1.430 f.: 100
2.32: 224 n.98
2.44: 224 n.98
2.289: 117 n.124
2.290 f.: 80 n.35
2.354: 80 n.35
2.380: 80 n.35
2.421: 84 n.166
3.82: 224 n.98
3.391: 84 n.158
3.421: 117 n.106
3.421-72: 108
3.431: 117 n.106
3.434: 47
3.466: 85 n.179
4.41: 80 n.27, 116 n.81
4.88: 117 n.127
4.88 f.: 110
4.314: 224 n.98
4.318: 224 n.79
4.517: 115 n.25, 224 n.73
4.601-3: 94
4.602-3: 96
4.602-4: 34
4.605: 34, 94
4.605-6: 102
4.605 ff.: 92
4.635-6: 117 n.95
4.644: 248
5.72: 96

5.127: 49, 144 n.53
5.132: 84 n.166
5.165: 84 n.165
5.238 ff.: 224 n.74
5.265: 84 n.165
5.328: 82 n.104
5.477: 74
5.489: 224 n.76
6: 210
6.7 ff.: 202
6.9-10: 202
6.9 ff.: 210
6.79: 85 n.179
6.163: 85 n.183
6.259: 114 n.15, 211
6.291 ff.: 203
6.291-3: 211
6.293: 203
6.321-2: 224 n.81
7.104: 80 n.38, 82 n.89
7.112 ff.: 67
7.113: 67, 193
7.114: 83 n.136, 85 n.201
7.115 f.: 85 n.200
7.115 ff.: 83 n.136
7.116: 74
7.120: 78
7.122: 67, 193
7.122 ff.: 70-1
7.122-25: 71
7.124-6: 73
7.125: 71
7.127: 67, 83 n.137
7.129 ff. 82 n.105
8.59: 224 n.98
8.60: 116 n.64; n.68
8.124: 49, 143 n.10
8.363: 204
8.364: 85 n.179
9.107-11: 84 n.143
9.108: 91
9.110: 80 n.10, 85 n.180
9.122 f.: 117 n.119
9.124: 92
9.163: 84 n.165
9.181 ff.: 91
9.187 f.: 97

9.196: 84 n.165, 117 n.118
9.199 ff.: 224 n.82
9.200: 224 n.82
9.208: 84 n.165
9.209: 84 n.159
9.212: 117 n.118
9.217: 117 n.114
9.219: 110
9.219 ff.: 109
9.225: 110
9.232: 110
9.237-9: 90
9.246 ff.: 109
9.297: 110
9.329-30: 82 n.98, 117 n.119
9.337-8: 91
9.346: 84 n.165
9.391-3: 81 n.61
9.447-52: 92
9.449: 95
10.82-5: 94
10.98: 224 n.79
10.233 ff.: 116 n.75
10.234: 80 n.37, 114 n.5, 117 n.127
10.235: 84 n.169
10.238: 116 n.70
10.242: 96, 116 n.65; n.76
10.283: 116 n.70
10.364: 85 n.179
10.410: 114 n.11; n.13
10.410 ff.: 88
10.411: 95
10.519 f.: 118 n.151
10.520: 80 n.37
11.27 f.: 118 n.151
11.28: 80 n.37
11.128: 82 n.85, 143 n.20
11.131: 116 n.61
11.184-5: 203
11.185: 222 n.42; n.44
11.293: 90
11.490: 208
11.588: 85 n.202
11.589 f.: 85. n.200
12.19: 84 n.165
12.48: 118 n.153

12.165 ff.: 118 n.154
12.173: 114, 118 n.153
12.175: 118 n.153
12.199: 118 n.153
12.253: 114 n.11; n.14
12.327: 84 n.165
13.14-5: 223 n.59
13.32: 38, 49, 84 n.166, 143 nn.10-11
13.69: 84 n.165
13.106: 114 n.5, 118 n.144
13.346: 74
13.372: 74
13.404 f.: 224 n.75
13.407-8: 210
13.408 ff.: 93
13.409: 96
14.1-2: 115 n.35
14.1-4: 116 n.69, 210
14.1-28: 224 n.75
14.5-20: 210
14.15: 116 n.65
14.17: 102
14.19: 116 n.71
14.20: 102
14.21: 106
14.21 f.: 106
14.21 ff.: 102
14.61-4: 202
14.100-2: 102
14.103 f.: 92, 224 n.75
14.175: 85 n.183
14.211: 208
14.419-38: 111
15.161 f.: 107
15.161 ff.: 107
15.162: 117 n.101
15.174: 117 n.100
15.312: 80 n.16
15.370: 116 n.72
15.379: 116 n.72
16.13: 117 n.124
16.444: 84 n.165
17.12: 80 n.16
17.170 ff.: 116 n.73
17.200 f.: 106
17.212 ff.: 116 n.73

17.213: 92
17.225: 110
17.291 ff.: 105
17.292 ff.: 50, 147 n.122
17.297: 108
17.297 ff.: 105, 203
17.299: 203
17.362: 80 n.16
18.29: 116 n.66
18.357 f.: 66, 170, 180 n.17
18.357-9: 248-9
18.357 ff.: 81 n.63, 210
18.358: 115 n.25
18.359: 85 n.201
18.360-1: 249
18.366 ff.: 81 n.69
18.367: 115 n.36
18.367-70: 115 n.36
18.368 ff.: 115 n.44
18.371 ff.: 83 n.112
18.372: 115 n.45
18.374: 67, 83 n.114
19.112: 80 n.10
19.197: 80 n.42
19.198: 223 n.59
19.536: 80 n.18, 117 n.100
19.536 ff.: 106
19.552: 117 n.100
19.552 f.: 107
20.69: 117 n.127
20.106: 82 n.89
20.108: 37
20.109: 37
20.174: 92
20.264: 224 n.98
21.22-3: 117 n.95
21.48: 89
22.111: 117 n.132
22.403: 114 n.11; n.14
22.455: 193
23.139: 223 n.64, 224 n.72
23.275: 82 n.85
23.278: 116 n.61
23.355: 222 n.44
23.359: 223 n.64
24.150: 93, 115 n.25, 116 n.69, 210, 224 n.75

24.205: 223 n.64
24.205 ff.: 66, 209
24.206 f.: 66, 210
24.212: 66, 210
24.220-7: 192-3
24.224: 66, 170, 180 n.17
24.227: 69
24.242: 69, 193
24.244-7: 67
24.246: 74
24.340 ff.: 67
24.341-2: 193
24.342 f.: 73
24.342 ff.: 66, 73
24.366: 85 n.179

Hymn. Hom.
h. Ap.
76: 211
88: 212
221: 211
229: 212
245: 211

h. Cer.
6 f.: 96

h. Merc.
70: 212
74: 100
107: 115 n.32
186: 212
191 ff.: 100
198: 212
228: 212
231: 212
232: 212
262: 114 n.14
272: 114 n.14
286: 114 n.12
491 ff.: 89, 115 n.33
567: 114 n.14

h. Ven.
20: 224 n.83
55: 212
78: 115 n.29, 212

97: 224 n.83
123: 208
169: 115 n.29, 213
267: 212
268: 224 n.84

Isaios
6.36: 257 n.28

Isocrates
12.258-9: 259 n.79
17.57: 167 n.123

K. al-Filāḥa (Anaṭūliyūs): 20

K. al-Filāḥa (b. al-'Awwām)
I. 98. 10ff.: 23 n.30.

K. Nihāyat al-arab (Nuwairī)
I. 352. 8: 23 n.31.

Lysias
1.8: 266
1.9-10: 266
1.11: 266
1.12: 266
1.13: 266
1.16: 266
1.18: 266
1.20: 266
1.22: 266
1.23: 266
1.37: 266
1.39: 266
1.42: 266
4.1: 271 n.4
5.3: 273 n.45
5.5: 273 n.45
6.49: 163 n.6
7.4: 266
7.6: 163 n.5
7.16: 266
7.17: 266
7.19: 143 n.29, 266
7.21: 266
7.24: 266
7.27: 266

7.31: 266
7.34-5: 266
7.43: 266
10.16 f.: 266
10.19: 266
12.8: 271 n.2
12.19: 271 n.2
19.29: 273 n.36, 274 n.64
19.42: 273 n.36
19.46: 273 n.43
32.15: 229 n.22
32.28: 273 n.37

Menandoros
Asp.
350: 273 n.38

Epit.
257: 271 n.5
380: 271 n.5
408: 271 n.5
1076-7: 272 n.13

Dysc.
23-7: 265
40-1: 273 n.38
41: 265
71: 265
75: 265
117 ff.: 165 n.72
130: 264, 273 n.36
163 ff.: 273 n.36
207: 265
325: 264
327-31: 265
351 f.: 265
366 f.: 265
369-70: 265
375: 265
375 ff.: 265
377: 181 n.33
390: 81 n.66
402-4: 265
415: 81 n.66
415 f.: 265
417: 265
459 ff.: 262, 272 n.13

496: 272 n.14
498: 272 nn.13-14
525: 81 n.66
527: 273 n.39
541 f.: 265
579: 273 n.39
582: 273 n.39
584 f.: 265
766 f.: 265
774 f.: 265
911-2: 272 n.13
921: 272 n.13
959: 265

Pk.
68: 272 n.13
70: 272 n.16
141: 272 n.13
196: 272 n.16
202: 272 n.16

Sam.
109: 272 n.13
146: 272 n.16
148: 272 n.16
476: 272 n.16

Pausanias
4.14.4-5: 258 n.37
4.28.4: 259 n.67

Photios
Bibl. cod.163: 7 n.9, 19, 22 n.13

Pindaros
P.
4.236: 81 n.50

N.
6.9 ff.: 82 n.92

Platon
Euthyphron
4c: 246
9a: 246
15d: 247

Leges
681a: 181 n.20
684d-e: 259 n.79
736c: 259 n.79
739c-e: 213
740a: 224 n.91
745c-d: 224 n.90
807b: 213
824b-c: 224 n.86
842e: 257 n.33
843b: 257 n.33
878b: 222 n.17

Respublica
372b: 37, 159
372c: 80 n.46
416d,e-417a,b: 213
458c-d: 213
464b-e: 213
465d-e: 224 n.101
543a-b: 213
564c: 118 n.148
566a,e: 259 n.79

Plinius
HN
18.61: 144 n.32
18.120: 144 n.38; n.41

Plutarchos
Lycurgus
12: 167 n.104

Nicias
29: 79 n.7, 166 n.102

Solon
8: 260 n.92
12: 260 n.93; n.96
13.2-3: 259 n.76
14.1: 259 n.64
15.5: 228 n.8, 258 n.34
15.6-7: 230 n.31
15.7: 230 n.31
23.7-8: 85 n.190, 181 n.37
24.1: 85 n.189

Moralia
849d: 167 n.116

Pollux
3.83: 246
5.36: 85 n.191
7.151: 235

Solon（West）
1-3: 255
4: 250
4.1-10: 251
4.11-6: 250
4.12: 215
4.12-3: 250
4.12-4: 251
4.17: 250-1
4.17 ff.:251, 260 n.96
4.17-25: 255
4.18: 255, 258 n.61
4.23: 255
4a: 252
4b: 259 n.64
4c: 250
9.3: 259 n.70
9.3-4: 260 n.89
11.4: 260 n.89
13.7-13: 250
13.41-50: 248
13.47-48: 39, 248
24.1-3: 116 n.84
34: 253
34.7-9: 252
36: 226, 243, 253
36.5-7: 227
36.6: 231, 257 n.23; n.30, 249, 253
36.7: 258 n.61
36.8-11: 255
36.8-15: 227
36.11: 255
36.11-2: 255
36.13: 258 n.61
36.13-4: 228
36.13-5: 254
36.20: 81 n.50
37: 243, 257 n.23

37.8: 117 n.123; n.129
37.9-10: 257 n.30
38.3: 80 n.45

Sophocles
Ant.
250: 81 n.66

OT
756: 273 n.46
764: 273 n.46
1114: 273 n.46
1123 ff.: 273 n.46
1135: 115 n.22

Strabo
7.4.6: 167 n.123

Theocritus
1.47: 181 n.34
7.22: 181 n.35

Theognis
39-52: 215, 260 n.88
45: 215
47: 215
50: 215
183 ff.: 118 n.138
302: 248
826: 257 n.33
864: 107
1005: 225 n.111
1201: 39

Theophrastos
HP
2.1.4: 143 n.28
2.2.4: 143 n.27
2.2.5: 143 n.27
2.7.1: 147 n.124, 273 n.40
2.7.2-3: 144 n.55
2.7.2 ff.: 145 n.85
2.7.4: 147 nn.123-124
3.16.3: 116 n.76
4.1: 80 n.28
6.2.3: 118 n.148
7.5.1: 147 n.124

8.1: 80 n.21
8.1.2: 145 n.65; n.76
8.1.3: 80 n.28, 127, 146 n.99
8.1.6: 125
8.1-4: 80 n.44, 144 n.31
8.2.5: 127
8.2.6: 145 n.65
8.2.7: 125
8.4.1: 125
8.4.2: 80 n.32, 125
8.4.3: 126
8.4.4-5: 126
8.4.5: 167 n.121
8.5.2-4: 125
8.6.1: 145 n.76
8.6.1-2: 127
8.6.3: 127, 145 n.77
8.7.2: 126-7, 165 n.57
8.7.6: 143 n.6
8.7.7: 127, 147 n.124
8.8.2: 127, 166 n.88
8.8.7: 127
8.9.1: 127, 165 n.57
8.9.1-3: 126
8.11.8: 127
9.2: 80 n.28

CP
3.10.3: 145 n.89, 146 n.102
3.10.4: 144 n.55
3.15.4: 145 n.89, 146 n.102
3.20.7: 144 n.40, 145 n.63; n.77
3.20.8: 81 n.66, 143 n.12, 145 n.75
3.23.4: 143 n.6
4.6.3: 144 n.33
4.8.3: 144 n.35

Thucydides
1.106: 224 n.92
1.126: 260 n.96
1.134: 224 n.93
1.141: 273 n.34
2.14: 163 n.4
2.19-21: 163 n.5
4.16: 166 n.102

4.90: 224 n.93
4.92.4: 257 n.33
7.87: 79 n.7, 166 n.102

Tyrtaios (West)
6: 258 n.37
6.1: 116 n.92
10: 260 n.91
10.8: 259 n.86
12.15: 225 n.111

Vergilius
Georgika
164: 167 n.106

Xenophanes
2.1-9 (West): 215
18.3 (Diehl): 80 n.46

Xenophon
Mem.
2.3.3: 273 n.42

Oec.
5.4: 266, 274 n.53
5.6: 266
5.10: 266
7.3: 265
7.6: 273 n.41
7.18-43: 272 n.31
7.20: 266
7.20-5: 265
7.30-1: 265
7.35-7: 265
7.41: 265, 273 n.41
8.9: 166 n.89
9.9: 273 n.41
11.15: 266
11.16: 266
11.18: 266
11.20: 266
12.2: 266
12.9: 266
12.15: 266
12.19-20: 266
13.10: 266
15-19: 119

16.9: 120, 148
16.10-17.1: 120-1
16.12: 143 n.12, 164 n.49
16.12-15: 145 n.74
17.1-11: 121-2
17.12-15: 122
17.10: 143 n.12
17.11: 144 n.37
18.1-3: 122
18.3-8: 122-3
19.1-12: 123-4
19.2: 84 n.147, 193
19.3: 191, 194 n.35
19.3-4: 146 n.105
19.4: 194 n.37
19.5: 194 n.35
19.12: 84 n.147, 124, 193
19.13: 194 n.35
19.13-14: 124
19.18-19: 123-4
20.3: 154
20.10: 122
20.16: 266
20.27-8: 163 n.9

Vect.
4.5: 261
4.14-5: 271 n.3
4.17: 271 n.3

碑　文

Buck
3: 225 n.111
59: 225 n.105
83: 217

GHI
59: 128-9, 144 n.49; n.51; nn.54-55, 180 n.8-10; n.12, 194 n.31
64: 167 n.123

Hesperia
7: 171, 182 n.54

IG
I^2
38: 145 n.64
76: 149, 164 n.11
94: 146 n.104
I^3
1: 217-8
78: 149, 163 n.11
84: 146 n.104
252: 145 n.64
422: 147 n.135
II^2
1241: 131, 132-3, 144 n.62, 138-9, 146 n.109, 155, 164 n.55, 190
1672: 146-7, 165 n.82, 161-2
2492: 133, 144 n.56
2493: 131-3, 145 n.66; n.79, 138-9, 153, 165 n.58
2494: 133, 145 n.72
2498: 144 n.58
2654: 257 n.29
XIV
645: 194 n.11

IJG
12: 144 n.47, 194 n.11; n.13
12. I : 139, 145 n.81, 146 n.96; n.98; n.110, 186-7, 191-2, 194 nn.15-9; nn.21-4; n.28
12. II : 194 nn.25-6; n.28
506: 146 n.106
505-6: 169
506-7: 180 n.11

ML
2: 224 n.97
4: 216, 224 n.102
8: 216-7
13: 217, 225 n.105
14: 217
30: 225 n.111
73: 149, 163 n.11

SEG
30.380: 224 n.102

SIG^3
141: 84 n.142, 224 n.90
963: 83 n.114, 128-9, 130, 132, 134, 135-6, 138, 144 n.48, 145 n.81; n.86, 146 n.109, 168-70, 180 n.8, 190-1, 193, 194 n.31
965: 130, 144 n.58
966: 130, 133, 136, 144 n.56, 180 n.11

《著者紹介》

伊 藤　正（いとう　ただし）

1953年生まれ。鹿児島大学教授・文学博士
専門は古代ギリシア史
主著に『ギリシア古代の土地事情』（多賀出版，1999年），『ギリシア滞在記―古代ギリシア史研究と遺跡めぐりの旅』（多賀出版，2002年）がある

ゲオーポニカ
古代ギリシアの農業事情

2019年3月30日　初版1刷発行

著者　伊藤　正

発行者　中村文江

発行所　株式会社　刀水書房
〒101-0065　東京都千代田区西神田2-4-1　東方学会本館
電話03-3261-6190　FAX3261-2234　振替00110-9-75805
印刷　亜細亜印刷株式会社
製本　株式会社ブロケード

ⓒ2019　Tosui Shobo, Tokyo　ISBN978-4-88708-451-3　C3022

本書のコピー，スキャン，デジタル化等の無断複製は著作権法上での例外を除き禁じられています。本書を代行業者等の第三者に依頼してスキャンやデジタル化することは，たとえ個人や家庭内での利用であっても著作権法上認められておりません。